南水北调东线一期工程
水土保持和园林植物鉴别实务
（上册）

马士龙　徐　峰　陈　杭　焦　莹
谢艾楠　李朋鲁　张　扬　伊　鑫　著

黄河水利出版社
·郑州·

内 容 提 要

本书共分上、下 2 册,上册主要包括植物分类学基础、植物特性、植物资源作用及其开发保护、植物资源调查、植被恢复与建设工程、南水北调东线一期工程水土保持、水土流失防治效果分析与评价、南水北调东线一期工程植物资源等 8 章,主要介绍植被分类、基本术语、生物学和生态学特性、植物资源的特性和功能、植物资源调查的一般技术和方法、植物恢复与设计以及南水北调东线一期工程水土保持及其植物资源情况;下册主要包括水土保持及园林植物科鉴别、水土保持植物种鉴别和园林植物种鉴别等 3 章,主要介绍水土保持及园林各科植物的形态特征和代表植物、生态学特性、水土保持功能及利用价值、园林功能及利用价值以及栽植培育技术等。

本书可以作为水土保持和风景园林等相关行业从业人员的工具书,也可以供科研、教学等方面的科技人员及大专院校相关专业师生参考使用。

图书在版编目(CIP)数据

南水北调东线一期工程水土保持和园林植物鉴别实务:上、下册/
马士龙等著. —郑州:黄河水利出版社,2022.9
ISBN 978-7-5509-3373-6

Ⅰ.①南… Ⅱ.①马… Ⅲ.①南水北调-水利工程-水土保持-研究
②南水北调-水利工程-园林植物-识别 Ⅳ.①TV68

中国版本图书馆 CIP 数据核字(2022)第 164451 号

出 版 社:黄河水利出版社
　　　　地址:河南省郑州市顺河路黄委会综合楼 14 层　　　　　　邮政编码:450003
发行单位:黄河水利出版社
　　　　发行部电话:0371-66026940、66020550、66028024、66022620(传真)
　　　　E-mail:hhslcbs@126.com
承印单位:广东虎彩云印刷有限公司
开本:787 mm×1 092 mm　1/16
印张:38.75
字数:950 千字　　　　　　　　　　　　　印数:1—1 000
版次:2022 年 9 月第 1 版　　　　　　　　印次:2022 年 9 月第 1 次印刷

定价:168.00 元(上、下册)

前　言

　　南水北调东线一期工程是构建水资源配置总体格局的国家重大战略性工程,是解决黄淮海地区和山东半岛水资源短缺,实现水资源优化配置的重大战略举措,工程直接为受水地区的城市居民生活、工农业生产以及航运补充水源,对受水地区经济发展、社会进步、人民生活水平提高有着直接而长远的效益。作为工程重要的组成部分,其自身的林草植被防护带在保护工程安全运行的同时,与其沿线的植被共同形成了良好的生态系统,该生态系统在改善工程沿线地区的小气候、涵养水源、固碳释氧、净化大气和改善景观环境等方面具有广泛的现实意义。

　　2020年3月至2021年12月,在水利部水利水电规划设计总院指导下,中水淮河规划设计研究有限公司会同江河水利水电咨询中心有限公司、中水北方勘测设计研究有限责任公司、江苏省水利勘测设计研究院有限公司和山东省水利勘测设计院有限公司共同完成了"南水北调东线二期工程植物绿化及弃渣场防护专题研究"(以下简称"科研报告")。目前,该科研报告已通过验收。

　　为总结凝练南水北调东线一期工程水土保持相关技术成果,有针对性地指导南水北调东线二期工程植被恢复与建设工程,保证水土保持植被与园林绿化植被生态系统的完整性和稳定性,持续发挥其防护功能、生态服务功能以及景观美化功能。本书从植物分类角度对南水北调东线一期工程及沿线水土保持植物和园林植物的特性、植物的功能、植物资源调查以及植物栽植等方面进行了详细阐述,具有较强的指导性和可操作性,便于读者在水土保持、林业、环境保护以及景观设计等工作实践中应用。

一、本书意义

　　水资源时空分布极不均衡是我国的基本水情,科学实施调水工程,可以有效缓解水资源失衡问题。然而,重大调水工程的实施涉及范围广、影响因素多,需要坚持系统观念,既要有利于经济社会发展,又要保护好生态环境。当前和今后一段时期将是我国水网建设的快速发展期,如何处理好发展与保护、利用与修复的关系是从事生态环境保护,特别是水利工程生态环境保护工作者必须面对的现实问题。

　　南水北调东线一期工程是跨流域、跨区域水资源配置的重大骨干工程,其沿线的林草植被修复和景观建设工程具有典型性和代表性,本书从理论到实

践,全面系统地总结了南水北调东线一期工程沿线的林草植被及其恢复建设
情况,其内容对于今后一段时期全国水网工程的生态修复和景观建设工程设
计实施具有较强的参考价值。

二、主要内容

本书以植被分类学基础开篇,以南水北调东线一期工程为实例,共分为
上、下2册共11章,主要内容如下:

(1)植物分类及特性。植物是地球生命的主要形态之一,分布广泛、形态
各异,为合理发掘、保护和利用南水北调东线一期工程及其沿线的植物,本书
首要介绍了植物类别、基本术语、植物的生物学特性和生态学特性等内容。

(2)植物资源作用及调查。主要介绍植物的基本特性,主要功能,植物资
源的调查方法、过程和现代调查技术。

(3)南水北调东线一期工程植物资源及其恢复措施。主要内容包括南水
北调东线一期工程江苏省和山东省境内的植物资源、水土保持方案及水土流
失防治效果分析与评价。

(4)水土保持及园林植物鉴别。主要介绍松科、柏科、豆科等76个科的
植物特性和代表植物;油松、侧柏、沙打旺等361个种的形态特征、功能及利用
价值和栽植培育技术等。

三、适用对象

本书可作为生态环境治理相关院校水土保持、风景园林和生态环境修复
等专业的本科生、研究生及教师的参考资料,也可以作为从事生态环境修复、
风景园林建设等专业设计人员的工具书。

四、分工和致谢

全书章节安排及统稿由马士龙负责,总计95万字,马士龙、徐峰对本书上
册进行校核,翁丽珠、陈杭对本书下册进行校核。其中上册43万字,由马士龙、
徐峰、陈杭、焦莹、谢艾楠、李朋鲁、张扬、伊鑫编写;下册52万字,由王童、王秋
儒、王森、李建玲、李云霞、侯越明、翁丽珠、邢栋、王卓然编写。

在本书编写过程中,水利部水利水电规划设计总院孟繁斌、南水北调东线
总公司叶茂盛对本书编写给予了大力支持与帮助,在此表示感谢!

另外,在本书出版过程中,承蒙中水北方勘测设计研究有限责任公司编辑部王
晓红、于荣海同仁以及黄河水利出版社给予的大力支持,谨致以衷心的感谢。

作　者

2022 年 5 月

目　录

1 植物分类学基础

　　植物是地球生命的主要形态之一,分布广泛,其形态上包含了如树木、灌木、藤类、青草、蕨类及绿藻、地衣等生物。植物类型上可以分为种子植物、苔藓植物、藻类植物、蕨类植物等,据估计,全球现存植物大约有 45 万个物种。绿色植物大部分的生长能源是经由光合作用从太阳光中得到的,温度、湿度、光线、水是植物存活生长的基本需求。

　　要合理地利用和管理植被,鉴别和确定植被类型是必须要经历的过程,而当植物类型众多时,就需要一个分类系统加以划分和归类。一个好的分类系统有助于为制定各种植被类型合理利用提供可靠的基础资料。国家或一个区域的自然区划,农、林、牧业区划,生态规划,土地的合理利用及生态环境的保护和建设,也都是以植被类型及其分布特点为基础的。植物分类学是发展较早的一门学科,主要研究整个植物界不同植物类群的起源、亲缘关系以及进化发展规律。它的任务不仅是鉴别物种、鉴定名称,还要阐明物种之间的亲缘关系和演替规律,进而研究物种的起源、分布中心、演化过程和演化趋势,也就是把纷繁复杂的植物界分门别类,从植物类群一直鉴别到植物种,并按系统排列起来,以便于人们认识和利用植物。

1.1 植物分类等级

　　国际植物命名法规(ICBN)规定,有关绿色植物命名(包括真菌)共包括 12 个主要等级:门、纲、目、科、族、属、组、系、种、亚种、变种和变型。亚种比变种包括的范围更广泛一些,植物除了在形态上有显著的区别外,在地理分布上也有一定的区域性。植物变种又比变型在形态上的差异要大一些。植物分类的基本单位是种,根据亲缘关系把共同性比较多的一些种归纳成属,再把共同性较多的一些属归纳成科,如此类推而成目、纲和门。

　　现举黄连为例,表明植物分类系统的等级和所在的分类位置:

界　　植物界
门　　种子植物门
亚门　被子植物亚门
纲　　双子叶植物纲
亚纲　古生花被亚纲
目　　毛茛目
科　　毛茛科
属　　黄连属
种　　黄连

　　实际植物鉴别工作中,只需通过植物形态特征鉴别植物的科、属和种,然后查询当地植物志和植物检索表确定该植物的分布、演化过程和演化趋势,从而达到人类栽植和利用植物的目的。

1.2　植物界基本类群

植物在长期演化过程中,其形态结构、生活习性等诸多方面都出现了很大差异,形成了丰富多样的类群。根据植物形态结构、生活习性和亲缘关系等,通常将植物界分为藻类植物、菌类植物、地衣植物、苔藓植物、蕨类植物和种子植物六大类群。这些类群的划分反映了随着地质的变迁,植物逐渐从简单向复杂进化,从水生向陆生发展,从低等向高等演化,从配子体发达向孢子体发达占优势演化趋势。其中,藻类、菌类和地衣是植物界中出现较早,但又是比较低级的类型,所以又合称为低等植物,由于它们有性生殖的合子在生殖过程中不产生胚而直接萌发成新的植物体,因此又称无胚植物。苔藓、蕨类和种子植物绝大多数是陆生,除苔藓植物外,都有根、茎、叶的分化,生殖器官是由多个细胞组成的,受精卵发育成胚再长大成植物体,因而它们合称为高等植物,也称有胚植物。藻类、菌类、地衣、苔藓和蕨类植物都用孢子进行生殖,合称为孢子植物。而裸子植物和被子植物开花结果,用种子繁殖,所以称为种子植物。

1.2.1　低等植物

1.2.1.1　藻类植物

1.藻类植物的一般特征

藻类是指一群具有光合色素,能独立生活的自养原质体植物的总称,其在自然界几乎到处都有分布,目前发现3万余种,绝大部分生活在水里。藻类植物形态结构千差万别,有单细胞型、群体型和多细胞型之分。多细胞种类的群体中,又有丝状、片状和较复杂的构造等,但都没有分化成根、茎、叶等器官,因而它们是叶状体植物。

藻类植物由于所含色素的比例不同,而呈现出不同的颜色,因此作为分门的主要依据。其中,藻类植物生殖结构多数是单细胞。繁殖方式主要有营养繁殖、无性繁殖和有性繁殖。凡以植物体片段发育成新个体的称为营养繁殖;凡以专化细胞到孢子直接发育为新个体的称为无性繁殖或孢子生殖;有性繁殖则借配子的结合而进行,有性繁殖中又有同配、异配和卵式生殖等。

2.藻类植物的分类和代表植物

一般根据所含色素的种类、植物体细胞结构、储藏的养料、生殖方式的不同,把藻类分为不同的类群。主要有蓝藻门、绿藻门、金藻门、褐藻门和红藻门等类群。这里主要介绍一下蓝藻门和绿藻门。

1)蓝藻门

蓝藻又称蓝绿藻,约有150属2 000种,是地球上最原始、最古老、最简单的绿色自养植物。蓝藻的繁殖方式主要是营养繁殖和无性繁殖,缺乏真正的细胞核,又称为原核生物。蓝藻广泛分布在淡水中,少数生活在海洋中。

蓝藻细胞内的原生质体分为中央质和周质两部分。中央质无色透明,没有核膜和核仁,有核质(染色质),其功能相当于细胞核,故中央体又称为原核。周质中没有载色体,但有光合片层,含有叶绿素a、藻蓝素,故植物体呈现蓝绿色。有的还含有大量的藻红素,可使海水变红,如红颤藻。代表植物如螺旋藻、发菜等。

2)绿藻门

绿藻是常见的藻类。淡水种类约占90%,海水种类约占10%。绿藻植物形态多种多样,有单细胞、群体、丝状体和叶状体。少数种类营养细胞具2条或4条顶生等长鞭毛,能运动。绿藻细胞的色素存在于载色体中,与高等植物的叶绿素一样,具有光合片层。所含色素也和高等植物相同。色素以叶绿素a、叶绿素b最多,还有叶黄素和胡萝卜素。在载色体中,具有一至几个蛋白核,光合作用产物是淀粉,多储藏于蛋白核的淀粉鞘中。繁殖方式有营养繁殖、无性繁殖和有性繁殖。代表属有少球藻属、水绵属。

3.藻类的经济价值

1)食用价值

在沙漠地区,许多藻类植物属于高蛋白植物,如小球藻、螺旋藻、发菜、地木耳。其中小球藻、螺旋藻和发菜具有很高的开发价值。以螺旋藻属为例,该属有30种,中国已发现9种,产于淡水、海水和微盐水中。非洲的乍得湖生产的钝顶螺旋藻和拉丁美洲墨西哥特斯科湖生产的巨大螺旋藻被当地居民作为蛋白质食品已有百年以上的历史。这些藻类含蛋白质为干重的55%~65%,有时高达70%以上,螺旋藻比牛奶含有更多的钙、磷、钾和镁,并含有丰富的微量元素和天然色素,而胆固醇的含量却很低。螺旋藻的细胞壁几乎不含纤维素,消化素可达43%,在100 g螺旋藻干粉中胡萝卜素的含量高达170 mg,是胡萝卜含量的15倍。已有许多国家和地区培养螺旋藻作为人类健康食品和饲养动物的高蛋白饲料。中国也已生产螺旋藻类营养品。已被联合国粮农组织推荐为"21世纪人类最理想的保健食品"。

2)药用和保健价值

有些藻类植物也可以药用,例如小球藻和螺旋藻。日本把小球藻制成粉剂,有治疗胃溃疡、各种创伤、肝坏死,以及调节血压、阻止血球减少等多种功能,具有显著的保健作用。螺旋藻细胞内γ-亚麻酸的含量在所有食物中是最高的。γ-亚麻酸是人体内前列腺素的前体。前列腺素参与了人体内多种基本生理功能,包括调节血压、提高免疫力、保护细胞膜抵御外来侵袭、调节代谢、延缓衰老等。因此,通过食用螺旋藻,可以降低血浆胆固醇、抗衰延老、抑制癌细胞的繁殖和抗艾滋病。

农业利用小球藻属富含蛋白质,最多可达50%;且繁殖能力强,生长速度快,产量高,可作为人类食物、家畜饲料和工业原材料。此外,小球藻还可用于蛋白饲料,其浓缩液1 kg相当于上等米糠2 kg,麦麸1.5 kg,豆饼2 kg,其消化率可达70%以上。

1.2.1.2 菌类植物

1.菌类植物的一般特征

菌类植物通常是指不具有叶绿素和其他色素,不能进行光合作用,典型异养的一类植物的总称,约有12万种。这些植物多数营寄生生活或腐生生活,分布很广,在水中、陆地以及生活的动植物身体上和死去的动植物尸体上都能见到,可分为细菌门、黏菌门和真菌门。

2.菌类植物的分类及代表植物

1)细菌门

细菌是一类单细胞低等微小生物,分布极其广泛,水、土壤、大气和生物体内都有细菌存在。细菌有球菌、杆菌及螺旋菌等3种主要基本类型,细菌非常微小,细菌具有细胞壁、细胞膜、细胞质、内含物、核质,而无明显的细胞核,属原核生物。有的具有鞭毛,能够运动。绝大多数细菌不含色素,为异养生活方式,包括腐生、寄生和共生。

细菌的主要繁殖方法是简单的分裂繁殖。一些细菌在环境不适宜时形成孢子,孢子形成时原生质体凝缩成近圆形,外围为一层厚壁所包被,藏于细胞的中部或一端;孢子对不良外界环境条件有很强的抵抗力,能耐高温,所以必须用高压灭菌,才能彻底消灭孢子。

细菌在生态系统的物质循环中具有重要作用,豆科等植物根系根瘤上的根瘤菌可以固定空气中的氮。此外,放线菌本身分解有机物的能力很强,它们大量分布在土壤中,参加土壤有机物质的转化,提高土壤肥力。利用放线菌生产生物杀菌剂,已成为植物病害防治上的重要措施。此外,从放线菌中提取的链霉素、金霉素、土霉素等数十种抗生素,都是和人畜病害作斗争的有力武器。

另外,细菌在工业上有重要的应用价值,例如利用细菌处理城市污水,中和碱以及氧化分解有害物质,净化水质,使污泥变为肥料;我们日常食用的酱油、醋、泡菜和酸菜以及在工业上生产的乙醇、丙酮和乙酸等产品,都是利用细菌发酵制成的;冶金、造纸、制革等工业也都和细菌的活动分不开。

2) 真菌门

真菌分布极广,水、大气、土壤以及动植物体内外均有分布。真菌的植物体仅少数原始种类是单细胞的,如酵母菌,大多数发展为分支或不分支的丝状体,每一条丝叫菌丝,组成一个植物体的所有菌丝叫菌丝体。高等种类菌丝体在生殖时形成各种形态的特殊结构,如伞形、球形、盘形等,称为子实体。

大多数真菌具有细胞壁,细胞内都有细胞核,高等真菌为单核或双核。有些真菌的菌丝和高等植物的根共生形成菌根;还有些真菌和藻类共生而形成地衣。营寄生或腐生生活。

真菌的繁殖方式多种多样,有营养繁殖,也有无性繁殖和有性繁殖。

真菌可以做工业原料,在酿造业上,利用酵母、曲霉和根霉等菌种可以酿酒。在食品工业上,利用酵母可以制作面包、馒头等发酵食品。真菌也广泛应用于化学、造纸、制革等生产中。在石油工业方面,借助于真菌的发酵作用,已获得许多化工产品。真菌还可以食用,我国可食用的真菌总计超过300种,香菇、木耳和银耳都是味道鲜美的食品,食用菌中含有大量维生素和丰富的总脂肪酸,是人体必需的营养物质,也是健康食品的重要组成。

此外,真菌还可以入药,青霉素就是从真菌中提取出来的重要材料;猴头菌、灵芝在提炼抗癌药物等方面有很好的开发前景和价值;冬虫夏草是名贵中药,能补肺益肾、止咳化痰,可以治疗多种疾病;木耳和银耳具有益气、活血、强身、补脑、提神等功效。许多病原真菌,能导致人及经济动植物病害发生,有些危害还很严重。例如幼苗立枯病菌能寄生于稻、麦、豆、棉和马铃薯等40余种栽培植物和野生植物上,使幼苗枯萎;而青霉菌常常侵染水果和蔬菜,是引起橘子、梨和苹果等腐烂的重要病原菌。

1.2.1.3　地衣植物

1.地衣植物的一般特征

地衣是由藻类和真菌植物形成的共生植物,有25 000余种。构成地衣的藻类,通常是蓝藻和单细胞的绿藻;真菌则是子囊菌和担子菌。藻类为菌类制造有机物质,菌类为藻类吸收水分和无机盐类。由于地衣是共生植物,因此它的适应能力强,分布广泛,通常生长在岩石、树皮和土壤的表面上,也能生长在其他植物不易生长的岩石绝壁、沙漠、北极寒冷地带和热带高温地区。

1)地衣的分类

根据生长形态不同,地衣植物可分为壳状地衣、叶状地衣和枝状地衣 3 种类型。壳状地衣约占全部地衣植物的 80%,其植物体扁平成壳状,紧附岩石或树皮上,叶状体不易与基质分离,如文字衣属。叶状地衣的植物体呈薄片状的扁平体,形似叶片,植物体的一部分黏附于物体上,可以剥离,如梅衣属。而枝状地衣的植物体直立或下垂,仅基部附着于基质上,通常分枝,形状类似高等植物的植株,如生于云杉枝条上的松萝属。

2)地衣的结构

根据藻类细胞在真菌组织中的分布状态,地衣原植体可分为同层地衣和异层地衣两类。异层地衣原植体横切面通常可区分为藻胞层、髓层和皮层 3 层。皮层又可分为上皮层和下皮层,都由致密交织的菌丝构成。髓层介于上、下皮层之间,由一些疏松的菌丝和藻细胞构成,藻细胞聚集在下皮层下方,称为藻胞层。在下皮层上方常常产生一些假根状突起,使地衣附着于基质上,如梅衣属和蜈蚣衣属。而同层地衣原植体中藻细胞和菌丝混合成为一体,无藻胞层和髓层之分,如猫耳衣属。壳状地衣多为同层地衣,叶状地衣和枝状地衣一般为异层地衣。

3)地衣的繁殖

地衣的主要繁殖方法是营养繁殖和粉芽。营养繁殖时,叶状体分裂为许多碎片,每一碎片可生长为新的地衣。粉芽为几根菌丝围绕着少数藻类细胞所构成,粉芽脱落后即发育成新的叶状体。此外,地衣也可进行有性繁殖,但藻菌是独立进行的。

2.地衣在自然界中的作用和经济意义

地衣生长在高山岩石之上、荒漠土壤表面以及树皮等其他生物不易生长的地方,能分泌地衣酸,对岩石的风化和土壤的形成有促进作用,因而地衣被称为自然界的"拓荒者"。地衣可以作为大气污染的指示植物。

地衣有多种用途,可以作为药材,地衣酸是地衣重要的代谢产物,许多种类具有抗菌作用。石耳属、石蕊属含有较高的糖类,可以作为食物,石蕊还可以作为茶饮用。海石蕊地衣可提取色素制成染料、石蕊试纸或酸碱指示剂等。地衣是一种可提取香料的原料,梅衣属的一些种类含有芳香油,是配制香水、化妆品的原料。此外,产于北极草原的驯鹿地衣,是北极驯鹿的长年饲料。

1.2.2 高等植物

1.2.2.1 苔藓植物

1.苔藓植物的一般特征

苔藓植物的植株矮小,一般生长在石面、土表或树皮等比较阴湿的区域,是从水生到陆生的过渡形式的代表。比较低级种类的植物体为扁平的叶状体,比较高级种类的植物体有茎和叶的分化,但没有真正的根。其吸收水分、无机盐和固着植物体的功能由假根来完成。苔藓植物具有明显的世代交替,与其他高等植物的显著区别是配子体在世代交替中占优势,孢子体寄生在配子体上。苔藓植物的雌、雄生殖器官都是多细胞组成的,苔藓植物受精必须借助于水才能完成。

2.苔藓植物的主要类型

苔藓植物约有23 000种,我国约有2 800种。根据其营养体的形态结构,苔藓植物可分为苔纲和藓纲。苔类植物体多为叶状体,适生于阴湿的土地、岩石和树干上。代表植物地钱分布广泛,喜生于林缘、井边、墙角等阴湿的土地上。藓类植物有茎、叶的分化,比苔类植物耐低温,在温带、寒带、高山、冻原、森林和沼泽常能形成大片群落。常见植物有葫芦藓和泥炭藓。

3.苔藓植物的生态学意义及经济价值

在生态学方面,苔藓植物可以生长在裸露的岩石表面、沙地和冻土上,和地衣一样是植物界的拓荒者,它能够分泌酸性植物,溶解岩面,为其他高等植物创造有利的生存条件。苔藓植物能使沼泽陆地化,如泥炭藓可以在湖泊、沼泽中大面积生长,上部藓层逐渐发展,下部的不断死亡,能够使湖泊、沼泽干枯,并逐渐陆地化。同时,苔藓植物还能够抑制森林的生长,使森林沼泽化。此外,苔藓植物还是对大气污染敏感的指示植物。20世纪60年代以来,已有人制成苔藓植物测定器,定时定点监测大气污染。

在经济价值方面,苔藓植物因其茎、叶具有很强的吸水、保水能力,一些植物可以作为盆景和装饰庭院。在园艺上常用于包装运输新鲜苗木花卉。泥炭藓等形成的泥炭,可作为燃料和肥料。此外,一些苔藓如大金发藓还可以入药,具有败热解毒作用。

1.2.2.2 蕨类植物

1.蕨类植物的一般特征

蕨类植物又称羊齿植物,具有较好的适应陆地生活的能力。植物体有根、茎、叶的分化,并出现初生结构的维管组织,其中,木质部含有运输水分和无机盐的管胞,韧皮部中含有运输养料的筛胞。蕨类植物多数有吸收能力较好的不定根。茎通常为根状茎,叶有营养叶和孢子叶之分,其中,仅能够进行光合作用的叶称为营养叶,能产生孢子和孢子囊的叶称为孢子叶。

在蕨类植物的生活史中,孢子体占优势,配子体微小,叶状,能够独立生活;在受精时不能脱离水环境,受精卵发育成胚,幼胚暂时寄生于配子体上,长大后配子体死亡,孢子体独立生活。

2.蕨类植物的分类和代表植物

蕨类植物可分为石松纲、水韭纲、松叶蕨纲、木贼纲、真蕨纲5纲。世界上生长的蕨类植物有12 000余种,我国约有40科2 600多种。

3.蕨类植物的经济价值

蕨类植物在园林上应用较多,如著名观赏植物肾蕨、铁线蕨、鹿角蕨、凤尾蕨等。此外,蕨、紫萁等可以作为蔬菜。蕨的根状茎富含淀粉,可以酿酒。满江红叶内有共生蓝藻,可以进行固氮,因此既可以作为绿肥,也是家畜、家禽的饲料。槐叶萍也可以作为饲料使用。在我国有400多种蕨类植物可以入药,是重要的中草药资源。如木贼、问荆、卷柏和海金沙等植物。

1.2.2.3　种子植物

种子植物是最高等的植物类群,通常根据胚珠是否裸露,可以分为裸子植物和被子植物。

1.裸子植物

1)裸子植物的一般特征

裸子植物的孢子体特别发达,大多数为单轴分枝的高大乔木。具有形成层和次生生长,木质部大多数只有管胞,韧皮部中只有筛胞。叶多为针形、条形和鳞形。胚珠裸露,产生种子,内含有胚。配子体简化,雌雄配子体都寄生于孢子体上。裸子植物除少数种类如银杏、苏铁外,精子都不具有鞭毛,受精作用都是通过花粉管来完成的,真正摆脱了水对受精的限制。裸子植物的花粉粒多数由风力传播,并经珠孔直接进入胚珠,在珠心上方萌发,形成花粉管,到达胚乳,使其内的卵细胞受精。大多数裸子植物都具有多胚现象。

2)裸子植物的分类及代表植物

裸子植物是种子植物中较原始的类型,最初的裸子植物出现在古生代,在中生代至新生代它们是遍布各大陆的主要植物。目前,全世界生存的裸子植物约有850种,隶属于79属15科,种类虽少,却分布于世界各地,特别是在北半球的寒温带和亚热带的中山至高山带常常组成大面积的各类针叶林。裸子植物可分为苏铁纲、银杏纲、松柏纲、红豆杉纲、买麻藤纲等5纲。

3)裸子植物的生态意义和经济价值

裸子植物是我国组成地面森林的主要成分,中国的裸子植物虽仅为被子植物种类的0.8%,但其所形成的针叶林面积却占森林面积的52%。另外,中国疆域辽阔,气候和地貌类型复杂。第四纪冰期时又没有直接受到北方大陆冰盖的破坏,基本上保持了第三纪以来比较稳定的气候,使中国的裸子植物具有种类丰富、起源古老、多古残遗和孑遗成分、特有成分繁多和针叶林类型多样等特征。

此外,裸子植物大都是松柏类针叶林,材质优良,是林业生产上的主要用材树种。广泛应用于建筑、枕木、造船、造纸、家具领域,森林的副产品如松节油、松香、单宁和树脂等也具有重要的工业用途。有些植物,如银杏、华山松、红松等种子可供食用。三尖杉和红豆杉可提取抗癌药物,麻黄更是著名的药材。许多裸子植物还是重要的园林观赏树种,如油松、雪松、水杉、侧柏和罗汉松终年常绿,树形优美,具有较高的观赏价值。苏铁、银杏等植物在我国各大城市栽培也极为广泛。

2.被子植物

1)被子植物的一般特征

被子植物具有真正的花,典型的被子植物的花由花萼、花冠、雄蕊和雌蕊4个部分组成。雌蕊由心皮组成,包括子房、花柱和柱头3个部分。胚珠包藏于子房内,得到子房的保护,避免了昆虫的伤害和水分的丧失。子房在受精后发育成为果实,具有不同的色、香、味及多种开裂方式,果皮上常具有各种钩、刺、翅、毛,这些特点对于保护种子成熟,帮助种子散布起到重要的作用。所有被子植物具有双受精现象,即两个精细胞进入胚囊以后,1个与卵细胞结合形成合子,另1个与2个极核结合,形成3n染色体,发育为胚乳,幼胚以3n染色体的胚乳为营养,因而具有更强的生活力。被子植物的孢子体,在形态、结构、生活型等方面,比其他各类植物更完善和多样化,有自养的植物,也有腐生、寄生的植物。在解剖构造上,木质部中有导管,韧皮部中有筛管和伴胞,疏导作用更强,而且植物类型多数成为草本。被子植物的配子体进一步简化,寄生于孢子体上。

2)被子植物的分类及代表植物

19世纪以来,许多植物分类工作者为建立一个"自然"的分类系统做出了巨大努力。他们根据各自的系统发育理论,提出的分类系统已有数十个。但由于有关被子植物起源、演化的知识特别是化石证据不足,直到现在还没有一个比较完善的分类系统。目前世界上运用比较广泛的仍是恩格勒系统和哈钦松系统。

被子植物共10 000多属30多万种,占植物界的一半以上。它们形态各异,包括高大的乔木、矮小的灌木及草本植物。我国有2 700多属约30 000种。被子植物根据胚内子叶的数量,分为2个纲,即双子叶植物纲和单子叶植物纲。双子叶植物纲胚具有2片子叶,根多为直根系,茎内维管束成环状排列,有形成层,叶多具有网状叶脉,花各部分基数为4或5,花粉粒具有3个萌发孔;单子叶植物纲胚具有1片子叶,根多为须根系,茎内维管束呈星散状排列,无形成层,叶多为平行或弧形叶脉,花各部分基数为3,花粉粒具有单个萌发孔(见图1-1)。以上区别点不是绝对的,实际上有交错现象,如双子叶植物纲中的毛茛科、车前科、菊科等有须根系植物;胡椒科、睡莲科、毛茛科、石竹科等有维管束星散排列的植物;樟科、木兰科、小檗科、毛茛科有3基数的花;睡莲科、毛茛科、小续科、罂粟科、伞形科等有1片子叶的现象。单子叶植物纲中的天南星科、百合科、薯蓣科等有网状脉,眼子菜科、百合科、百部科等有4基数的花。

图1-1　单子叶植物与双子叶植物的区别

3）被子植物的生态学意义和经济价值

被子植物可以利用阳光和自身的叶绿素进行光合作用和呼吸作用，释放氧气，消化二氧化碳，具有净化空气、中和碳排放的生态作用。而且作为白垩纪出现的显花植物，它们的美学价值显而易见，是园林设计的主要材料。被子植物还有丰富的营养价值，其花朵中产生的花蜜和花粉含有可供人体吸收的物质 96 种，其中氨基酸 22 种，维生素 14 种，以及丰富的糖、蛋白质、脂肪和多种活性蛋白酶、核酸等。如日常花卉中菊花、玫瑰、紫罗兰和南瓜等植物的花朵，对人类大脑的发育大有帮助，这些营养物质能够增强体质，有益健康。被子植物还具有药用价值，如金银花具有很好的清热解毒功效，菊花有散风热、平肝明目的功效。

1.3　植物基本类型

自然界植物系统由种群、物种、群落构成，植被分类实际上就是植被和植物群落研究的一个综合性的结果。根据群落本身的特征，即植物种群组成，群落结构以及群落的生态外貌特征，鉴别不同的植物群落单位，从而划分植被类型。

1.3.1　中国植被分类

1.3.1.1　分类原则

按群落本身的特征，以植物区系组成、生态外貌、生态地理和动态等方面作为分类的依据。划分植被的高级类型时，侧重于外貌、结构和生态地理；确定中级以下单位时，则着重于植物种类组成。

1.3.1.2　分类单位

采用的主要分类单位为 7 级，即植被型组、植被型、植被亚型、群系组、群系、亚群系和群丛。其中植被型组、植被型和植被亚型属于高级单位，群系组、群系和亚群系属于中级单位，群丛属于基本单位。

1.植被型组

植被型组为本分类系统的最高级单位。凡是建群种生活型相近，而且群落的形态外貌相似的植物群落联合为植被型组，如针叶林、阔叶林、荒原和沼泽等。

全国共划分为 11 个植被型组，虽然它们主要是根据群落外貌划分的，但同时也包含一定的生态内容。如针叶林或阔叶林都是由中生乔木组成的，它们不但在生长季节各自具有相似的外貌，而且基本上都是分布在湿润地区；荒漠以其地上部分稀疏、不郁闭而具有相似外貌，同时又为干旱地区所特有；沼泽则与水分过多这一特定地段生境条件紧密相关等。但是，同一植被型组所包含的各类型之间，对水热条件的生态关系并不十分一致，如针叶林，从我国寒温带一直分布到热带，尽管都分布在湿润地区，但是对热量条件的要求非常不同。因此，在同一植被型组内，可存在适应途径各异的植物群落。栽培植被作为一个特殊的植被型组，它的发育生长，在人为控制下避开了一年中的不利水热条件，同时受人工翻耕和其他耕作措施影响，具有特殊的生态条件和生长发育过程。

2.植被型

植被型为本分类系统中重要的高级分类单位,全国共划分出 53 个单位。在植被型组中,把建群种生活型(一或二级)相同或近似,同时对水热条件生态关系一致的植物群落联合为植被型,如寒温性针叶林、落叶阔叶林、常绿阔叶林、草原等。

生活型相同或近似,反映了群落进化过程中对环境条件适应途径的一致性;对水热条件的生态关系一致,说明了植物的生态幅度和一定的适应范围。就地带性植被而言,植被型是一定的气候区域产物;就隐域性植被而言,它是一定特殊生境的产物。据此确定的植被型,大致有相似的结构、相似的区系组成、相似的生态性质以及相似的发生和发展历史,从而在生态系统中具有相似的能量流转和物质循环特点。

3.植被亚型

植被亚型为植被型的辅助或补充单位,在植被型内根据优势层片或者指示层片的差异进一步划分亚型。这种层片结构的差异一般是气候亚带的差异或一定的地貌、基质条件的差异所引起的。如亚热带针叶林、热带山地针叶林、温带落叶小叶疏林。

4.群系组

在植被型或亚型范围内,可以根据建群种亲缘关系近似(同属或相近属)、生活型(三或四级)近似或生境相近而划分群系组。但划入统一群系组的各群系,其生态特点一定是相似的。如铁杉针阔叶混交林,榆树疏林,多种榕、大叶楠林,蒿草、苔草沼泽化草甸等。

5.群系

群系为本分类系统中一个最重要的中级单位,凡是建群种或共建种相同(在热带或亚热带有时是标志种相同)的植物群落联合为群系,全国共划分出 550 多个群系,如兴安落叶松林,辽东栎林,台湾肉豆蔻、白翅子林,长叶桂木林,大针茅草原,红沙荒漠,芨芨草草甸等。

由于建群种或共建种相同,一个群系的结构、区系组成、生物生产力以及动态特点是相似的,因此采用建群种(或共建种)这一指标反映了群系最本质的特征。同时,由于划分标准明确而具体,所以划分群系都是比较自然和客观的。

6.亚群系

亚群系为群系的辅助单位,在生态幅度比较广的群系内,根据次优势层片或建群种的植物亚种及其所反映的生境条件的差异(这种差异常常超出植被亚型的范围)而划分亚群系。如芨芨草、短花针茅草原,芨芨草、驼绒藜草原,兴安落叶松、樟子松林,兴安落叶松、蒙古栎林,兴安落叶松、白桦林等。

7.群丛

群丛为本分类系统中的基本单位,犹如植物分类中的种。凡属于同一群丛的各个植物群落,在群丛范围内,由于生态条件的某些差异,或因发育年龄上的差异,往往不可避免地在区系成分、片层配置、动态变化和生态外貌等方面出现细微差异,但这些方面应基本相同,以及具有相似的演替趋势。如羊草、大针茅群系内,羊草和大针茅都是不同的群丛;兴安落叶松、樟子松林亚群系内,兴安落叶松和樟子松也是不同的群丛。

1.3.2 植物类别

为了便于植物鉴别,将植物按照茎的形态、生态习性以及生长周期分别进行分类。

1.3.2.1　按植物茎的形态划分

1.乔木

植物有一个直立主干,粗大而明显,分枝部位距离地面较高,通常高达 6 m 以上的木本植物称为乔木。与低矮的灌木相对应,通常见到的高大树木都是乔木,如木棉、松树、玉兰、白桦等。乔木按冬季或旱季落叶与否又分为落叶乔木和常绿乔木。

2.灌木

植物主干不明显,通常植株比较矮小,常在基部发出多个枝干的木本植物称为灌木,如紫穗槐、锦鸡儿、玫瑰、龙船花、映山红、牡丹等。

3.亚(半)灌木

植物通常比灌木矮小,高度一般不到 1 m,多年生,茎的上部草质,在开花后枯萎,而基部的茎是木质的,如多数蒿属植物、长春花、决明等。

4.草本植物

草本植物的茎通常柔软、木质化程度较低,全株或地上部分容易萎蔫或枯死,如菊花、百合、凤仙等。草本植物又分为一年生、二年生、多年生及短命草本植物。

5.藤本植物

一些草本或木本植物,茎长而柔软,本身不能直立,靠倚附或缠绕他物而向上攀升的植物称为藤本植物。藤本植物依茎的性质又分为木质藤本和草质藤本两大类,常见的紫藤为木质藤本;藤本植物依据有无特别的攀缘器官又分为攀缘性藤本,如瓜类、豌豆、薜荔等具有卷须或不定气根,能卷缠他物生长;缠绕性藤本,如牵牛花、忍冬等,其茎能缠绕他物生长。

1.3.2.2　按植物对水分的需求量和依赖程度划分

1.旱生植物

生在在干旱环境中,能长期耐受干旱环境,且能维护水分平衡和正常生长发育的植物。这类植物在形态或生理上有多种多样的适应干旱环境的特征,多分布在荒漠区。旱生植物根据形态可分为:

(1)肉质旱生植物。这类植物茎叶肥厚,内有贮水的薄壁组织,表皮角质厚,气孔少,蒸腾强度极小,如仙人掌、猪毛菜等。

(2)硬叶旱生植物。这类植物茎叶的机械组织极其发达,不致因大量失水而形体萎缩,表皮角质厚,气孔多深陷于叶背的凹穴或沟槽中,并有毛或蜡质围绕,以防止水分蒸腾,如沙枣。禾草类的硬叶常常卷成筒状,如针茅、羽茅等。

(3)软叶旱生植物。这类植物虽然叶片有程度不等的旱生结构,但是较柔软,与中生植物的叶相似。土壤水分较多的季节中,它的蒸腾作用甚至超过中生植物。在缺水季节以落叶来适应,如绵刺等。

(4)小叶或无叶植物。这类植物幼茎表面绿色,可以进行光合作用,叶退化变小,甚至消失,以减少叶面蒸腾,如梭梭、沙拐枣、麻黄等。

2.中生植物

介于旱生植物和湿生植物之间,不能忍受严重的干旱或长期的水涝淹没,只能在水分条件适中的生境中生活的植物。该类植物具有一套完整的保持水分平衡的结构和功能,其根系和疏导组织比较发达,能抗御短期的干旱,叶片中有细胞间隙,没有完整的通气系统,不能长期在水涝淹没的环境中生活,是陆地上种类最多、分布最广、数量最大的植物,陆地上绝大部分植物皆属此类,如杨树、槐树、马尾松等。

3. 湿生植物

生长在潮湿环境中,不能忍受较长时间水分不足的植物类型,是抗旱能力较弱的陆生植物,如莎草类植物。

4. 水生植物

主要指植物体全部或部分沉于水的植物,如荷花、睡莲等。

1.3.2.3　按植物的生活周期划分

1. 一年生植物

植物的生命周期短,由数星期至数月,在一年内完成其生命过程,然后全株死亡,如沙蓬、虫实、白菜、豆角等。

2. 二年生植物

植物于第一年种子萌发、生长,至第二年开花结实后枯死的植物,如甜菜、独行菜等。

3. 多年生植物

生活周期年复一年,多年生长,如常见的乔木、灌木都是多年生植物。另外,还有些多年生草本植物,能生活多年,或地上部分在冬天枯萎,来年继续生长和开花结实,如芦苇、紫花苜蓿等。

4. 短命植物

此类植物主要分布于荒漠地区,通常其种子在短暂降雨期或早春融雪期能够迅速萌发生长,在 1~2 个月内完成开花结果,然后枯死,如荒漠庭荠等。

1.4　基本术语

1.4.1　根

根通常分布于地下,是植物体向土中伸长的部分,由植物种子幼胚的胚根发育而成,用以支持植物体和由土壤中吸取水分和养料的器官。在形态上,根与茎不同,根不分节,一般不生芽,决不生叶和花。

1.4.1.1　根的类型

根据根的来源不同,根可分为定根和不定根。定根是由胚根形成的,以其形态和产生次序的不同又可以分为主根和侧根。其中主根是自种子萌发出的最初的根,由种子萌发时最先突破种皮的胚根形成,有些植物是一根圆柱状的主轴,这个主轴就是主根,一般来说,主根通常粗大而且直立向下。主根上生出的各级大小支根称为侧根,如杨树、松树通常具有明显的主根和侧根。有时候,主根或侧根上还有生长出的小分枝,称为纤维根。与定根不同,不定根不是由胚根形成的根,而是由茎、叶或者老根形成的通常没有固定位置的根,例如白刺等沙生植物,在被沙埋后,在茎上会产生不定根。

根据根生长的场所不同,根可分为地生根、水生根、气生根和寄生根。地生根就是指生长于地下的根。水生根是指生长于水下的根,如水生植物的根,睡莲、水车前等。气生根是指生于地面上的根,如附生植物的根,石斛和大部分热带兰等。寄生根是指伸入寄主植物组织中的根,如寄生植物的根,桑寄生和菟丝子等。植物根类型如图 1-2 所示。

1.4.1.2　根系类型

1.直根或单根系

由明显的垂直向下生长的主根以及各级侧根构成的根系,侧根小而且少,主根特大时则称为直根,其几乎不分枝的则叫单根,如胡萝卜。单根有多种形状,如圆锥状、块状、纺锤状等。一般主根发达,各级侧根较小。大多数双子叶植物属于这种根系。

图 1-2　植物根类型示意图

2.须根系

种子萌发不久,主根萎缩而发生许多与主根难于区别的成簇的根,没有明显的主根,全部由须根及其产生的侧根组成,或者全部由不定根组成的根系。须根系主根不发达,根粗细、长短相似,入土较浅,呈丛生状态。大多数单子叶植物属于这种根系,如禾草等。植物根系类型如图 1-3 所示。

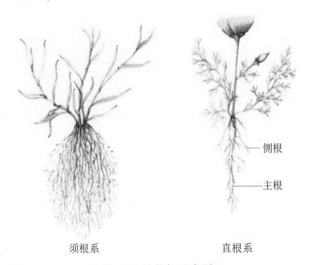

—— 侧根

—— 主根

须根系　　　　　　　　直根系

图 1-3　植物根系类型

1.4.1.3　根的变态

一些植物由于长期适应特定的环境条件,根系或者它的一部分形态和生理功能发生了显著的可以遗传的变异,称为根的变态。它是一种正常的生理现象,常见的根的变态有地下的储藏根和地上的气生根。

1.储藏根

主要是适应于储藏大量营养物质的变态根,在
农业生产中作为收获器官,有的还可以兼做再生产
用的"种子"。其共同特点是:外观肥大、肉质,富含
碳水化合物等营养物质;结构以大量薄壁组织为主,
维管分子散生其间;储藏物用于植株的开花结实或
作为营养繁殖、萌生新植株的营养源(见图1-4)。
根据来源将其划分为肉质直根和块根两种。

图1-4　植物储藏根

1)肉质直根

由下胚轴和主根基部发育而成,具有贮藏养分和繁殖等功能的肉质肥大的根称为肉
质直根,如萝卜、胡萝卜、甜菜、甘草、黄芪等的根。肉质直根的下部生有数列侧根,这些侧
根具有正常的结构。

2)块根

由不定根或侧根的近地表部分经增粗生长而形成的肉质根,多呈块状,称为块根,如
甘薯、木薯和何首乌等的根。块根上、下部分的根具有正常结构。

2.气生根

露出地面,生在空气中的根,称为气生根。根据担负的生理功能不同,气生根分为支
持根、攀缘根和呼吸根等。

1)支持根

一些具有浅根系而植株又较高大的草本植物,
在拔节后抽穗前,近地面的几个节上可产生几层气
生的不定根。作向地性生长而入土,并在土内产生
侧根,有支持植株的特殊作用,称为支持根。它兼有
吸收、输导等作用。这类根较粗壮,表皮细胞角质化
程度高,并有硅质化,表面还产生黏液;皮层中厚壁
组织发达,细胞中有色素,阳光照射后使根呈紫色。
这类植物支持根发育不良时,植株遇大风容易倒伏
(见图1-5)。

图1-5　植物支持根

2)攀缘根

一些藤本植物,从茎的一侧产生很多顶端扁平且常分泌黏液,易于攀缘物体表面的不
定根,称为攀缘根。

3)呼吸根

有些生长在沿海或沼泽地带的植物,如红树等植物,能够产生向上生长伸出地面的
根,称为呼吸根。呼吸根表面有呼吸孔,根内有发达的通气组织,有利于通气和贮存
空气。

1.4.1.4　根的共生

由于植物的根系分布于土壤之中,因此它与土壤中的各种微生物有着密切的关系。

一方面,植物根系新陈代谢产生的分泌物,常常是微生物的营养来源;另一方面,土壤微生物的新陈代谢加速了土壤养分的分解,有利于植物对养分的吸收,一些微生物能够合成刺激植物生长的物质和植物所需要的营养物质,促进根系的发育和植物的生长。有些微生物侵入植物根系中,导致植物病害,而另一些微生物能够在根部形成特殊的结构,彼此建立互利共存的关系,称为共生。常见的共生有根瘤和菌根。

1.根瘤

根瘤指固氮细菌或放线菌等微生物侵入植物根部而形成的瘤状结构。如豆科植物、胡颓子属和早熟禾属等植物的根,都有根瘤,这些根瘤能够固定空气中的游离氮,促进植物生长,提高土壤肥力(见图1-6)。

图1-6　植物根瘤

2.菌根

菌根是高等植物根部与某些真菌的共生体。真菌可以从宿主的根系中吸收所需要的养分,同时,真菌的分泌物能够促进土壤中无机养分的释放,并且把自身吸收来的水分和无机盐提供给植物使用。此外,真菌产生的激素、维生素等物质能够刺激根系发育,促进植物生长。有些具有菌根的树种,如松、栎等,如果缺乏菌根会生长不良。因此,在播种或造林时,可以提前在土壤中接种需要的真菌或用真菌拌种,以利于植物根系的发育,促进树木的生长(见图1-7)。

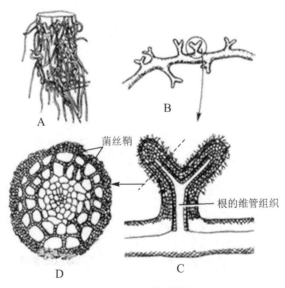

图1-7　植物菌根

1.4.2　茎

茎是种子萌发时,其胚芽向上生长,在地面上形成的中轴,是叶、花等器官着生的轴。茎端和叶腋内的芽萌发生长,形成分枝,枝上新形成的芽再形成新的枝条,以此类推,最后形成庞大的地上茎枝体系。茎主要具有支持和输导的生理功能,此外还具有储藏、繁殖和光合作用(见图1-8)。

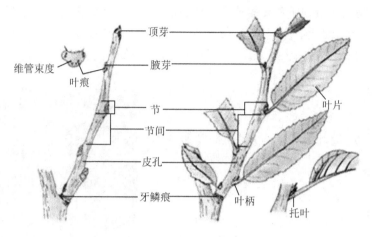

图1-8　植物茎的组成

1.4.2.1　茎的类型

根据茎的生长习性和方向分为:

(1)直立茎:茎垂直于地面,为常见的茎。

(2)平卧茎:茎平卧地上而生长,枝间不再生根,称平卧茎。如酢浆草、蒺藜等。

(3)匍匐茎:茎长而平卧地面,茎节和分枝处生有不定根,称匍匐茎。如积雪草、委陵菜等。

(4)攀缘茎:用卷须、小根、吸盘或其他特有的卷附器官攀登于他物上,称攀缘茎。如黄瓜、葡萄等。

(5)缠绕茎:螺旋状缠绕他物而上的茎称缠绕茎,旋花科植物几乎都是缠绕茎。缠绕茎从生长方向看依顺时针或逆时针旋转分别有左旋与右旋之分,如紫藤为左旋缠绕茎,北五味子为右旋缠绕茎。

(6)斜升茎:茎最初偏斜,后变直立,如山麻黄、鹅不食草等。植物茎的类型如图1-9所示。

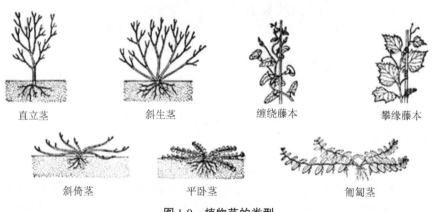

图1-9　植物茎的类型

1.4.2.2 茎的分枝

茎的分枝是普遍现象,能够增加植物的体积,充分利用阳光和外界物质,有利于繁殖新后代。分枝的方式,取决于顶芽和腋芽的生长关系,有一定的规律,主要分为单轴分枝、合轴分枝、假二叉分枝和分蘖 4 种类型(见图 1-10)。

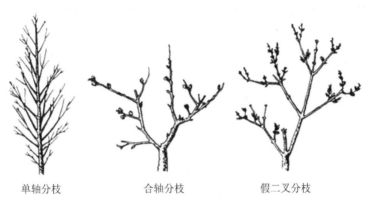

单轴分枝   合轴分枝   假二叉分枝

图 1-10 植物茎分枝类型

1. 单轴分枝

单轴分枝是指从幼苗开始,具有明显主轴的一种分枝方式,主茎的顶芽活动始终占优势,形成一个直立的主轴,而侧枝则较不发达,其侧枝也以同样的方式形成次级分枝的分枝方式。单轴分枝方式的植株呈塔形或锥体。如红麻、黄麻等便是单轴分枝。所以,栽培这类植物时要注意保顶芽,以提高其品质。这种分枝方式又称为总状分枝,如杨、松、杉和侧柏。

2. 合轴分枝

合轴分枝是指植株的顶芽活动到一定时间后死亡,或分化为花芽,或发生变态,而靠近顶芽的一个腋芽迅速发展为新枝,代替主茎生长一定时间后,其顶芽又同样被其下方的侧芽替代生长的分枝方式。合轴分枝的主轴不明显,除了很短的主茎外,其余均为各级侧枝分段连接而成,因此茎干弯曲、节间很短,而花芽较多,可多开花,多结果。合轴分枝在农作物和果树中普遍存在,如棉花、番茄、马铃薯、柑橘类、葡萄、枣、李、茶树等。

3. 假二叉分枝

假二叉分枝是指某些具有对生叶序的植物,其主茎和分枝的顶芽生长形成一段枝条后停止发育或缓慢生长,由顶端下方对生的二个侧芽同时发育为新枝,而代替它的位置,且新枝的顶芽与侧芽生长规律与母枝一样,如此继续发育形成的分枝方式。这样的分枝在外表上形似二叉分枝(由枝条顶端分生组织本身分裂为二所形成),称之为假二叉分枝。这种分枝方式实际上是一种合轴分枝方式的特殊类型,如丁香、泡桐、石竹、槲寄生等。

4. 分蘖

分蘖是禾本科植物所特有的地面以下或近地面处主茎基部进行的一种分枝方式,其特点是主茎基部的节较密集于近地面,节上生出许多不定根,分枝的长短和粗细相近,呈丛生状态。禾本科植物在生长初期,茎的节间很短,节很密集,而且集中于基部,每个节上都有一片幼叶和一个腋芽,当幼苗出现 4~5 片幼叶时,有些腋芽即开始活动形成新枝并在节位上产生不定根,这个分枝方式就称为分蘖。典型的分蘖常如水稻、小麦、冰草和香根草等。

1.4.2.3 茎的变态

由于功能改变引起的形态和结构都发生变化的茎,称之为茎的变态。茎变态是一种可以稳定遗传的变异。变态茎仍保留着茎所特有的特征,如有节和节间的区别,节上生叶和芽,或节上能开花结果。可分为地上变态茎和地下变态茎两大类。

1.地上变态茎

1) 叶状枝

茎扁化变态成的绿色叶状体或成针状,叶完全退化或不发达,而由叶状枝进行光合作用。如昙花、令箭、文竹、天门冬、沙拐枣和竹节蓼等的茎,外形很像叶,但其上具节,节上能生叶和开花(见图1-11)。

2) 枝刺

由茎变态为具有保护功能的刺,生于叶腋,由腋芽发育而来,不易剥落。如山楂、鼠李、杜梨、沙枣和皂荚茎上的刺,都着生于叶腋,相当于侧枝发生的部位。黄刺玫等茎上有刺,数量分布无规则,是茎表的突出物,称为皮刺而非茎刺(见图1-12)。

图 1-11　植物叶状枝

图 1-12　植物枝刺

3) 茎卷须

由茎变态成的具有攀缘功能的卷须。卷须的机械组织和输导组织不发达,主要由薄壁组织组成。幼茎卷须有敏锐的感受力,在接触支撑物数分钟内做出卷曲、缠绕生长的反应,老时便失去卷曲反应能力。如黄瓜和南瓜的茎卷须发生于叶腋,相当于腋芽的位置,而葡萄的茎卷须是由顶芽转变来的,在生长后期常发生位置的扭转,其腋芽代替顶芽继续发育,向上生长,而使茎卷须长在叶和腋芽位置的对面,使整个茎成为合轴式分枝(见图1-13)。

4) 肉质茎

由茎变态成的肥厚多汁的绿色肉质茎,可进行光合

图 1-13　植物茎卷须

作用,发达的薄壁组织已特化为贮水组织,叶常退化,形成刺状变态叶,适于干旱地区生活。如仙人掌类的肉质植物,变态茎可呈球状、柱状或扁圆柱形等多种形态。

2.地下变态茎

一些植物的部分茎和枝条生长于土壤中,变成储藏营养或繁殖器官,称为地下茎。地下茎的形态结构常发生明显的变化,但仍保留有枝条的一些基本特征,如节、芽等,常见的变态茎有根状茎、块茎、球茎等。

1)根状茎

根状茎是由植物的茎变态成的横卧于地下、形状似根的地下茎。根状茎上具有明显的节和节间,具有顶芽和腋芽,节上往往还有小而退化的非绿色鳞片状叶,呈膜状,叶腋中的腋芽或顶芽可形成背地性直立的地上枝,同时节上还有不定根,常见于禾本科植物,如针茅、冰草和芦苇等。根状茎贮有丰富的营养物质,可以存活一年至多年,营养繁殖能力很强,因耕犁等外力切断时,茎段上的腋芽仍可发育为新枝,故禾本科植物的杂草不易铲除(见图1-14)。

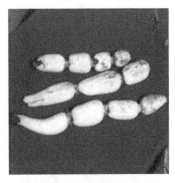

图 1-14 植物根状茎

2)块茎

块茎是由茎的侧枝变态成的短粗的肉质地下茎。呈球形、椭圆形或不规则的块状,储藏组织特别发达,内贮丰富的营养物质。从发生上看,块茎是植物茎基部的腋芽伸入地下,先形成细长的侧枝,到一定长度后,其顶端逐渐膨大,贮积大量的营养物质而成。块茎形状多不规则,顶端有顶芽,四周有许多芽眼作螺旋状排列。芽眼着生处为节,幼时芽眼下方有鳞片叶,每个芽眼内有几个芽,相当于腋芽和侧芽,如马铃薯块茎,顶端有一个顶芽,节间短缩,叶退化为鳞片状,幼时存在,以后脱落,留有条形或月牙形的叶痕。在叶痕的内侧为凹陷的芽眼,其中有腋芽1至多个,叶痕和芽眼在块茎表面相当于茎上节的位置上呈规律的排列,两相邻芽眼之间,即节间。除马铃薯外,菊芋(洋姜)、甘露子(草石蚕)等也有块茎(见图1-15)。

3)球茎

球茎是由植物主茎基部膨大形成的球状、扁球形或长圆形的变态茎。观赏植物唐菖蒲和药用植物番红花具有比较典型的球茎。节与节间明显,节上生有退化的膜状叶和腋芽,顶端有较大的顶芽。从发生上看,有些球茎,如荸荠、慈菇等是由地下匍匐枝(侧枝)末端膨大形成的。球茎内都贮有大量的营养物质,供营养繁殖之用(见图1-16)。

图 1-15 植物块茎

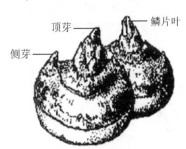

图 1-16 植物球茎

4）鳞茎

扁平或圆盘状的地下变态茎。其枝（包括茎和叶）变态为肉质的地下枝，茎的节间极度缩短为鳞茎盘，顶端有一个顶芽。鳞茎盘上着生多层肉质鳞片叶，常见于单子叶植物中，如水仙、百合和洋葱等。营养物质主要贮存在肥厚的变态叶中。鳞片叶的叶腋内可生腋芽，形成侧枝。大蒜的营养物质主要贮存在肥大的肉质腋芽（蒜瓣）中，包被于其外围的鳞片叶，主要起保护作用。

1.4.3　叶

植物叶的形态特征是植物分类学上重要的参考依据之一，在种及种以下植物鉴别中占有非常重要的地位。

1.4.3.1　叶序

叶在茎或枝条的节上排列的方式称为叶序。植物体通过一定的叶序，使叶均匀地、适合地排列，充分地接受阳光，有利于光合作用的进行。叶序的类型主要有互生、对生、轮生、簇生和基生等几种（见图1-17）。

互生　　　对生　　　轮生　　　簇生

图 1-17　植物叶序类型

1.互生

互生是指茎或枝条的每节上只着生1片叶，沿茎上升每一次生1片叶。每上生1片叶，着生位置旋转一定角度，如榆树、杨树、悬铃木、臭椿、月季、牡丹、扶桑等。

2.对生

对生是指茎或枝条上的每一个节相对着生2片叶，如丁香、茉莉、桂花、栀子等。上下相邻的两个节上的对生叶着生方向互相垂直的，称作交互对生，如唇形科植物。有些植物的枝条上本来是交互对生的叶序，由于枝条的水平伸展，所有叶柄发生了扭曲，使得叶片排在同一平面上成二列状。

3.轮生

轮生是指在茎或枝条的同一节上有3个或3个以上的叶有规则地排列于一起，如夹竹桃、杜松等。

4.簇生

簇生是指多片叶以互生叶序密集着生于枝条的顶端，或者2个或2个以上的叶着生在节间极度缩短的侧生短枝的顶端，如金钱松、华北落叶松、小檗和银杏等。

5.基生

基生是指多片叶以互生或对生叶序密集着生于茎基部或近地表的短茎上，如沙葱、车前和蒲公英等。许多具有鳞茎的植物，一般地上没有明显的茎秆，叶子是长在地下的鳞状茎上，大多属于基生叶序。

1.4.3.2　叶的类型

植物的叶一般来说由叶片、叶柄和托叶三部分组成。叶片是叶的主要部分，是植物进行光合作用和蒸腾作用的主要器官。叶柄连接茎和叶片，其中有发达的机械组织和输导组织。托叶是生于叶柄和茎连接处的小型叶状物,有的植物早落。根据托叶的有无,叶通常分为完全叶和不完全叶两种类型。但是,对于植物鉴别来说,更具有实践指导意义的单叶和复叶。根据叶柄上端叶片的数量,可将叶分为单叶和复叶两大类型。

单叶是指一个叶柄上只着生 1 枚叶片的叶,一般来说,单叶形状较大,其叶腋可生有侧芽,叶片与叶柄间不具关节,如杨树和榆树等。禾本科植物的叶是较为特殊的单叶,主要由叶片和叶鞘两部分组成(见图 1-18)。

复叶是指一个叶柄上着生两片或两片以上的叶,一般来说,形状较小,而且叶轴顶端不具芽,小叶基部不具腋芽。复

蓖麻(单叶)
图 1-18　植物单叶

叶的小叶通常排列在同一平面上;落叶时小叶先脱落,最后叶轴脱落。复叶的小叶数目变化很大,有的只有 1 枚小叶,称作单身复叶。单身复叶外形似单叶,但小叶与叶柄间具关节,如柑橘。有的仅有 2 枚小叶,如霸王。有的具有 3 枚小叶,形成三出复叶,通常有 2 种不同类型,当 3 枚小叶共同生于叶轴顶端,小叶柄近等长,称为掌状三出复叶,如牛叠肚;当 3 枚小叶中的 2 枚在叶轴的近顶端对生,另 1 枚着生在叶轴的最上端,其小叶柄较 2 个侧生小叶的小叶柄长,称作羽状三出复叶,如草木樨。

复叶具 4 枚小叶的植物在自然界很少见,在双子叶植物种,小叶数目 5 枚和 5 枚以上的复叶很常见,也大致分为两类,所有小叶着生于叶轴顶端的为掌状复叶,如蛇葡萄、五叶地锦等;小叶着生叶轴两侧成羽毛状的为羽状复叶。根据叶轴顶端是否着生小叶,分别为奇数羽状复叶或偶数羽状复叶。例如,小叶锦鸡儿属植物的叶为偶数羽状复叶,而黄刺玫的叶为奇数羽状复叶。复叶的叶轴分枝情况也比较复杂,当叶轴不分枝时,称为一回复叶,如刺槐;当叶轴按照一定规律分枝一次称为二回复叶,以此类推。植物复叶类型如图 1-19 所示。

奇数羽状复叶　　偶数羽状复叶　　掌状复叶　　　羽状三出复叶　　掌状三出复叶

单身复叶　　　三回羽状复叶　　　二回羽状复叶　　　参差羽状复叶

图 1-19　植物复叶类型

1.4.3.3　叶片形态

叶片的形状,即叶形,由叶片的长宽比和叶片的最宽处的位置所决定。例如,长宽比 1.5~2 倍,最宽处位于叶片近基部的叶,称为卵形叶。如果最宽处位于叶片近上部,则称

为倒卵形叶。就一个叶片而言,上端称为叶端,基部称为叶基,周边称为叶缘。

1.叶形

植物的叶片形状多种多样,但同一种植物的叶形具有相当稳定的特征,如油松、樟子松、落叶松和黑松等叶形一般为针形,柳树叶形一般为披针形,红薯叶形一般为心形,侧柏叶形一般为鳞形,银杏叶形一般为扇形等。自然界植物叶形有卵形、披针形、条形、椭圆形、扇形、圆形以及盾形等(见图 1-20)。

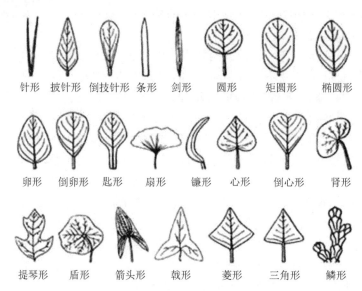

针形　披针形　倒技针形　条形　剑形　圆形　矩圆形　椭圆形

卵形　倒卵形　匙形　扇形　镰形　心形　倒心形　肾形

提琴形　盾形　箭头形　戟形　菱形　三角形　鳞形

图 1-20　植物叶形

2.叶端

植物的叶端也有不同类型,植物种类不同,叶端形态也有很大差异。如上端两边夹角为锐角,先端两边平直而趋于尖狭的叶端称为急尖,主要植物为慈竹。上端两边夹角为钝角,先端两边较平直或呈弧线的叶端称为钝形,主要植物为梅花草。上端向下微凹,但不深陷的叶端称为微凹,主要植物为马蹄金。上端两边夹角小于 30°,先端尖细的叶端称为芒尖,主要植物为知母、天南星(见图 1-21)。

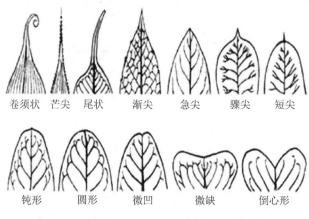

卷须状　芒尖　尾状　渐尖　急尖　骤尖　短尖

钝形　圆形　微凹　微缺　倒心形

图 1-21　植物叶端类型

3.叶基

叶片的基部大多数是左右对称的,但有少数植物的叶基是歪斜的,例如,桦木科的许多植物。叶基的形态,常见的有楔形、戟形、心形、耳垂形和盾形等。某些植物的叶由于无叶柄,叶基向前延伸包茎,并且左右愈合,形成穿茎的叶基,如莎草科植物(见图1-22)。

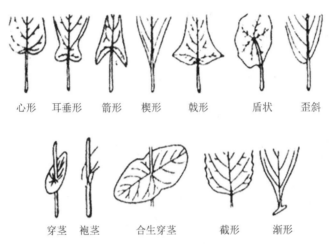

心形　耳垂形　箭形　楔形　戟形　盾状　歪斜

穿茎　袍茎　合生穿茎　截形　渐形

图 1-22 植物叶基类型

4.叶缘

叶缘即叶片的边缘,随叶片的发育方式和叶脉的分布状态等而有各种形状。完全没有凸凹的光滑的,周边平滑或近于平滑的叶缘称为全缘,主要植物如百合、大红鸢尾、女贞等。周边齿状,齿尖两边相等,而极细锐的叶缘称为睫状缘,主要植物如石竹。但也有叶片的发育部分受到抑制,而产生浅裂的、半裂的、锐裂、深裂等各种程度的缺口。浅裂缘根据裂口的形状,又分为有锯齿状、牙齿状、圆齿状和波状叶缘,如茜草、茶、地黄叶、刺儿菜和蓟属植物(见图1-23)。

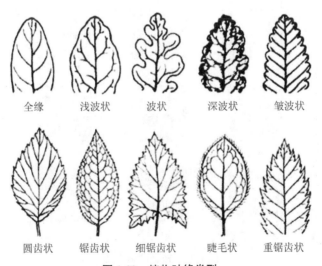

全缘　浅波状　波状　深波状　皱波状

圆齿状　锯齿状　细锯齿状　睫毛状　重锯齿状

图 1-23 植物叶缘类型

1.4.3.4　叶的变态

为适应不同的环境条件,植物的叶片有时候会发生变态。常见类型有鳞叶和叶刺两种。

1.鳞叶

鳞叶是指鳞片或肉质肥厚的变态叶。一般有 3 类:杨树或柳树等林芽外具有保护作用的芽鳞叶,针茅等变态器官上退化的鳞叶或鳞片,沙葱、洋葱等鳞茎上的肉质、具有储藏作用的鳞叶。

2.叶刺

叶子变为刺状称为叶刺,它既可以保护自身,又可以减少水分散失,以适应干旱环境下的生存和生活,如仙人掌属植物。有的植物的刺由托叶转化而来,称为托叶刺,如锦鸡儿和刺槐叶柄基部的刺。

1.4.3.5　叶脉类型

叶脉是分布在叶肉组织中,起输导和支持作用。叶脉的内部结构随叶脉的大小而不同。主脉或大的侧脉中含有 1 条(或几条)维管束,其中木质部位于上方(近叶的腹面),韧皮部位于下方(近叶背面),二者之间有形成层,分裂能力较弱,活动时间较短。维管束的周围除数量众多的薄壁细胞外,还常有厚角组织或厚壁组织分布,从而加强了机械支持作用。比较粗大的叶脉称为主脉或中脉,从中脉上发出的分支称为侧脉,其余从侧脉发出比较细小的叶脉称为细脉,细脉的末端极细,是由 1~2 根假导管构成的。

叶脉在叶片上的排列方式称为脉序,脉序一般可以分为网状脉序和平行脉序两种类型。网状脉序一般具有明显的主脉,主脉分出侧脉,侧脉一再分枝,形成细脉,最小的细脉互相连接形成网状,是双子叶植物脉序的特点。按侧脉分出的方式不同,还可以分为羽状脉序和掌状脉序,前者如夹竹桃、梨和枇杷等,后者如蓖麻、南瓜和葡萄等。平行脉序一般多数主脉不显著,各条叶脉从叶片基部大致平行伸出直到叶尖再汇合,是单子叶植物叶脉的特征,如小麦、芭蕉、棕榈和玉簪等。植物叶脉类型如图 1-24 所示。

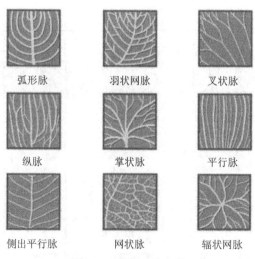

弧形脉　　　羽状网脉　　　叉状脉

纵脉　　　掌状脉　　　平行脉

侧出平行脉　　　网状脉　　　辐状网脉

图 1-24　植物叶脉类型

1.4.4 花

花是在一个有限生长的短轴上,着生花萼、花瓣和产生生殖细胞的雄蕊与雌蕊,是植物繁殖的主要器官之一,是被子植物分类的主要依据。

1.4.4.1 花序

花按一定的规律排列在花轴上形成花序。由主轴的长短,分枝或不分枝,各花有无花柄,各花开放的顺序以及其他特殊因素所产生的变异等确定类型。花序最简单的形式是单生花,如有多朵花在花序轴上排列,根据花序轴的分枝方式和开花顺序,将花序分为无限花序和有限花序两大类型。植物花序类型如图 1-25 所示。

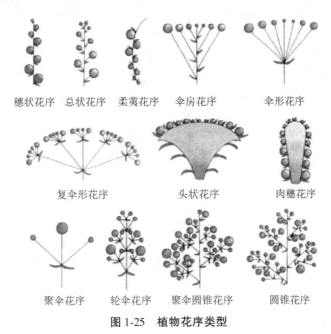

穗状花序　总状花序　柔荑花序　　伞房花序　　　伞形花序

复伞形花序　　　　头状花序　　　　肉穗花序

聚伞花序　　轮伞花序　　聚伞圆锥花序　　圆锥花序

图 1-25　植物花序类型

1.无限花序

无限花序的开花顺序是由花序轴下部先开,渐及上部,或由边缘开向中心的花序,花序轴能较长时间保持顶端生长能力,又称为向心花序。无限花序的生长分化属单轴分枝式的性质。这类花序又常分为总状花序、穗状花序、柔荑花序、伞房花序、伞形花序和头状花序。

1)总状花序

花序轴较长,多数具等长花梗,由下而上着生于不分枝的花序轴上。如刺槐、十字花科植物(见图 1-26)。

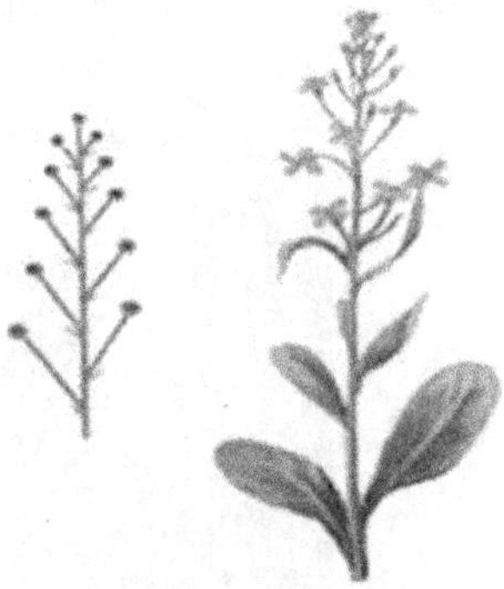

2)穗状花序

花序轴较长,花无梗,多数花排列于无分枝的花序轴上。如禾本科、莎草科、苋科和蓼种中许多植物都具有穗状花序。穗状花序的花序轴上的每一分枝为一穗状花序,整个构成复穗状花序,如大麦、小麦等的花序(见图 1-27)。

图 1-26　总状花序(青菜)

3）柔荑花序

花序轴上着生许多无柄或短柄的单性花,通常雌花序轴直立,雄花序轴柔软下垂,开花后,一般整个花序一期脱落。如桑、杨、柳等（见图1-28）。

4）伞房花序

花有梗,排列在花序轴的近顶部,下边的花梗较长,向上渐短,花位于一近似平面上,如麻叶绣球、苹果、梨、山楂等。如几个伞房花序排列在花序总轴的近顶部者,花序轴成伞房状分枝,每一分枝又形成一个伞房花序,特点是花序的主轴在开花期间,可以继续生长及向上伸长,不断产生苞片和花芽,犹如单轴分枝,所以也称单轴花序。如蔷薇花、绣线菊（见图1-29）。

图 1-27　穗状花序　　　　图 1-28　柔荑花序　　　　图 1-29　伞房花序

5）头状花序

花序轴极度缩短膨大成扁形的花序托,其上着生许多无柄小花,形成状如头的花序,外形酷似一朵大花,实为由多花（或一朵）组成的花序。花轴基部的苞叶密集成总苞,一般为绿色,叶状,在花序未开放之前包在外面起保护作用。开花顺序由外向内。如向日葵、蒲公英等（见图1-30）。

6）圆锥花序

圆锥花序又称复总状花序,花序轴的分枝排列成总状,每一个分枝相当于一个总状花序,形似圆锥。如白蜡。

7）伞形花序

从一个花序梗顶部伸出多个花梗近等长的花,整个花序形如伞。每一小花梗称为伞梗。如报春、点地梅。若伞梗顶再生出伞形花序,将构成复伞形花序,如胡萝卜（见图1-31）。

图 1-30　头状花序　　　　　图 1-31　伞形花序

2.有限花序

有限花序也称聚伞类花序,它的特点与无限花序相反,花轴顶端或最中心的花先开,因此主轴的生长受到限制,而由侧轴继续生长,但侧轴上的花也是顶花先开放,故其开花的顺序为由上而下或由内向外,又称离心花序。这类花序通常包括单歧聚伞花序、二歧聚伞花序、多歧聚伞花序和轮伞花序等。有限花序如图 1-32 所示。

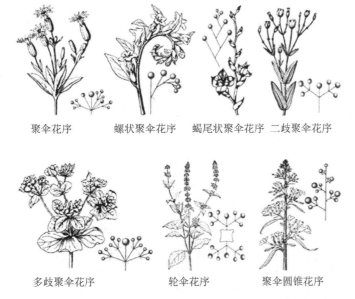

聚伞花序　　　螺状聚伞花序　　蝎尾状聚伞花序　二歧聚伞花序

多歧聚伞花序　　　　轮伞花序　　　　聚伞圆锥花序

图 1-32　植物有限花序类型

1)聚伞花序

花序最内或中央的花最先开放,然后渐及于两侧开放,称为聚伞花序,如番茄。

2)单歧聚伞花序

单歧聚散花序是顶芽成花后,其下只有一个侧芽发育形成枝,顶端也成花,再依次形成花序。单歧聚伞花序又有两种:如果侧芽左右交替地形成侧枝和顶生花朵,成二列的,形如蝎尾状,叫蝎尾状聚伞花序,如唐菖蒲、黄花菜、萱草等的花序;如果侧芽只在同一侧依次形成侧枝和花朵,呈镰状卷曲,叫螺形聚伞花序,如附地菜、勿忘草等的花序。

3)二歧聚伞花序

二歧聚伞花序是顶芽成花后,其下左右两侧的侧芽发育成侧枝和花朵,再依次发育成花序,如麦瓶草、卷耳等石竹科植物的花序。

4)多歧聚伞花序

多歧聚伞花序是顶芽成花后,其下有 3 个以上的侧芽发育成侧枝和花朵,再依次发育成花序,如泽漆等。

5)轮伞花序

轮伞花序是由许多无柄的花聚伞状排列在茎节的叶腋内,呈轮状排列,如益母草、夏至草等唇形科植物。轮伞花序严格说来不是一种独立的花序类型,而只是聚伞花序的一种特殊排列着生形式。

1.4.4.2　花的组成与形态

一朵花一般是由花梗、花托、花萼、花冠、雄蕊群和雌蕊群 6 部分组成的。花梗又称花柄,为花的支撑部分,自茎或花轴长出,上端与花托相连。其上着生的叶片称为苞叶、小苞叶或小苞片。花梗上端着生花萼、花冠、雄蕊、雌蕊的膨大部分。其下面着生的叶片称为付萼。花托常有凸起、扁平、凹陷等形状。花萼由萼片组成,是花最外一层变态叶,通常为绿色,可进行光合作用,在花开放以前,具有保护作用。萼片彼此完全分离的,称为离萼,如白头翁。萼片部分或者完全合生的,称为合萼,如黄刺玫。合生的部分为萼筒,分离的部分为萼齿或萼裂片。花萼通常在开花后脱落,但有些植物的花萼能够一直保留在果实上,称为萼宿存,如山楂。

花冠位于花萼内方或上侧,通常有各种鲜艳的颜色,具有保护和引诱昆虫传粉等作用。花瓣完全分离的称为离瓣花冠;其花瓣上宽大的部分称为瓣片,下端狭长的部分称为瓣爪。花瓣部分或全部合生的,称为合瓣花冠,合瓣花冠的连合部分称为冠筒(冠管),分离的部分称为花冠裂片。有的植物还有副花冠(见图 1-33)。

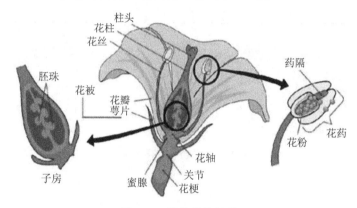

图 1-33　植物花的组成

1.根据花的组成划分

1)完全花

花萼、花冠、雄蕊、雌蕊 4 部分均具备的花,如锦鸡儿、槐树。

2)不完全花

花的 4 个组成部分缺少其中 1~3 部分的花,如杨树雌花缺雄蕊和花被,而桑树花缺花瓣、雄蕊或雌蕊。

2.根据雌蕊和雄蕊的状况划分

1)两性花

一朵花中有正常发育的雄蕊和雌蕊,称为两性花,如黄刺玫。

2)单性花

一朵花中,只有雄蕊或者雌蕊的花称为单性花。如果一朵花中既有雄蕊又有雄蕊,但是二者之中只有雄蕊或雌蕊能正常发育,也称为单性花。在单性花中,雄蕊能正常发育的称为雄花,雌蕊能正常发育的称为雌花。雌花和雄花在同一植株上的称作雌雄同株,雌花和雄花分别生在不同植株上的称作雌雄异株,如杨柳科植物。

3.依花被的情况划分

1）双被花

一朵花既有花萼又有花冠,如柽柳。

2）单被花

一朵花只有花萼但无花冠,如桑树。

3）裸花(无被花)

一朵花中花冠和花萼均缺失,如杨柳等柔荑花序类植物。

此外,一些栽培的花灌木中,一朵花有 2 至多轮花瓣,称为重瓣花。

4.根据花被排列方式划分

1）辐射对称花

一朵花的花被片大小、形状相似,排列整齐,通过花心可以做出 2 个以上的切面把花分成相似的 2 部分,如山杏、黄刺玫。

2）左右对称花

一朵花的花被片大小、形状不同,通过花心只能做出 1 个切面把花分成左右相等对称的 2 个部分,如槐树。

1.4.4.3 花冠类型

花冠是花的第二轮,是最明显的部分,构成花冠的成员叫花瓣。花冠的形态多种多样,根据花瓣的离合状态,通常分为离瓣花冠和合瓣花冠 2 个类型。离瓣花冠又依照花瓣的数目、形状等特点,划分为蔷薇形、十字形、蝶形等 3 种类型;合瓣花冠依照花冠筒长短、花冠裂片的形态等特点划分为钟形、轮状、漏斗状、舌状和唇形等 8 种类型。植物花冠类型如图 1-34 所示。

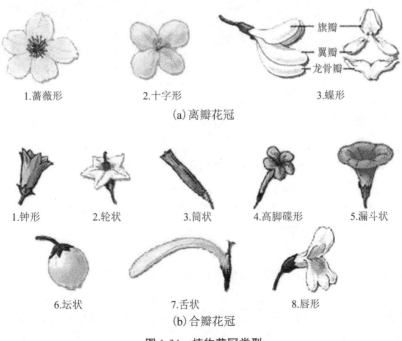

1.蔷薇形 2.十字形   3.蝶形

(a)离瓣花冠

1.钟形 2.轮状 3.筒状 4.高脚碟形 5.漏斗状

6.坛状   7.舌状   8.唇形

(b)合瓣花冠

图 1-34 植物花冠类型

1. 离瓣花冠

花冠中的花瓣彼此完全分离,称离瓣花冠。

1) 蔷薇形

花冠离瓣,5 出数,雄蕊多数,形成辐射对称形的花,又称作蔷薇形花冠。蔷薇科的花多数如此,如桃花、梨花、梅花、杏花等(见图 1-35)。

图 1-35　蔷薇形花

2) 十字形

4 出数离瓣花冠,排成幅射对称的十字形,称为十字形花冠。十字形花冠是十字花科的特征之一,如二月兰、油菜花等(见图 1-36)。

3) 蝶形

5 个花瓣有 3 种形态,最上的一片为最大的花瓣,叫旗瓣,两侧对称的两片较小而同形,叫翼瓣,下部两片合生成船形,叫龙骨瓣,整个花冠犹如一只蝴蝶状。常见于豆科植物,如豌豆、黄芪、甘草、苦参等(见图 1-37)。

图 1-36　十字形花

图 1-37　蝶形花

2. 合瓣花冠

花冠的各花瓣有不同程度合生的,称合瓣花冠。

1) 钟形

花冠筒短而粗,周边向外翻卷,形状如钟,称为钟形花冠。如南瓜花、桔梗。

2) 轮状

花冠下部合生成一短筒,裂片由基部向四周辐射展开,状似车轮,常见于茄科植物,如西红柿、马铃薯、辣椒、茄、枸杞等。

3) 筒状

花冠大部分成一管状或圆筒状,如菊科植物头状花序的盘花。

4) 高脚碟形

合瓣花的下部为狭长圆筒状,上部突然扩大成平面的裂片,形如高脚碟状,如长春花、水仙花、丁香、报春花、迎春花、五角星花等。

5) 漏斗状

花冠下部呈筒状,由此向上渐渐扩大成漏斗状,旋花科植物都具有漏斗状花冠,如牵牛花。

6) 坛状

花冠筒膨大成卵形或成球形,似坛子样;上部收缩成一短颈,短小的花冠裂片向四周辐射伸展,像坛口。如宫灯百合、蓝莓花等。

7) 舌状

花冠基部合生成一短圆筒,上面向一侧展开成扁平舌状,属筒状花的次生结构。如蒲公英、苦荬菜的头状花序的全部小花,以及向日葵、菊花等花序边缘的花。

8) 唇形

花冠下部合生成管状,上部向上下分开,即上唇和下唇,如同张开的嘴唇,呈对称的二唇形,即一般上唇 2 裂、下唇 3 裂。植物学家根据唇形花冠植物的特点设立了一个唇形科,这是一个著名的香草家族,包括薰衣草、薄荷、黄芩、丹参、藿香、益母草和留兰香等多种香草,它们的花瓣内含有挥发性油,具有芳香气息。

1.4.4.4 雄蕊

雄蕊是被子植物花的雄性生殖器,是雄花的一部分,其作用是产生花粉。雄蕊由花丝和花药两部分组成。位于花被的内方或上方,在花托上呈轮状或螺旋状排列。各类植物中,雄蕊的数目及形态特征较为稳定,常可作为植物分类和鉴定的依据。一般较原始类群的植物,雄蕊数目很多,并排成数轮;较进化的类群,数目减少,恒定,或与花瓣同数,或几倍于花瓣数。一朵花中全部雄蕊总称雄蕊群(见图 1-38)。

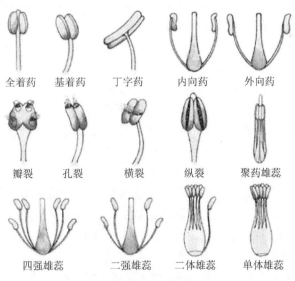

全着药　基着药　丁字药　内向药　外向药

瓣裂　孔裂　横裂　纵裂　聚药雄蕊

四强雄蕊　二强雄蕊　二体雄蕊　单体雄蕊

图 1-38　植物雄蕊

1.雄蕊组成

雄蕊由花药和花丝组成。雄蕊是由雄蕊原基发育而来的,经顶端生长和原基上部有限的边缘生长后,原基迅速伸长,上部逐渐增粗,不久即分化出花药和花丝两部分。

发育成熟的花药结构包括表皮、药隔、花粉囊 3 部分。发育初期的花药结构简单,外为 1 层表皮(未分化成熟的表皮细胞)和包围在内的分生细胞。花药接近成熟时,药室内壁细胞扩大并有木化和栓化的斜向条状次生壁,因此称为纤维层,其功能与花药开裂有关。中层是 1~3 层较小的薄壁细胞,初期含有淀粉等营养物质,后来被挤压消失。绒毡层是花粉囊壁最内一层较大的薄壁细胞,含有 2 个或多个细胞核,含有蛋白质、RNA、油脂、类胡萝卜素和孢粉素等营养物质,对花粉粒的形成和发育起重要的营养和调节作用。当花粉粒成熟时,绒毡层解体消失。花粉母细胞经减数分裂形成四分体,再发育形成花粉粒。

2.雄蕊类型

雄蕊常因离合与否、花丝长短的不同,分为不同的类型,常见的尖型如下:

(1)离生雄蕊:一花中有多数雄蕊而彼此分离,如莲、油菜、小麦等花的雄蕊。

(2)单体雄蕊:一花中有多数雄蕊,其花丝连合成一束,组成花丝筒,花药分离,如棉、红麻、锦葵、大花猪屎豆、羽扇豆等花的雄蕊。

(3)两体雄蕊:一花中 10 枚雄蕊的花丝连合成二束,如蚕豆、豌豆的雄蕊,其中 9 枚花丝连合成一束,另一枚雄蕊单独分离,或者每束 5 枚。这种雄蕊为蝶形花科(或豆科)植物特有。

(4)多体雄蕊:一花中多数雄蕊的花丝连合成数束,如金丝桃、蓖麻、代代花的雄蕊。

(5)四强雄蕊:一花有 6 枚雄蕊,外轮的 2 枚花丝较短,内轮的 4 枚花丝较长,如油菜、萝卜等花的雄蕊。此种雄蕊为十字花科植物特有。

(6)二强雄蕊:一花有 4 枚雄蕊,2 枚较长,2 枚较短,如泡桐、连钱草、益母草等花的雄蕊。

(7)聚药雄蕊:一花中雄蕊的花丝分离,花药贴合成筒状,如向日葵等菊科植物以及南瓜、大岩桐等花的雄蕊。

3.雄蕊群

雄蕊群指一朵花的雄蕊的总体。一般来说,雄蕊虽然是彼此单独离生,但有时彼此融合,这时便使用"雄蕊群"这个术语。雄蕊常常聚集成束,故称之为雄蕊束。如葫芦科,形成单束时称为单体雄蕊;又如豆科形成二束时称为二体雄蕊;而小连翘形成三束,则称为三体雄蕊。

1.4.4.5　雌蕊

雌蕊,为被子植物花中的心皮的总称。雌蕊常呈瓶状,种子植物的雌性繁殖器官。位于花的中央部分,由柱头、花柱、子房三部分组成。一朵花中全部雌蕊总称雌蕊群。雌蕊的柱头有黏液可以黏附花粉,花粉落到雌蕊的柱头上就开始生长,穿过雌蕊到达子房与卵子结合,并发育形成种子。雌蕊由 1 至多个具繁殖功能的变心皮卷合而成。雌蕊心皮是适应生殖的变态叶,由 1 个心皮组成的雌蕊称单雌蕊,如豆类、桃等;由数个彼此分离的心皮形成的雌蕊称离心皮雌蕊,如草莓、芍药等;由 2 个以上心皮合生的雌蕊称复雌蕊或合心皮雌蕊,如棉、瓜类等。

1.柱头

雌蕊顶端接受花粉的部分,通常膨大成球状、圆盘状或分枝羽状。常具乳头状突起或短毛,利于接受花粉。有的柱头,表面分泌有黏液(湿性柱头),适于花粉固着和萌发。有的柱头,表面不产生分泌物(干性柱头),但覆盖在表面的亲水的蛋白质膜,也有黏着花粉和帮助花粉获得萌发所必需的水分的作用。

2.花柱

雌蕊柱头和子房之间的部分,连接柱头和子房,是花粉管进入子房的通道。其长度因植物种类而不同。玉米的花柱可达 40 cm 长,水稻、小麦等作物的花柱极不明显。当花粉管沿着花柱生长并伸向子房时,花柱能为其提供营养和某些趋化物质。授粉后,子房发育成了果实。柱头和花柱枯萎,脱落。

3.子房

雌蕊基部的膨大部分,内有 1 至多室,每室含 1 至多个胚珠。经传粉受精后,子房发育成果实,胚珠发育成种子。因花托形状及与子房壁连合与否的不同情况,使子房与花部的位置关系有几种不同类型(见图 1-39)。

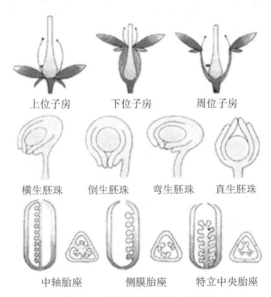

上位子房　　下位子房　　周位子房

横生胚珠　倒生胚珠　弯生胚珠　直生胚珠

中轴胎座　　侧膜胎座　　特立中央胎座

图 1-39　植物子房及胎座类型

1)上位子房

花托呈圆顶或平顶,雌蕊的子房仅以底部连生于花托顶端。花的其他子房的生长情况则分为两种情况:一种是子房位置高于花的其他各部,花萼、花冠和雄蕊群着生在雌蕊下方的花托上,称子房上位下位花。如黄刺玫、槐树、牡丹、蚕豆等;另一种是花萼、花冠、雄蕊群下部愈合凹陷成杯状、壶状花筒,虽子房仍是以基部着生在花托顶端上,但花的各部位于子房周围,称子房上位周位花。如桃、月季等。

2)半下位子房

子房下半部陷生于花托中,并与花托愈合,子房的上半部及花柱、柱头独立,花萼、花冠、雄蕊群着生在子房周围花托的边缘位置上,称子房半下位,这种花称为周位花。如太平花、小叶金银花等。

3)下位子房

子房全部陷生于深杯状的花托或花筒中,而且花托与子房壁全部或几乎全部愈合,子房处于最低位置,仅柱头和花柱外露,花萼、花冠或雄蕊群着生子房上部花托或花筒边缘,称子房下位上位花。如瓜类、山楂等。

4.胎座类型

在子房内,胚珠着生的心皮壁部位,往往形成肉质突起,称为胎座。胎座一般位于心皮的腹缝线上。根据胚珠的数目以及连接情况、心皮的合生状况和胚珠着生的部位不同产生了多种胎座类型(见图1-40)。

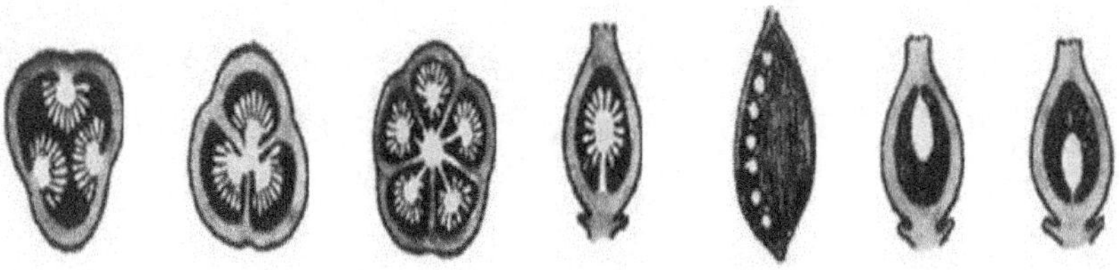

侧膜胎座　　中轴胎座　　特立中央胎座　边缘胎座　顶生胎座　基生胎座

图1-40　植物胎座类型

(1)边缘胎座:单心皮或多心皮离生雌蕊,子房1室,胚珠着生于心皮的腹缝线上,如豌豆、黄芪、甘草。边缘胎座是由单心皮的边缘愈合形成的。

(2)侧膜胎座:多心皮合生雌蕊,子房1室或假数室,胚珠着生于每一心皮边缘相连的腹缝线上,如黄瓜、紫花地丁、杨树。侧膜胎座的形成可能源于多个张开心皮的边缘彼此联合。

(3)中轴胎座:多心皮合生雌蕊,子房多室,心皮的腹缝线向内卷入在中央融合形成中央轴,胚珠着生于每一心皮的内角上(中轴上),如桔梗、百合、西红柿、山楂等。中轴胎座的形成可能源于多个边缘愈合心皮在靠近中央的位置彼此联合。

(4)特立中央胎座:多心皮合生雌蕊,子房的分隔消失成为1室,或不完全数子房,中轴由子房腔的底部升起,但不达于子房顶,胚珠着生于此轴上,如石竹科、报春花科植物。特立中央胎座是由于具中轴胎座的子房室间隔膜消失演化形成的。

(5)基生胎座:胚珠着生于子房底部,如向日葵。

(6)顶生胎座:胚珠着生于子房顶部而悬垂室中,如桑。

基生胎座与顶生胎座可能源于特立中央胎座的大部分消失,也可能源于侧膜胎座的大部分简化。

1.4.5　芽

1.4.5.1　基本结构

植物体上所有枝条、叶和花(花序)都是由芽发育而来的,因此芽是枝条、叶或花(花序)的原始体。就由种子萌发所长成的植株而言,胚芽是植物体的第一个芽,主茎是由胚芽发育而来的。在以后的生长过程中,由主茎的腋芽继续生长形成侧枝,侧枝上形成的腋芽又继续生长,反复分枝形成庞大的分枝系统。

芽是由茎的顶端分生组织及叶原基、芽原基、芽轴和幼叶等外围附属物所组成的,将来分别发育成叶片、枝条和花或花序,形成新的枝叶或花。有些植物的芽,在幼叶的外面还包有鳞片。花芽由未发育的一朵花或一个花序组成,其外面也有鳞片包围(见图1-41)。

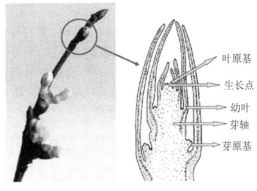

图1-41　植物芽的组成

叶原基
生长点
幼叶
芽轴
芽原基

1.4.5.2　芽的类型

依照芽着生的位置、性质、构造、着生方式和生理状态等标准,可把芽分为下列各种类型。芽的类型如图1-42所示。

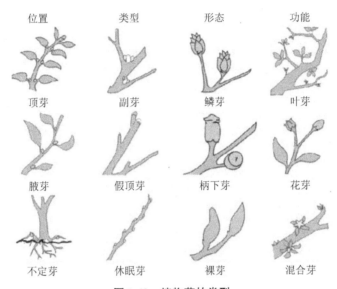

位置	类型	形态	功能
顶芽	副芽	鳞芽	叶芽
腋芽	假顶芽	柄下芽	花芽
不定芽	休眠芽	裸芽	混合芽

图1-42　植物芽的类型

1.顶芽、腋芽和不定芽

这是根据芽生长的位置划分的。一般生长在枝条上的具有一定位置的芽称为定芽,其中着生在枝顶端的叫顶芽,着生在叶腋处的称腋芽,也称侧芽,叶腋处通常有一个芽,也有几个芽生长在同一个叶腋内。

与定芽相对应的为不定芽,是指从老茎、老根和叶片上所产生的芽,例如刺槐根上、落地生根的叶片上形成的芽。一些植物体受伤后,也可在伤口附近产生不定芽,例如秋海棠叶上,或砍伐后的柳树桩上所产生的芽。在生产实践上,园艺工作者利用秋海棠、香叶天竺葵、泡桐等植物的叶或根容易产生不定芽的特点,通过扦插可以进行大量的繁殖。

2.叶芽、花芽和混合芽

芽根据发育后形成的器官不同,可分为花芽、叶芽和混合芽3种类型。芽开放后形成枝叶(苗)的叫叶芽,如榆树;发展为花或花序的为花芽,如小檗;如果一个芽开放后既形成枝叶,又形成花的叫混合芽,如白蜡、苹果、梨和海棠。

3.鳞芽与裸芽

这是根据芽有无保护结构划分的,芽的外面包有鳞片的叫鳞芽。温带及寒带地区木本植物的芽,如杨树、松树等,都为鳞芽。鳞片上有角质和毛茸,有的甚至还分泌有树脂,可以使芽内蒸腾减少至最低限度,对过冬可起保护作用。生长在湿润的热带地区的木本植物及温带地区的草本植物,尤其是一年生植物,它们芽的外面无鳞片,仅为幼叶所包裹,如枫杨和胡桃的雄花芽,都是裸芽。

4.活动芽和休眠芽

这是根据芽的生理活动状态划分的。一株木本植物上有数目众多的芽,通常在生长过程中只有顶端几个芽(顶芽及近顶端的几个腋芽)开放形成枝条或花,这类芽叫活动芽,其他处于不活动状态的芽叫休眠芽。休眠芽以后可能伸展开放,也可能在植物的一生中始终处于休眠状态,暂时不会形成活动芽。

5.叠生芽、并列芽和柄下芽

根据芽的着生方式,芽可划分为叠生芽、并列芽和柄下芽。在一个节上着生若干个芽,彼此重叠,称为叠生芽,如胡桃,位于叠生芽最下方的一个芽称为正芽,其他的芽称为副芽;在一个节上着生若干个芽,彼此并列,称之为并列芽,如山杏的叶腋有 3 个芽并生,中央一个芽称为正芽,两侧的芽称为副芽;有的芽着生于叶柄下方,并为其基部延伸的部分覆盖,叶柄若不脱落,则看不到芽,这种芽称为柄下芽,如槐树和刺槐等植物。

6.主芽和副芽

根据芽在叶腋间的位置和形态分类,位于叶腋中央而又最充实的芽为主芽。位于主芽上方或两侧的芽为副芽。副芽的大小、形状和数目因树种而异。核果类果树,副芽在主芽的两侧。仁果类果树,副芽隐藏在主芽基部的芽鳞内,呈休眠状态。核桃树副芽在主芽的下方。

1.4.5.3　芽的活动规律

多年生草本植物和木本植物的新芽在当年内并不开展,而是经过冬季休眠,到翌年春季才开展。一年生植物和很多热带木本植物,在整个生长季中芽都在活动。不过,一年生植物在生长季末期,随着植株顶端的芽形成了花,茎的伸长停止,芽的生命活动也随之结束。

整个植株的形成,很大程度取决于芽在植物上着生的位置、排列和活动状况。假如顶芽生长占优势,腋芽休眠较多,则主茎长高,分枝较少;反之,顶芽生长缓慢而腋芽较为活跃,则茎干周围将长出很多分枝。利用芽在植物体上的着生位置、活动习性等特点,园艺工作者可以采取整枝、去芽等方法控制植物的形态。如对顶芽生长活跃而腋芽生长缓慢或休眠的植物,用去顶芽等方法常可刺激大量腋芽的生长,使植株形成丛生状。对一些观赏花卉如蔷薇、香石竹等,采用抹侧芽方法只保留单根枝条使其长高和直立而无分枝,这样由于营养供应集中,可以产生出比通常更加大而美丽的花。在农业生产中,根据对芽生长特点的了解,既可用化学药剂如青鲜素(MH)等来抑制马铃薯、洋葱等发芽而进行保鲜储藏,亦可用人工方法如对棉花、番茄等摘心、打杈以调整顶芽和侧芽的比例关系,保证果枝的生长而达到增产的目的。

1.4.6　果

植物开花后,子房发育成果实,其中,胚珠受精发育形成种子,子房壁发育成果皮。根据果实的形态结构可以分为单果、聚合果和聚花果三类。植物果实类型如图1-43所示。

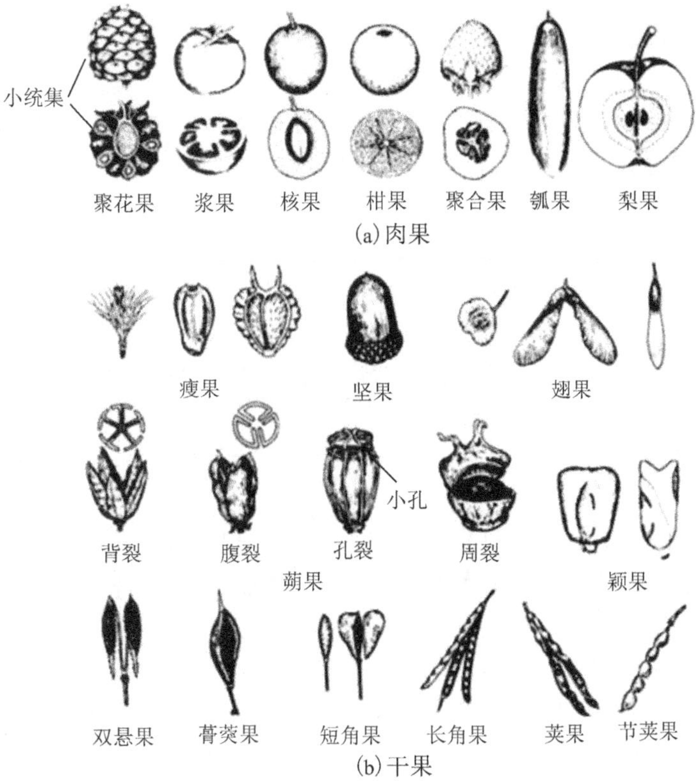
小统集
聚花果
浆果
核果
柑果
聚合果
瓠果
梨果
(a)肉果
瘦果
坚果
翅果
小孔
背裂
腹裂
孔裂
周裂
蒴果
颖果
双悬果
蓇葖果
短角果
长角果
荚果
节荚果
(b)干果

图1-43 植物果实类型

1.4.6.1 单果

由一花中的单心皮雌蕊或合生心皮雌蕊形成的单个果实称为单果。根据果皮及其附属部分成熟时的质地和结构,单果可分为果皮干燥而少汁的干果和果皮或其他组成果实的部分肉质而多汁的肉果两大类,其中干果又可分为开裂的和不开裂的两类。

1.开裂的干果

1)荚果

由单雌蕊的上位子房形成,成熟时果皮沿背、腹两缝线同时开裂,这样的果实称荚果。如柠条等豆科植物,但也有少数不开裂的,如槐树。

2)蓇葖果

离生心皮的单雌蕊形成的果实,每个果含数个种子,成熟时沿背缝线或腹缝线一侧开裂,这样的果实称为蓇葖果。如乌头、牡丹、绣线菊。

3)蒴果

多个心皮子房形成复雌蕊发育而来,能开裂的果实,称蒴果。成熟时有室背开裂、空间开裂、孔裂和盖裂等方式,如酢浆草、烟草、文冠果。

4)角果

仅由2个合生心皮的子房形成的蒴果,果实中央有一片侧膜胎座向内延伸形成假隔膜,成熟时沿腹缝线处开裂。一般果实较长的称长角果,如白菜、油菜;果实较短的称短角果,如荠菜。

2.不开裂的干果

1)瘦果

由离生1~3个心皮或合生心皮的上位或下位子房形成,成熟时只含1粒种子,其果实紧包种子,不易分离的称瘦果,如毛茛、蓼、菊科植物等。

2)翅果

瘦果状有翅的干果,中央隆起部分藏有种子,周围是膜质的翅,当成熟时翅果落下,借果翅而随风飘扬,达到散播种子的目的。如榆树、槭树、白蜡。

3)坚果

由复雌蕊发育而成,合生心皮下位子房形成的一种质地坚硬而具有1颗种子的干果。如栗子、核桃、榛子。

3.肉果的类型

1)浆果

由复雌蕊上位子房或下位子房发育而来,多心皮合生,外果皮膜质,中果皮与内果皮都为肉质的果实,具一个或多个种子的称浆果。如番茄、阳桃、枸杞、白刺和沙棘等植物的果实。

2)柑果

浆果的一种,由合生心皮上位子房形成,外果皮软而厚,中果皮与内果皮多汁,称为柑果。柑橘类植物特有的一类果实。

3)瓠果

中果皮、内果皮肉质,一室多种子,花托与外果皮结合为坚硬的果壁,称瓠果,如瓜类的西瓜、南瓜。

4)梨果

由花托和下位子房愈合在一起发育而形成的假果,花托形成的果壁与外果皮及中果皮均肉质化,称梨果,如梨、苹果。

5)核果

由一至多心皮组成,种子常1粒,内果皮坚硬,包于种子之外,构成果核,称核果。有的中果皮肉质,为主要食用部分,如桃、梅、杏、李等。

1.4.6.2 聚合果

聚合果是由一朵花的多数分离心皮发育而成的,许多小果聚生在花托上。聚合果根据小果本身的性质不同而分为聚合瘦果和聚合蓇葖果等类型。如番荔枝、玉兰、草莓等。

1.4.6.3 聚花果

聚花果又称为复果,是由一整个花序形成的果实,如桑椹、无花果、树波罗等。

1.4.7 种子

种子是种子植物所特有的繁殖器官,是由胚珠发育而来的,凡是由胚珠发育形成的种子才是真正的种子,如棉花、落花生、菜豆、油菜、柑橘、茶和桑树的种子。农业生产中的种子,其范围是广泛的,如小麦、玉米、水稻、高粱和向日葵的籽粒,也常被称为"种子",实际上是果实。因为它们是由子房发育而成的,真正的种子被包在果皮之内,特别是禾本科作物的果实,其果皮与种皮相愈合不易分离。

1.4.7.1　种子基本结构

一般植物的种子由种皮、胚和胚乳 3 个部分组成。种皮是种子的"铠甲",起着保护种子的作用。胚是种子最重要的部分,可以发育成植物的根、茎和叶。胚乳是种子集中养料的地方,不同植物的胚乳中所含养分各不相同。

1.种皮

由珠被发育而来,具保护胚与胚乳的功能。裸子植物的种皮由明显的 3 层组成,其中外层和内层为肉质层,中层为石质层。裸子植物种子外面没有果皮。

被子植物的种皮结构多种多样,如花生、桃、杏等种子外面有坚硬的果皮,因而种皮结构简单,薄如纸状;小麦、玉米、水稻、莴苣的种子,果皮与种皮愈合,种子成熟时种皮被挤压而紧贴于果皮的内层;有些豆科植物和棉花的种子具有坚硬的种皮,种皮的表皮下有栅栏状的厚壁组织细胞层,表皮上有厚的角质膜。有些豆类种子由于角质膜过厚形成"硬实",不易萌发。棉籽的表皮上有大量的表皮毛,就是棉纤维。番茄和石榴种子的种皮,外围组织或表皮细胞肉质化。蕃茄种皮的表皮细胞柔软透明呈胶质状,并有刺突起。石榴种皮的表皮细胞伸展很长成为细线状。细胞液中含有糖分,可供食用;荔枝、龙眼的种子可食部分与石榴不同,是由假种皮肉质化而成的,假种皮是由珠柄组织凸起包围种子而形成的。

种皮的结构与种子休眠密切相关。有的植物种皮中含有萌发抑制剂,因此除掉这类植物种皮,对种子萌发有刺激效应。

2.胚

被子植物胚的形状极为多样,椭圆形、长柱形或程度不同的弯曲形、马蹄形、螺旋形等。尽管胚的形状如此不同,但它在种子中的位置总是固定的,一般胚根都朝向珠孔。

胚的子叶也多种多样,有细长的、扁平的,有的含大量储藏物质而肥厚呈肉质,如花生、菜豆,也有的成薄薄的片状,如蓖麻。有的子叶与真叶相似,具有锯齿状的边缘,也有的在种子内部呈多次折叠,如棉花。

胚将来发育成新的植物体,胚芽发育成植物的茎和叶,胚根发育成植物的根,胚轴发育成连接植物根和茎的部分,子叶为种子的发育提供营养。

3.胚乳

胚乳由受精极核发育形成。裸子植物胚乳是单倍体的雌配子体,一般都比较发达,多储藏淀粉或脂肪,也有的含有糊粉粒。胚乳一般为淡黄色,少数为白色,银杏成熟的种子中胚乳呈绿色。

绝大多数的被子植物在种子发育过程中都有胚乳形成,但在成熟种子中有的种类不具或只具很少的胚乳,这是由于它们的胚乳在发育过程中被胚分解吸收了。一般常把成熟的种子分为有胚乳种子和无胚乳种子两大类。

在无胚乳种子中,胚很大,胚体各部分,特别是在子叶中储有大量营养物质。在有胚乳种子中,胚与胚乳的大小比例在各类植物中有着很大不同。

　　不同植物种子中胚乳的寿命、数量以及储藏物质的种类都有很大不同。胚乳中最普通的储藏物质是淀粉、蛋白质和脂肪。还有碳水化合物,如甘露糖和半纤维素可以沉积在细胞壁上,如咖啡、柿子、海枣等就是以这种方式贮存养料的。含淀粉的胚乳常常是没有生命的,如灯芯草科、莎草科、禾本科、蓼科、石竹科中含淀粉的胚乳细胞成熟后细胞核退化;而在百合科、石蒜科、萱草属、蓖麻属和胡萝卜属中含淀粉的胚乳细胞是有生命的。

　　一般情况下,在胚和胚乳发育的过程中,胚囊体积不断地扩大,以致胚囊外的珠心组织受到破坏,最后为胚和胚乳所吸收。所以,在成熟的种子中没有珠心组织。但有些植物在种子发育过程中珠心组织保留下来,并储藏养料形成外胚乳。菠菜、甜菜、咖啡的成熟种子具有外胚乳。胡椒、姜的成熟种子兼有胚乳和外胚乳。

1.4.7.2　胚的结构及发育

　　种子的胚珠受精后发育成种子,各种植物种子的形态和大小差别很大,如兰科植物种子小如粉末,椰子的种子则大如碗,当种子成熟时,里面有一幼小的植物体,叫作胚,种子萌发后胚成长为一株植物。胚除具有胚根、胚芽、胚轴和子叶外,还具有胚根鞘和胚芽鞘。胚由受精卵发育形成。发育完全的胚由胚芽、胚轴、子叶和胚根组成。裸子植物的胚都是沿着种子的中央纵轴排列,不同种类种子的胚之间不同的是子叶数目,变动在 1~18 个。但常见的子叶数目为 2 个,如苏铁、银杏、红豆杉、香榧、红杉、买麻藤和麻黄等。

　　根据种子内的子叶数目,被子植物可分为双子叶植物和单子叶植物两大类。双子叶植物的胚有 2 个子叶,单子叶植物的胚只有 1 个子叶。

2 植物特性

2.1 生物学特性

植物在整个生命过程中,形态和生长发育上所表现出来的特点和需要的综合,称为植物的生物学特性,包括植物的生长发育、繁殖特点和有关性状。如种子发芽,根、茎、叶的生长,花、果、种子发育、生育期,分蘖或分枝特性、开花习性、受精特点,各生育期对环境条件的要求等。

2.1.1 植物生长规律

2.1.1.1 植物生长的相关性

植物体是由多细胞构成的有机体,构成植物体的各器官间在生长上表现出相互依赖和相互制约的相关性。这种相关性是通过植物体内的营养物质和信息物质在各部分之间的相互传递或竞争来实现的。

1.植物地上部分与地下部分的相关性

植物的地上部分和地下部分有维管束联络,存在着营养物质与信息物质的大量交换,因而具有相关性。根部的活动和生长有赖于地上部分所提供的光合产物、生长素、维生素等;而地上部分的生长和活动则需要根系提供水分、矿物质元素、氮素以及根中合成的植物激素、氨基酸等。通常所说的"根深叶茂""本固枝荣"就是指地上部分与地下部分的协调关系。一般来说,根系生长良好,其地上部分的枝叶也较茂盛;同样,地上部分生长良好,也会促进根系的生长。

对于地上部分与地下部分的相关性,常用根冠比来衡量。根冠比是指植物地下部分与地上部分干重或鲜重的比值,它能反映植物的生长状况,以及环境条件对地上部分与地下部分生长的不同影响。不同物种有不同的根冠比,同一物种在不同的生育期根冠比也有变化。一般植物在开花结实后,同化物多用于繁殖器官,加上根系逐渐衰老,使根冠比降低。多年生植物的根冠比有明显的季节性变化。

2.主茎与侧枝的相关性

植物的顶芽长出主茎,侧芽长出侧枝,通常主茎生长很快,而侧枝或侧芽则生长较慢或潜伏不长。这种由于植物的顶芽生长占优势而抑制侧芽生长的现象,称为"顶端优势"。除顶芽外,生长中的幼叶、节间、花序等都能抑制其下面侧芽的生长,根尖能抑制侧根的发育和生长,冠果也能抑制边果的生长。

顶端优势现象普遍存在于植物界,但各种植物表现不尽相同。有些植物的顶端优势较为明显,如雪松、桧柏、水杉等越靠近顶端,侧枝生长受抑越强,从而形成宝塔形树冠;有些植物顶端优势不明显,如柳树以及灌木型植物等。许多树木在幼龄阶段顶端优势明显,树冠呈圆锥形,成年后顶端优势变弱,树冠变为圆形或平顶。植物的分枝及其株型在很大程度上受到顶端优势的影响。

3.植物营养生长与生殖生长的相关性

营养生长与生殖生长的关系主要表现为既相互依赖,又相互对立。一方面,生殖生长需要以营养生长为基础。花芽必须在一定的营养生长的基础上才分化。生殖器官生长所需的养料,大部分是由营养器官供应的,营养器官生长不好,生殖器官自然也不会好;另一方面,若营养生长与生殖生长之间不协调,则造成对立。对立关系有两种类型。

第一种类型:营养器官生长过旺,会影响到生殖器官的形成和发育。例如,果树若枝叶徒长,往往不能正常开花结实,或者会导致花、果严重脱落。

第二种类型:生殖生长抑制营养生长。一次开花植物开花后,营养生长基本结束;多次开花植物虽然营养生长和生殖生长并存,但在生殖生长期间,营养生长明显减弱。由于开花结果过多而影响营养生长的现象在生产上经常遇到,例如果树的"大小年"现象,又如某些种类的竹林在大量开花结实后会衰老死亡,在肥水不足的条件下此现象更为突出。生殖器官生长抑制营养器官生长的主要原因,可能是花、果是生长中心,对营养物质竞争力过大。

在协调营养生长和生殖生长的关系方面,生产上积累了很多经验。例如,加强肥水管理,防止营养器官的早衰;控制水分和氮肥的使用,不使营养器官生长过旺;在果树及观果植物生产中,适当疏花、疏果以使营养收支平衡,并有积余,以便年年丰产,消除"大小年"。对于以营养器官为观赏目的的植物,则可通过供应充足的水分,增施氮肥,摘除花芽等措施来促进营养器官的生长。

2.1.1.2　植物的极性与再生

植物的极性是指植物细胞、细胞群、组织或个体所表现的沿着一个方向、各部分彼此相对两端具有某些不同的形态特征或者生理特征的现象,如植物体有形态学上端(植物体后长出来的部分)和形态学下端(植物体先长出来的部分)之分。简言之,极性就是植物体或离体部分的两端具有不同生理特性的现象。

植物体的极性在受精卵中已形成,并延续给植株。当胚长成新植物体时,仍然明显地表现出极性。例如,将柳树枝条悬挂在潮湿的空气中,枝条基部切口附近的一些细胞可能由于受生长素和营养物质的刺激而恢复分生能力,形成愈伤组织,并分化出不定根。这种在伤口再生根的现象与枝条的极性密切相关。无论柳树枝条如何挂,其形态学上端总是长芽,而形态学下端则总是长根,即使上下倒置,这种极性现象也不会改变;根的切段在再生植株上也有极性,通常是在近根尖的一端形成根,而在近茎端形成芽;叶片在再生时也表现出极性。不同器官的极性强弱不同,一般来说,茎的极性最强,根次之,叶最弱。极性产生的原因一般认为与生长素的运输有关。植物的极性现象在生产上早就受到人们的注意,因此在扦插、嫁接以及组织培养时,都需将其形态学的下端向下、上端朝上,避免倒置。

在适宜的条件下,植物的离体部分能恢复所失去的部分,重新形成一个新个体,这种现象称为再生。在生产上采用压条、扦插、组织培养等技术进行繁殖,就是利用了植物的再生能力。

2.1.1.3 植物生长的周期性

1.植物的生活周期

植物的生活周期就是植物的自然生命周期。如一年生植物的生命周期为一年,它在一个生长季节内完成生活史,如石竹、牵牛花等许多草本花卉。二年生植物有两个生长季,通常头年播种,次年开花、结实完成生命全过程。如百合、雏菊、紫罗兰等。多年生植物如果树和观赏树木的生命周期有的可达几十年,能多次进行开花结实,生活史长达几百年、上千年的植物也不少。

2.植物的生产周期

植物的生产周期是指从播种或萌发到产品器官收获的这段时期。短则几个月,长则几年。

一年生植物或二年生植物的生产周期等于或短于生活周期。如一串红、番红花、菊花、香石竹、郁金香等,都是以花为产品器官的。调控原则是先形成合适的营养体,再在花芽分化时给予良好的条件,使花器官分化发育良好。多年生果树的生产周期表现为年周期的特点,即春季萌芽,夏秋收获。年周期中的季节性气候变化对植物生产影响很大,人们把与季节性气候变化相适应的植物器官的形态变化时期称为物候期。物候期对植物生产有重要的指导意义。一年生植物的一生即生长期,而二年生植物和多年生植物的生长期之间有时还有休眠期,如多年生果树和观赏树木。

3.植物的生长周期

植物无论寿命长短,全株还是器官,生长速度都具有一个共同规律,即开始时生长慢,而后逐渐加快达到最高点,然后又减慢,最后停止生长。生长速度上表现"慢—快—慢"的"S"形生长规律,称为生长大周期。生长大周期具有以下特点:植物的生长是不可逆的,任何植物都要经历生长、发育直至死亡,因此一切促进或抑制生长的措施,都必须在生长最快速度到来之前实施,要"不违农时"。营养生长阶段是生殖生长阶段的准备条件,只有前一阶段发展到一定程度,在一定的内外条件作用下才能转化到后一阶段。器官形成具有顺序性,各阶段以某一生长为中心,如发芽期主要是种子的萌发。植物在生长发育中,器官的同时生长现象相当普遍,如月季开花时仍存在着茎、叶的抽生。因此,在生产上既要促进开花,又要防止早衰,保持茎、叶生长。

2.1.1.4 向性运动与感性运动

植物器官在植物体内小范围移动,根据植物对刺激源的感受反应不同,可分为向性运动和感性运动两大类。

1.向性运动

向性运动是指植物器官对环境因素的单方向刺激所引起的定向运动。这种运动的实质是由于反应部位生长速度不等而引起的,故又称生长性运动。向性运动根据刺激因素的种类,又可分为向地性、向光性、向水性和向化性等。

(1)向地性:种子萌发时,不论其位置如何,根总是朝下生长,称正向地性,茎朝上生长,称负向地性;叶子则多为水平方向生长,称横向地性。

(2)向光性:植物生长器官受单方向光照射而引起生长弯曲的现象称为向光性。高等植物的向光性主要指植物地上部分茎叶的正向光性,根具有负向光性。向光性是植物的一种生态反应,如茎叶的向光性能使叶子尽量处于吸收光能的最适位置,以增强光合作用。

(3)向水性和向化性:根趋向土壤潮湿处生长的特性,称向水性;根趋向土壤肥沃处生长的特性,称向化性。所以,生产上能用水、肥来调节根的生长。高等植物花粉管的生长也属向性运动,花粉落到柱头上后,胚珠细胞分泌出某些物质,诱导花粉管进入胚囊。

2.感性运动

感性运动是运动器官因感受刺激的强弱而引起的运动,运动与刺激源方向无关。感性运动由细胞膨压变化所导致。根据刺激源的不同,感性运动主要有感夜性和感震性两种。

(1)感夜性:是由于夜晚温度或光照强度变化而引起的运动。如花的开放和闭合,因温度和光强的变化,花被两面生长不一致,花瓣内侧比外侧生长快,花即开放;反之,则闭合。一般植物的花都是昼开夜闭。合欢等豆科植物的复叶小叶一到夜晚就合拢,叶柄下垂,白天又张开。这种运动可用来鉴别幼苗的壮健与否,因为健壮植株的运动很灵敏。

(2)感震性:是由于机械刺激而引起的植物运动,如含羞草叶片的运动。当含羞草叶片受到震动时,小叶立即成对合拢,若所施刺激强烈,全株小叶都会合拢,复叶叶柄下垂。

2.1.2 植物生育期及生育时期

2.1.2.1 生育期

就草本植物而言,生育期指种子萌发出苗(返青)到新种子成熟所经历的总天数。就树木而言,生育期指从雌雄性细胞受精形成合子开始,到发育成种子,种子萌发到个体生长、繁殖、死亡的整个时期。

2.1.2.2 生育时期

在草本植物的一生中,在外部的形态特征和内部的生理特性上,都会发生一系列变化,根据这些变化,特别是形态特征上的显著变化,可将其整个生育期划分为若干个生育时期。

2.1.2.3 树木生育时期

生育时期包括树木个体生长发育的季节/年周期、树木生命周期和树木群体生长规律3部分。

1.树木个体生长发育季节/年周期

树木每年呈现的萌芽、开花、枝叶生长、芽分化、落叶休眠的规律性变化过程称为季节/年周期。

(1)萌芽:是指树种由休眠转入生长的标志,萌芽期因树种、树龄、环境条件不同而呈现不同的情况。

(2)芽形成与分化:是指植物茎生长点分生出叶片、腋芽转变分化出花序或花朵的过程,是由营养生长向生殖生长转变的生理和形态标志。

(3)开花:是指花萼、花冠开放,雄蕊和雌蕊露出,开花类型因为植物体本身不同分为先花后叶型、花叶同放型和先叶后花型3种类型。

(4)枝叶生长:枝梢生长使树冠不断扩大,新梢生长包括伸长生长和加粗生长,通常植物体伸长生长早于加粗生长。

(5)果实生长发育:是指从花谢后至果实达到生理成熟时止,营养物质的积累转化等过程。

(6)落叶与休眠:从秋季树木正常落叶到次年春天树木萌芽前止,在气候温暖的亚热带和热带地区,常绿树种通常周年生长,没有集中的落叶和休眠期。

2.树木个体生命周期

树木个体生命周期包括种子期(胚胎期)、幼年期、青年期、壮年期和衰老期。由无性繁殖长成的树木,没有种子期,也可能没有幼年期,或幼年期很短,一生只经历青年期、壮年期和衰老期。

(1)种子期(胚胎期):从卵细胞受精形成合子开始,至种子萌发时为止。

(2)幼年期:种子萌发之后,根、茎、叶等器官分化生长形成成熟植株并具有第一次开花的潜能。

(3)青年期:从第一次开花结实到结实能力大幅上升为止,即开始开花结实后的若干年。以营养生长为主,结实量小,生殖能力渐强,但种实可塑性大。

(4)壮年期:从结实能力大幅上升到大幅下降为止,即树木开花结实的旺盛时期。营养生长渐慢,树冠定型;生殖生长旺盛并在相当长的时期内保持稳定,是树木发挥其绿化功能的重要时期。

(5)衰老期:结实量大幅下降到衰老死亡为止。生理功能显著衰退,抗逆性和可塑性大大下降。树木长势衰退,骨干枝逐渐枯死,新梢生长量小;开花结实能力急剧下降,以致不能正常形成花果;抗逆性显著下降。

3.树木群体生长规律

树木群体生长过程中随着年龄的增长,内部结构和对外界环境的要求均有所不同,并表现出一定的阶段性,分幼树阶段、幼龄林阶段、中龄林阶段、成熟林阶段和过熟林(衰老)阶段。

(1)幼树阶段:是指定植成活后到郁闭前,分为成活阶段和郁闭前阶段。一般树种为定植成活后1~3年,速生树种为1~2年。

(2)幼龄林阶段:是指林分郁闭后的5~10年,是森林形成时期,由个体生长转向群体生长阶段。一般树种为4~20年,速生树种为3~10年。

(3)中龄林阶段:是指经过幼龄林阶段而进入中龄林阶段,形成较稳定的森林外貌,结构基本定型,由树高和直径速生期转入树干材积速生期。一般树种为21~40年,速生树种为11~20年。

(4)成熟林阶段:高生长明显减缓,冠型稳定;材积和生物量生长达到顶峰,在后期趋于下降。一般树种为41~60年,速生树种为21~30年。

(5)过熟林阶段:林木生长显著减缓,健康度下降,抗逆性降低,开花结实量急剧下降。一般树种需要60年以上,速生树种为30年以上。

2.1.2.4　草本植物生育期

被子植物草本植物多数由禾本科和豆科组成。

1.禾本科草本植物生育期

禾本科草本植物生育期可以划分为出苗期(返青期)、分蘖期、拔节期、孕穗期、抽穗期、开花期、成熟期和再生期等阶段。

(1)出苗期(返青期):是指种子萌发后的幼芽露出地面的时期;越年生、二年生和多年生禾草越冬后萌发,绿叶开始旺盛生长的时期。

(2)分蘖期:植株基部蘖节长出侧枝的时期。

(3)拔节期:植株主秆的第一茎节开始伸长,茎节已露出地面1~2 cm 的时期。

(4)抽穗期:幼穗从茎秆顶部叶鞘中露出,但未授粉时期。

(5)开花期:穗中部小穗花瓣张开,花丝伸出颖外,花药成熟散粉,植株具有受精能力。

(6)成熟期:禾草受精后,胚和胚乳开始发育,进行营养物质转化、积累的过程,分为乳熟期、蜡熟期和完熟期3个阶段。

(7)再生期:植株重新开始又一轮的生长,经历所有生育期阶段。

2.豆科草本植物生育期

豆科草本植物生育期可以划分为出苗期(返青期)、分枝期、现蕾期、开花期、结荚期、成熟期和再生期等阶段。

(1)出苗期(返青期):种子萌发子叶露出地面或真叶伸出地表、芽叶伸直的时期;越年生、二年生和多年生豆科草本越冬后萌发,绿叶开始旺盛生长的时期。

(2)分枝期:植株主茎基部侧芽伸长,上有1枚小叶展开的时期。

(3)现蕾期:植株上部叶腋开始出现花蕾的时期。

(4)开花期:植株上花朵旗瓣和翼瓣开放的时期。

(5)结荚期:植株上个别花朵萎谢后,花瓣能见到绿色幼荚的时期。

(6)成熟期:植株上荚果脱绿变色(黄、褐、紫、黑等色),籽粒饱满,呈本种(品种)所固有的形状、大小、色泽和硬度的时期,分为绿熟期、黄熟期和完熟期3个阶段。

(7)再生期:果后生育期记载,即植株重新开始又一轮的生长,经历所有生育期阶段。

2.1.3　植物生长需求

2.1.3.1　植物的营养需求

植物生长需要的每一种营养元素都具有特定的功能。供植物体生长的主要营养是氮、磷、钾,还有硫、钙、镁和微量元素等。

(1)氮:细胞生长主要成分,可促进枝叶茂盛,改进品质。磷:是生命的重要物质基础,能促进根系、花、种子与果实的生长发育。钾:能提高作物抗旱、抗寒、抗病虫害、抗倒伏能力,改善品质。硫:能促进根和种子的生长。钙:是细胞壁的组成成分,有助于根、茎、叶的生长。镁:是叶绿素的重要组成部分,是根从土壤中摄取其他养分的活化剂。

(2)微量元素:是各种酶和维生素的组成成分,在幼苗生长过程中起调节和促进作用。

2.1.3.2　植物的光合和呼吸需求

植物生命的维系依靠光合作用和呼吸作用,植物白天进行光合作用,吸入二氧化碳、呼出氧气;晚上进行呼吸作用,吸入氧气、呼出二氧化碳。植物的光合作用是指通过叶绿体,利用光能,把二氧化碳和水转化成储存能量的有机物,并且释放出氧气的过程。人类每时每刻都在吸入植物光合作用释放的氧,每天吃的食物,也都直接或间接地来自光合作用制造的有机物。

光合作用为包括人类在内的几乎所有生物的生存提供了物质来源和能量来源。因此,光合作用对于人类和整个生物界都具有非常重要的意义。

2.1.3.3 植物的排泄需求

植物的排泄功能,实际上是指植物通过细胞合成一些特殊的有机质或无机质,并把它们排出体外,如挥发油、有机酸、生物碱、单宁酸、树脂、油、蛋白质、酶、多杀菌素、生长素、维生素和各种无机盐等。

植物各种各样的分泌物,在其生命中起着不同的作用。植物的排泄物转化为可溶的物质,可以由植物吸收,在相同的时间,吸引某些微生物构成特殊的微生物组,促使根的细胞分泌有机酸、生长素、土壤中的酶、不溶性盐,创造更好的生长条件。

植物分泌蜜露、芳香油,可以用来吸引昆虫帮助授粉。一些植物的分泌物可以抑制或杀灭细菌及其他植物,以保护自己。一些分泌物,可以促进其他植物生长,有利于相互依存。

2.1.4 植物生长繁殖及遗传变异

2.1.4.1 生长繁殖

植物本身就是生命体,由种子产生幼株,生长发育,繁衍后代,枯老衰败死亡。植物与人类和动物不同的是,从种子生出幼株后,如果没有人为的干预,或偶发的环境改变,它的一生只能适应一种环境。

一年中植物显著可见的生长期间,称为生长期,也称为生长季。植物生长期与温度条件有着密切的关系,在一定的温度可继续生长的时期就称为生长期。通常,以日平均气温5 ℃作为界限。在干旱地区,水分条件往往决定着植物生长期的长短。植物进行正常生活周期所必需的生长期,因植物种类而异。生长期的长短多决定着植物分布的北限。生长期越短,植物可生育成长的纬度和海拔也越高。

2.1.4.2 遗传变异

植物和一切生物一样,保持着遗传变异的基本属性。遗传是一切生物的基本属性,它使生物界保持相对稳定,使人类可以识别包括自己在内的生物界。变异是指亲子代之间、同胞兄弟姊妹之间,以及同种个体之间的差异现象。世界上没有两个绝对相同的个体,包括孪生同胞在内,这充分说明了遗传的稳定性是相对的,而变异是绝对的。遗传与变异是植物和生物界不断地普遍发生的现象,也是物种形成和生物进化的基础。

植物遗传从现象来看,它是亲子代之间相似的现象,即俗语所说的"种瓜得瓜,种豆得豆"。植物实质上是按照亲代的发育途径和方式,从环境中获取物质,产生与亲代相似的复本。遗传是相对稳定的,植物不轻易改变从亲代继承的发育途径和方式。因此,亲代的外貌以及优良性状很有可能在子代重现,甚至酷似亲代。而亲代的缺陷和遗传病,同样也可能传递给子代。植物的遗传与变异是同一事物的两个方面,遗传可以发生变异,发生的变异可以遗传。就像人一样,正常健康的父亲,可以生育出智力与体质方面有遗传缺陷的子女,并把遗传缺陷(变异)传递给下一代。

植物变异是指在同一基因库中不同个体之间在 DNA 水平上的差异,也称"分子变异",是对同一物种个体之间遗传差别的定性或定量描述。植物亲代与子代之间以及子代的个体之间总存在着或多或少的差异,这就是生物的变异现象。生物的变异有些是可遗传的,有些是不可遗传的。可遗传的变异是指植物体能遗传给后代的变异。这种变异是由遗传物质发生变化而引起的。不可遗传的变异是由外界因素如光照、水源等造成的变异,不会遗传给后代的。

2.1.4.3 构成细胞

植物的细胞是植物生命活动的结构与功能的基本单位,由原生质体和细胞壁两部分组成。原生质体是细胞壁内一切物质的总称,主要由细胞质和细胞核组成,在细胞质或细胞核中还有若干不同的细胞器,此外还有细胞液和后含物等。植物细胞一般很小,高等植物的细胞直径通常为 $10 \sim 100 \ \mu m$。植物细胞的形态多种多样,常见的有圆形、椭圆形、多面体、圆柱状和纺锤状。

原生质是细胞中有生命的部分,包括细胞核和细胞质。细胞核包括核膜、核仁、染色质和核基质 4 部分,在传递遗传性状和控制细胞代谢中起着重要作用。细胞质包括胞基质和细胞器,经常处于运动的状态。细胞质的外表为质膜,紧贴于细胞壁。质膜有选择透性,与控制细胞内外物质的交换、接受外界信号、调节细胞生命活动等有关。细胞器包括线粒体、质体、内质网、高尔基体、液泡、溶酶体、圆球体、微体、核糖核蛋白体、微管、微丝等。质体是植物特有的细胞器,有白色体、叶绿体和有色体 3 种。液泡具有储藏、消化以及调节渗透等功能。多数分化成熟的植物细胞中,液泡约占整个细胞体积的 90%。一些原生质体代谢活动所产生的后含物,如淀粉、蛋白质、脂肪、无机盐晶体、单宁、色素、树脂、树胶、植物碱等,存在于液泡和细胞质中。

细胞壁为植物细胞特有的结构,具有保护原生质体、维持细胞一定形状的作用。细胞壁可分为胞间层、初生壁和次生壁。胞间层为相邻的细胞所共有;初生壁位于胞间层的内侧,是细胞生长过程中所产生的;次生壁在细胞停止增大后形成,附于初生壁的内方,有些细胞不具次生壁。次生壁形成过程中,未增厚的部分成为纹孔。纹孔分为单纹孔和具缘纹孔两种类型。植物细胞之间有许多细胞质丝通过细胞壁,形成胞间连丝,使相邻细胞原生质体连成统一的整体,在细胞间起着运输物质与传递刺激的作用。植物细胞壁的成分为纤维素,纤维素通常与半纤维素、果胶和木质素结合在一起,其结合方式和程度对植物本身的质地影响很大。

植物生长和繁殖是细胞通过细胞分裂来进行的。细胞分裂有有丝分裂、无丝分裂和减数分裂几种不同的方式。人和动物的身体柔软,而植物却笔直硬挺,从细胞的角度分析,主要是由于植物的细胞有细胞壁。

叶芽的结构包括生长点、叶原基、幼叶、芽轴、芽原基。其中芽原基最终发育成侧芽;芽轴可以使茎不断地伸长,幼叶发育成叶,叶原基发育成幼叶,生长点的细胞不断地分裂、分化和生长,从而产生新的芽结构,从而使树不断地长高。

茎的结构有木质部、形成层和韧皮部。其中木质部质地坚硬、不易折断,内有导管,可以从下向上运输水分和无机盐;韧皮部质地柔软,内有筛管,可以从上往下运输有机物;形成层的细胞不断地侧向分裂增生,从而使得树干不断地生长加粗。

根的生长主要与根尖有关,根尖的结构包括根冠、分生区、伸长区、成熟区。根尖顶端的帽状结构,具有保护作用;分生区的细胞具有旺盛的分裂增生能力;伸长区的细胞出现了液泡,能不断地伸长;成熟区的细胞已经停止生长,开始分化,形成了导管,具有运输作用。表皮细胞的一部分向外突出形成了根毛,用于吸收水分和无机盐。所以,根的生长主要靠根尖分生区的细胞增加细胞的数量和伸长区的细胞迅速地伸长。

2.1.5　植物的应激反应

植物虽然是有生命的,但是不像动物那样逃避不利环境,选择适应环境。植物自种子萌发,就遭受干旱、冰雹、台风、霜冻等各种极端气候因子的干扰和威胁。植物为了抵御和适应各种变幻莫测的环境,自身进化了快速感应和胁迫信号,形成了相应的忍耐和避受机制。植物对外界刺激做出反应,是应激反应的一种。秋天的落叶也属于植物的一种应激反应。用刀子在植物上划出几道大点的伤口,过了几天,就会发现伤口处变成了瘤样状。这就是植物应对外界的伤害刺激而做出的应激反应。机械刺激是植物生长过程中经常发生的事,如:雷击、雪压、风折、动物采食、扯蹭,人为的砍、割、扒、撅等现象。特别是果树的嫁接、剪枝,对树的机械刺激更大。机械刺激是一种广泛存在的环境胁迫因子,在细胞内诱发信号传送过程中,对于生长发育、形态形成、形状早熟、抗逆性的形成有着重要作用。

2.1.6　植物形态学特征

2.1.6.1　树木形态学特征

1.地面形态

树木根据生长类型可以分为乔木、灌木、藤本和匍地类4种,其形态特征也有差异。乔木一般树体高大(通常大于6 m),具有明显的主干,依据其高度可以细分为伟乔木、大乔木、中乔木和小乔木。另外,根据树木生长速度的不同,又可分为速生树种、中生树种和慢生树种。灌木一般树体矮小(通常小于6 m),主干低矮或不明显,多数形成灌丛。藤本是能缠绕或攀附他物而向上生长的木本植物,依据其生长特点可分为绞杀类、吸附类、卷须类和蔓条类等。匍地类是指干枝匍匐地面生长,与地面接触部分生长不定根以扩大占地面积,如铺地柏。

2.地下形态

依据树种根系分布深度,可将树种分为深根性树种和浅根性树种两类。一般来说,干旱区域生长的树种多数为深根性,需要吸收水分维持自身生长;反之,湿润潮湿地区生长的树种以浅根性为主。

2.1.6.2　草本形态学特征

1.地面形态

根据草本植株的高矮及叶量分布,可以分为上繁草、下繁草和莲座状草3种类型。上繁草一般植株高40~100 cm,生殖枝及长营养枝占优势,叶片分布均匀,如无芒雀麦、羊茅、老芒麦、披碱草、羊草、紫花苜蓿及草木樨等;下繁草一般植株矮小,高40 cm以下,短营养枝占优势,生殖枝不多,叶量少,不宜刈割,适于放牧,如草地早熟禾、紫羊茅、狗牙根、白三叶及地下三叶草等;莲座状草一般植株根出叶形成叶簇状,没有茎生叶或很少,由于植株矮小,产草量较低,如蒲公英、车前草等。

2.分蘖分枝

根据茎枝形成(分枝、分蘖)特点,草本植株可以分为以下 7 种类型:

(1)根茎型草类:此类草无性繁殖能力和生存能力较强,根茎每年可向外伸展 1~1.5 m,具有极强的保土保水能力,耐践踏,适于放牧。如无芒雀麦、草地早熟禾、羊草、芦苇、紫云英和岩黄芪等。

(2)疏丛型草类:此类草形成较疏松的植株丛,丛与丛之间多无联系,草地易碎裂。如黑麦草、鸭茅、猫尾草、老芒麦和苇状羊茅等。

(3)根茎疏丛型草类:此类草形成的草地平坦,富有弹性,不易破碎,产草量高,适宜放牧,保水保土能力强。如早熟禾、紫羊茅及看麦娘等。

(4)密丛型草类:此类草根较粗,侧根少,分蘖节常被死去的枝、鞘所包围而处于湿润状态,可增强抗冻能力。如芨芨草、针茅属及甘肃蒿草等。

(5)匍匐茎草类:此类草株型较矮,草皮坚实,耐践踏,产草量不高,水土保持功能强,适宜放牧,其中有些草可作为草坪草使用。如狗牙根、白三叶等。

(6)根蘖型草类:此类草除种子繁殖外,还可根蘖繁殖,寿命长,喜疏松土壤,是较好的水土保持草种和放牧草种。如多变小冠花、黄花苜蓿、蓟、紫菀和岩黄芪等。

(7)根颈丛生型草类:此类草再生能力强,生物产量高,覆盖度高,水土保持功能很强,其中少数草种可用于草坪草,这类草主要靠种子繁殖,也可无性繁殖。如紫花苜蓿、红三叶和沙打旺等。

2.2　生态学特性

植物同外界环境条件相互作用中所表现出的不同的要求和适应能力,称为植物生态学特性。这是植物特性的重要方面,如耐阴性、抗寒性、耐淹性、抗风性、抗旱性以及对土壤条件的要求等。植物生态学特性是选择植物种、实现适地适树的重要基础。

2.2.1　植物对光照的适应性

通常用植物的耐阴性,即在植物忍耐阴蔽和适应弱光的条件下,完成其正常生长发育的能力。根据耐阴性的差异可以把植物种分为喜光植物(阳性植物)、耐阴植物和中性植物 3 种类型。一般来说,树木对光照条件比较敏感,草本对光照条件适应性很强。

(1)喜光植物(阳性植物):植物不能忍耐阴蔽,在荫蔽环境下一般不能完成更新,只能在全光照条件下才能正常生长发育。树木如落叶松、油松、侧柏、杨属、柳属、白桦、相思树、刺槐、臭椿等,草本如紫花苜蓿、狗牙根、草木樨、黄芪、沙打旺、老芒麦等。

(2)耐阴植物:植物能忍受阴蔽环境,并且能正常发育生长。树木如云杉、冷杉、杜英、白楠、竹柏、紫杉、红豆杉等;草本如细羊茅、三叶草、毛茛子、龙须草、早熟禾等。

(3)中性植物:是指介于喜光与耐阴之间,随年龄、环境不同而表现出不同程度的偏喜光或偏耐阴特性。树木如红松、椴树、水曲柳、榆树、毛竹、侧柏、香樟、榕树等,草本如冰草、拂子茅、鸭茅、羊草等。

2.2.2 植物对温度的适应性

温度剧变或异常均会使植物产生伤害,甚至使植物难以越冬或越夏,造成植物体死亡。常见的低温危害有冷害、冻害、冻拔、冻裂和生理干旱,常见的高温危害有皮烧、根茎灼伤等。植物对温度的抵抗性能主要采用耐热性和耐寒性进行衡量。

树种根据发生机制和原理不同,在 0~15 ℃下的生存能力称为抗冷性,在 0 ℃以下的生存能力称为抗冻性。不同的树种耐热性和耐寒性也有明显的不同,耐寒性强的树种称为抗寒性树种,如落叶松、樟子松、云杉、冷杉和山杨等;耐热性强的树种称为耐热性树种,如小叶杨、圆柏、新疆杨、梭梭、北沙柳和中国沙棘等。树种对于温度的适应性是相对的,有的树种既表现出耐热特点又表现出耐寒特性,实际工作中应根据当地乡土树种进行选择。

草本植物对温度的适应性很强,一般分为暖季型草类和冷季型草类两种类型,通常来说,草种适宜的生长温度是 20~35 ℃,不同草种对温度的适应性不同,如结缕草、狗牙根和象草等为喜温草种,耐热性强;羊茅、紫羊茅、黑麦草和披碱草等耐寒性强。

2.2.3 植物对水分的适应性

根据植物对水分的适应性不同而划分为水生植物、湿生植物、中生植物和旱生植物。耐旱性指能耐受干旱而维持生命的性质,一般以植物在无雨期间可生长时间的长短来表示,属于旱生植物类型。高等植物的耐旱性是由土壤中根的吸水量、植物体内水分的储藏能力、蒸腾或萎蔫后可能恢复的最低含水量等关系而决定的。中生植物介于旱生植物和湿生植物之间,不能忍受严重的干旱或长期的水涝淹没,只能在水分条件适中的生境中生活的植物。耐涝性是指植物对水淹的适应能力,一般以植物短时期内被水淹没而不死亡衡量,属于湿生植物类型。水生植物是指植物体全部或部分长期浸没水中,植物体才能正常生长发育。

树种多数可以分为旱生树种、中生树种和湿生树种 3 种类型,旱生树种如樟子松、侧柏、赤松、山杏、梭梭、羊柴和木麻黄等;中生树种如云杉、山杨、槭、红松、水曲柳、黄菠萝和胡桃楸等,大多数树种属于中生树种;湿生树种如水松、大青杨、柳、池杉和落羽松等。

草本植物中不同的草种需水量不同,耐旱耐湿性也不同。耐旱性较强的草本植物有冰草、鹅冠草、地肤、紫花苜蓿、草木樨、沙蒿、虫实和沙打旺等;介于耐旱与喜水之间的草本较多,如多年生黑麦草、鸭茅、红三叶等;耐涝性较强的草本植物有杂三叶草、芦苇、白三叶草、芨芨草、狗牙根和鸭趾草等;水生植物一般为草本,如睡莲、茭白、水浮莲、荷花等。

2.2.4 植物对土壤的适应性

植物对土壤的适应性包括很多方面,如对土壤的肥力、土壤的通透性、土壤的质地和土壤 pH 值等。植物对土壤的适应性主要表现在耐瘠薄、耐盐碱、耐压实等特性。不过很多植物对土壤的要求并不是十分严格,可以适应各种状况的土壤条件而能正常生长发育。

　　树种中耐瘠薄的种类很多,多数生长于干旱区域、土层较薄区域,如侧柏、臭椿、油松、赤松、华北落叶松和山杨等;有些树种对土壤通透性要求严格,如樟子松以及一些沙生植物;有些树种可以适应土壤盐碱条件,如柽柳、胡杨、白蜡和新疆杨等。

　　草本植物对于土壤硬度要求很严格,禾本科草对硬度的适应性比豆科要强,禾本科草中,对土壤硬度适应性也有差别,一般来说,狗牙根类、苇状羊茅类对硬度适应性较强,剪股颖类适应性较差;关于土壤养分,豆科草类耐瘠薄,禾本科草类一般不耐瘠薄,只有结缕草类和羊茅草类具有较强的耐瘠薄性质;此外,在酸性土壤上能良好生长的有结缕草类、假俭草、地毯草、紫花苜蓿、苇状羊茅、红三叶、白喜草和糖蜜草等,狗牙根和小糠草有一定的耐酸性,草地早熟禾耐酸性最差;耐碱性最强的草类有野牛草、黑麦草、沙打旺、披碱草、草木樨和苜蓿等,耐碱性一般的草类有芨芨草、芦苇等,地毯草耐碱性最差。

2.2.5　植物对风的适应性

　　植物对风的适应性主要表现在树种上,高秆草本植物或作物一般抗风性较差,而低矮草本几乎不受风的影响。树种的抗风性主要就是抗风倒的能力。一般来说,此类树种根系比较发达,特别是主根十分发达,木材坚韧,强风下不易发生风倒现象。

　　抗风性强的树种包括松科大部分树种,杨柳科以及豆科等深根性树种,而云杉、雪松以及水青冈等浅根性树种,其抗风性较差,容易发生风倒现象。

3 植物资源作用及其开发保护

　　植物资源是生物资源的一个组成部分,它与其他生物资源一样,具有生命现象,也就是说,具有生长发育、遗传变异和自我繁衍后代的能力。同时植物资源也不同于其他生物资源,它还具有把无机物和太阳能转化为有机物质和能量的特性。并与环境条件相统一,植物资源从开发利用方面来看,还具有以下一些基本特性。

　　自然界中一切直接或间接对人类有开发利用价值的植物统称植物资源。广义上说,中国植物资源是指中国土地上的一切植物总和,某一地区的植物资源是指某一地区的一切植物总和。狭义上说,吴征镒教授把具有商品价值的植物称为经济植物,把对人类有用的植物的总和称为植物资源。

3.1 植物资源的基本特性

3.1.1 植物资源相对性

　　植物是否具有开发利用价值是相对的,任何一种植物,是否算作植物资源,不是绝对的。随着科学的不断发展,一些目前"无开发价值"的植物,可能有朝一日会成为极其宝贵的资源植物。因此,维持自然界植物多样性是非常必要的。地球上已知植物种类45万种,其中高等植物30万种左右,我国有3万余种高等植物,植物资源极其丰富。

　　即使科学发展到今天的水平,也不能用化学方法合成植物产生的一些对人类有用的代谢产物,而且在可以预见的将来,化学合成也不可能完全代替植物自然合成的一些资源性物质。所以,必须保护现存的各类植物资源。如红豆杉属植物在20世纪90年代以前还未被人们当作资源植物,在其产地未遭受任何破坏。自1992年美国FDA正式批准紫杉醇(从红豆杉属植物树皮及叶中提取)用于卵巢癌和乳腺癌治疗,红豆杉属植物成了重要的资源植物,遭到了严重破坏,在我国更为严重。1999年国家将红豆杉列为一级保护植物。红豆杉树皮干物质中紫杉醇含量为0.005%~0.07%。

3.1.2 植物资源再生性

　　植物资源再生性指在自然和人为条件下,植物具有不断的自然更新和人为繁殖的能力,它是植物资源的基本属性。植物资源能够不断自然更新和人为地繁殖扩大,这是优于非生物资源的特点。从理论上讲,植物资源的自我更新使之成为用之不竭的资源,但是,如果管理不善,植物资源就会退化解体并有耗竭之虑。

3.1.3 植物资源地域性及多用性

　　不同植物群落类型及其分布规律与其地理环境条件有着密切关系。我国自然条件复杂,从北到南,有寒温带、温带、暖温带、亚热带和热带,依次出现针叶林、针阔混交林、落叶混交林、常绿阔叶林、季雨林和雨林。组成群落的植物也因纬度不同而差异极大。植物分布的地域性特点也强烈影响着植物被利用的状况,在资源植物开发利用时必须根据这一特点,因地制宜,发展优势资源植物。植物资源具有多种功能和用途,如森林资源,其用途是多种多样的,这种多用性在开发利用时需要全面权衡。根据生态效益、经济效益与社会效益相统一的原则,借助系统分析的方法,选择适合本地区的优化方案。

3.1.4　植物资源采收利用的时间性

植物资源的采收,主要依据其个体产量和化学成分的变化,这两个因素决定了特定资源植物采收的时间。古语有云:"三月茵陈四月蒿,五月茵陈当柴烧",说的是茵陈蒿只有在早春采收才有药用价值。不同的资源植物,其采收的时间不同,起决定作用的因素是其经济指标,即"有效成分的含量"。

3.1.5　植物资源可解体性

植物资源的可解体性,是指植物受自然灾害和人为的破坏而导致某些植物种类减少,以至绝灭的特性。这是因为每一种植物资源都具有自己独特的遗传基因,存在于该种植物的种群之中,任何植物个体都不能代表其种的基因库。当该种资源受到自然灾害和人为的破坏,或受到不合理的开发利用,过度采挖砍伐,而引起物种的世代顺序的破裂,从而威胁到物种的生存和繁殖,当种群减少到一定数量时,其遗传基因库便有丧失的危险,从而导致物种的解体,物种的解体也就是植物资源的解体。植物资源受到破坏后,很难得以自然恢复。

3.1.6　植物资源复杂性

植物资源是植物界中具有经济价值的一些植物,随着科学技术的发展,越来越多的植物种类发现具有极其重要的作用,若从生态效益和社会效益来考虑,几乎所有的植物种类都具有一定的作用,这就使植物资源愈来愈复杂。若从研究的角度来看,任何一种植物都有开展深入研究的必要。

3.2　生态及景观功能

植物有何用途是由其形态、结构、功能和所含化学物质所决定的,植物资源主要分类方法是按照植物资源的用途进行的,主要包括食物植物资源、药用植物资源、工业用植物资源、防护和改造环境植物资源和植物种质资源。水土保持及园林植物资源属防护环境和改造环境植物资源,其主要功能表现为生态功能和景观功能。

3.2.1　生态功能

对于生态环境来说,植物发挥着极其重要的防护作用,例如:水土保持、涵养水源、保护改善环境、调节气候等。具体生态功能如下。

3.2.1.1 水土保持

植物措施在防治风蚀、水蚀和重力侵蚀带来的水土流失方面能起到积极的作用,其作用机制主要在于植被地上部分能削减风速、减弱雨滴能量、延迟径流形成等,地下部分能增强土壤渗透率、减缓地表径流形成、增强土壤稳定性等。基于这些作用机制,有植被存在的地表保土保水效果良好。

1.植物措施在防治风蚀中的作用

植被在风蚀中的作用主要是改变了植被附近风速的分布,在植被带背面形成了一个明显的弱风区。但是,随着林带的远离,风速又会回到原来的状态。植被改变气流结构和降低风速主要是因为植被本身具有透风性,其稀疏、通风和紧密结构可有效降低风速及风的能量,减少风对土壤的侵蚀,具有明显的水土保持效益。董治宝等通过风洞实验表明,与裸地相比,即使低密度的植被也能明显减少土壤流失。因此,采取植物措施来治理风蚀是水土保持工作的重要方面。

2.植物措施在防治水蚀中的作用

植被防治水蚀的机制,首先是植被冠层及枯枝落叶层能够减少雨滴溅蚀以及拦截部分降水量,减少地表径流量,防止地表土壤被侵蚀。其次,植被能使土壤具有良好的结构,提高土壤孔隙度和水分渗透性,以此减少地表径流量及其流速。再次,枯枝落叶层可起到过滤泥沙和类似海绵吸水的作用,通过对地表径流的滞缓、过滤和分散作用,防止地表径流冲刷与面蚀、沟蚀的进一步发展。最后,植物的根系在土壤中像网状般交织,固结土壤,防止坡面侵蚀的形成,加固斜坡和固定陡坡,增强了土壤的抗蚀性能,减少滑坡、泥石流和山洪的发生。

1)植被覆盖度的水土保持作用

植被对水土保持的作用随时间和地点的不同而不同,其取决于植被类型、年龄、形态、植冠高度、根系深度和根系形状。一般不可能对任一斜坡上植被的所有效应做全面总结,但是植被显然在许多斜坡上确实对地上和地下水流的速度与路径起到调节作用。该作用的侵蚀控制意义是减少到达地面的有效降雨量,削弱水滴势能。当下落的雨滴遇到植被时,其中的一部分在到达地面之前就被截留,减弱了降雨的侵蚀能力,从而起到水土保持的作用。植被的覆盖度决定了其下面土壤免受雨滴直接撞击的程度。一般认为,植被覆盖度达到70%或以上时,它就能以这种方式使土壤得到较大程度的保护。

2)植被根系的水土保持作用

植被根系对土壤水分的渗透率有较大的影响。首先,根在生长过程中将会在土壤中挤出通道,使地表水有可能顺着根与周围的土壤之间的接触面渗入土壤。当根衰老或死亡后,它们会收缩,留出一些空隙,水也可以通过这些空隙渗入土壤。其次,因为树干、树枝和枯枝落叶增加了地表粗糙度,从而对水流产生了阻碍作用,降低地表径流的速度,延缓径流的出现和汇集。学者朱显谟认为,根系对土壤渗透力的作用主要是根系能将土壤单粒黏结起来的同时,也能将板结密实的土体分散,并通过根系自身的腐解和转化合成腐殖质,使土壤有良好的团聚结构和孔隙状况。同时,植物须根系($d<1$ mm)与土壤渗透性存在回归方程关系,显示了须根对土壤饱和渗透系数的影响是首要的。须根通过在土壤中的交错穿插作用和不断死亡分解所产生的有机质积累,促使土壤中大粒级水稳团粒的

增加,明显地改善了土壤的渗透性能。研究表明,植物根系对土壤的抗冲性具有一定的强化作用。朱显谟指出,生物措施是水土保持中最有效和最根本的方法。他认为,土壤抗冲性的增强,主要取决于根系的缠绕、固结和串连土体作用,这种作用使土体有较高的水稳结构和抗蚀强度,从而不易被径流带走。

3)植被枯枝落叶层的水土保持作用

地表枯枝落叶层在涵养水源、减弱雨滴溅蚀、延缓地表径流形成等方面具有重要的作用。研究表明,地表枯落物的最大持水量是自身重量的1.7~3.5倍,同时还可以有效地消减能量,增加土壤入渗,增强土壤的抗蚀能力及土壤的抗冲性。对于油松林和山杨林而言,当地表存在大于1 cm的枯落物时,就可以减少土壤冲蚀量的90%和83%。枯枝落叶层的水土保持作用表现在降雨过程中,除林冠的覆盖及树干截留与森林对水文过程的改善外,地表积累与处于不同转化阶段的枯枝落叶对地表状况直接起作用。腐烂的枯枝落叶可以增加土体有机质含量,并促使土壤生物和微生物种类及数量的增加、活力增强,这些都有利于促进土壤团粒结构的形成,进而使土壤渗透性能增大,地表径流量减少。

3.植物措施在防治重力侵蚀中的作用

重力侵蚀是一种以重力作用为主引起的土壤侵蚀形式,主要发生在坡面上。重力侵蚀的发生,是与其他外营力,特别是在水力侵蚀及下渗水分的共同作用下,以重力为其直接原因所导致的地表物质移动。在陡坡,其稳定性是由土体内的内摩擦力和凝聚力以及其上生长的自然植被的固持作用来维持的,当其受到一定的外营力作用时,如植被破坏或雨水击溅、地下水的渗透等,使内摩擦力和凝聚力减小,从而在重力作用下使土壤及其母质发生移动。植被是地表的保护者,凡植被生长较好的坡面,一些重力侵蚀作用将会大大减弱,因此植物措施在防治重力侵蚀方面具有明显的积极作用。植被固坡的作用主要源于植物体与斜坡间的机械作用,周跃等详细地讨论过这些作用,主要包括植物根系的土壤加强作用、斜向支撑作用等。

植物根系对土壤的加强作用是防治重力侵蚀最有效的途径,它能加强土壤的聚合力,通过土壤中根系的束缚作用增强根际土层的强度,提高土层对滑移的抵抗力。同时,根据机械力学机制不同,植物根系的土壤加强作用可以进一步分为侧根的斜向土壤加强作用和垂直根的垂向土壤加强作用。斜向加强作用是加强根际土层在平面内的抗张强度,并通过侧根牵引阻力的形式抵制土层滑动的机械效应;而垂向加强作用主要是垂直根的机械锚固作用,并防止整个上层土壤因受重力而产生滑动。斜向支撑作用在防治重力侵蚀中也具有重要作用,是指生长在斜坡上的乔木,通过树干和粗大树根支撑顺破下滑的浅层土壤的作用,它使树桩上侧的土层下滑受到阻力并堆积,从而制止土层的下滑。

3.2.1.2　调节气候

1.调节温度

夏季在树荫下会使人感到凉爽和舒适,这是由于树冠能遮挡阳光,减少辐射热,降低小环境内的温度。试验表明,树木的枝叶能够将太阳辐射到树冠的热量吸收35%左右,反射到空中20%~25%,再加上树叶可以散发一部分热量,因此树荫下的温度可比空旷地降低5~8 ℃,而空气相对湿度要增加15%~20%。所以,夏季在树荫下会感到凉爽。

2.增加湿度

园林植物对改善小环境内的空气湿度有很大作用。据统计,植物生长过程中所蒸腾的水分,要比它本身的重量大 300 ~ 400 倍。1 hm² 阔叶林夏天要向空气中蒸腾2 500 t 以上的水分。1 hm² 松林每年可蒸腾近 500 t 水分。不同的树种具有不同的蒸腾能力,在城市绿化时选择蒸腾能力较强的树种对提高空气湿度具有明显作用。

3.2.1.3　保护环境

在人口密集的城市里,由于人的活动,特别是大工业的发展,大工厂排出的污水和有毒气体往往造成空气污染,加之噪声等,严重影响人民的健康和工作。而园林植物具有改善和保护环境的作用。

1.吸收二氧化碳,制造氧气

绿色植物在光合作用过程中吸收大量的二氧化碳为原料制造有机物,同时向空气中释放大量的氧气,使大气中的二氧化碳和氧气的含量保持平衡,保证了人和动物对氧气的需要。据测定,1 hm² 树林每天可吸收 1 t 二氧化碳,放出0.75 t 氧气,每亩①树林能供 65 人呼吸所需要的氧气。平均每人有 10 ~ 15 m² 的树林或者25 ~ 30 m² 的草皮才能吸收它所呼出的二氧化碳和满足它呼吸所需要的氧气。

2.吸收和转化有毒气体

由于城市里的工厂经常排出有毒气体,如二氧化碳、氟化氢、氯气等,严重危害人民的身体健康,破坏生态平衡。而某些植物却能吸收和转化一部分有毒气体,如柳杉、臭椿能吸收二氧化硫,刺槐、女贞能吸收氟化氢,枸子、夹竹桃能吸收氯气等。还有些植物对有毒气体特别敏感,空气中有毒气体一增加,这些植物就发生中毒。因此,这些植物可作为指示植物。另外,有些植物如松、柏等,能释放杀菌剂将一些病菌杀死。

3.防尘作用

植物以其庞大的树冠和多毛的枝叶可以减缓风速,使空气中的粉尘滞留在枝叶上,下雨时随雨水流到地面,起到防风、固沙、防尘作用,使空气变得清新。据测定,每亩树林地1 年可滞留粉尘 6 t 左右。

4.阻隔噪声

城市噪声严重影响人们的休息和工作。植物具有阻挡和吸收声波的作用。据试验,在树林里声波传播的速度仅为空旷地区的 1%。另据测定,在道路两边栽植 40 m 宽的林带,可以降低噪声 10 ~ 40 dB,公园中成片的树木可降低噪声 26 ~ 40 dB。这是由于树木有声波散射作用,声波通过时,枝叶摇动,使声波减弱而逐渐消失。同时,树叶表面气孔和粗糙的茸毛也能吸收部分噪声。

3.2.2　景观功能

3.2.2.1　景观功能是水土保持治理措施的新需求

水土保持植物的景观功能主要指城市水土保持工程和以旅游开发为基础的小流域综合治理工程,本书以城市水土保持工程为例,介绍水土保持植物景观功能。

---

①　1 亩 = 1/15 hm² ≈ 666.67 m²

随着城市化进程和生态文明建设的加快，水土保持的内涵和外延都得到进一步拓展，尤其是城市水土保持生态建设项目的景观化要求越来越高，水土保持景观功能越来越被重视。水土保持是针对城市化建设过程中新的水土流失的预防和治理，同时对原有侵蚀环境的整治及城市周边地区的水土保持和环境的绿化美化。它具有生态服务功能、景观与游憩功能和防灾避险功能。其工作目标已经从传统的水土流失治理提升到构建水土保持、景观、文化三位一体的、多功能复合生态系统，建设目的是建设理想人居环境，真正实现城市人与自然的和谐。因此，水土保持项目对治理后的景观效果要求越来越高，而景观水保学理论的提出顺应了社会发展的需要，符合当前水土保持生态建设的发展趋势。它是研究水土和人社会文化内在联系的学科，以市域和乡域地表为研究对象，通过人工干预，合理梳理水、土元素的空间秩序和布局的方式，创造合理的城市自然和人文基底，并协调人与社会、文化与水土之间的关系。

水土流失尤其是城市水土流失产生的主要原因是人类活动主导的过度干预，治理的技术措施对维系技术与措施生态系统功能的关注度较高，这其中就要求用于城市水土保持的植物材料应以当地的乡土植物为主，而且注重物种间的合理搭配，形成健康、稳定的植物群落，在保持水土的同时，丰富景观的多样性，并形成高效稳定的生态系统。水土保持植物通常要求具有涵养水源、固堤护土、改良土壤、净化水体、净化空气、生物防火等生态功能。此类植物的特点为：根系发达、树冠饱满、叶面持水能力强，有一定凋落物等。乡土植物对原产地环境具有天然的适应性。有关实验证明，乡土树种生长受水分影响不大，对干旱和洪涝有一定的抵御能力。据调查，乡土树种抗病虫能力也比较强，即使有病虫害发生，由于天敌的作用，一般不会对其造成严重危害。此外，乡土树种在植物景观中运用还能形成浓郁的地方特色，实现景观本土化。

3.2.2.2 景观要求下水土保持植物措施配置原则

1．"适地、适树"原则

在城市水土保持绿化工程建设中，应遵循"适地、适树"的基本原则，合理选择绿化植物及水土保持技术，其中，"适地"是指所选择的绿化植物应适合绿化区域的土壤、地形、气候、生物及水文等方面条件；"适树"是指选择的水土保持技术应适合所种植的植物生长特点。只有这样，才能使植物最大程度地发挥水土保持功能，实现园林工程建设的经济效益和生态价值。

2．生态性原则

城市水土保持绿化工程建设的宗旨就是绿化环境的同时，维护生态系统的平衡性。尤其是近年来环境污染问题不断加剧，工业快速发展产生的大量废弃物、污水及有毒气体，已经严重破坏了生态系统的平衡。在这种形势下，为了让人类的生产生活活动与生态环境达到自然和谐统一，在选择园林种植植物时，应根据生态平衡原则，科学地设计种植方案，维护生态系统平衡，缓解环境压力，为人们提供舒适、安全的生活环境。在处理水土工作时，应从以下两个方面入手：

（1）要加强对种植物及生态系统的保护。每一个植物都是一个具有生命的个体，在选择合适植物种植后，要时刻牢记保护植物、尊重植物、保障植物健康生长、正确发挥植物的生态价值是每个人应尽的义务与责任。

（2）在选择植物大面积种植时，由于不同的植物生长特点也具有差异性与层次性，要严格按照植物种植要求进行种植，合理设计各个植物之间的间距，并利用植物群落混交技术增强园林植物景观的层次性与多样性，创造良好的景观效果，使得植物在水土保持上发挥应有的功能，这样既符合植物生长规律及生态性原则，又能起到防治水土流失、吸收有害物质、固定土壤、调节气候等诸多功能，使园林景观的生态效益实现最大化的发展。

3.多样性原则

为了增加景观绿化工程的新鲜感和观赏性，在水土保持植物配置时，还应遵循树种与植被的多样性，在符合生物自然生长规律的前提下，合理地对草本植物、灌木及乔木进行配置，从而为人们带来一个绚丽多彩的绿化世界。

4.艺术性原则

景观绿化植物是园林艺术价值的重要体现，也是园林造景工程中的重点难点。对于植物的选择及布局都应具有艺术感。因此，与传统的水土保持技术相比，园林工程中的水土保持植物配置应突出其独有的"艺术性"原则，绿化植物除具备净化空气、防治水土流失等功能外，还应具有一定的艺术审美与欣赏价值，这也是园林工程设计的重要依据。

由于不同地区有着不同的气候和环境，而每个地区所能种植的植被种类之间也有着显著的差异，在园林工程建设中，应该选择符合园林施工的环境，能充分体现地域特色，同时兼具美感与艺术感的水土保持植物，这样既能起到水土保持作用，满足园林工程建设对艺术性的需求，又能让人们感受到浓郁的地方特色，使之产生一种心旷神怡的感觉。

3.2.2.3　景观要求下水土保持植物措施配置

1.调查分析景观绿化工程区的立地条件

景观工程水土保持植物配置应根据绿化工程区的不同，来选择合适的配置措施。由于我国南北区域之间的环境存在较大的差异，这就需要在配置之前，对景观绿化工程区的立地条件进行调查分析，包括地理位置、土壤酸碱度及湿度、区域环境、水文条件及植物群分布等方面的具体情况，并以此为依据确定绿化植物种植的种类及范围。同时，相关勘察人员还应对限制园林工程区植物生长的因素，在明确不同因素影响程度的基础上，选择能够优化区域环境的水土保持植物进行种植。

2.确定景观绿化工程区水土保持植物群落

景观工程所构建的水土保持植物群落，不仅要起到防治水土流失、净化空气的作用，还要实现园林景观的欣赏功能与艺术价值。这就要求园林工程植物种植方案的设计人员，除具备丰富的生态学知识外，还要以最经济的手段，充分利用园林资源，构建一个半封闭的植物群落，促进园林工程与周边自然生态协调统一发展。

3.合理搭配植物花期

通常情况下，大部分的植物在春季都会迎来开花期，合理地搭配植物花期，让园林景观在不同的时间段都能呈现不同的景观效果与绿化效果，给欣赏者带来新鲜感与独特感。

为此,在水土保持植物配置时,首先,应注重植物的分层配置,根据不同植物的花期进行科学搭配,这样既可以保证花木盛开的连续性,为园林工程增添色彩,又能体现园林景观的多样性与欣赏价值。其次,还要注重植物的混合配置,选择一些花期较长、生命力旺盛的植物,提高园林景观的活力与生机,延长园林景观的效果,这对体现园林价值具有关键作用。

4.科学选择水土保持技术

1)植物栽种

植物景观的整体效果与经济效益都取决于植物的栽种。在植物的栽种过程中,水土保持技术的选择要充分体现景观的生态价值与艺术价值,通过实施水土保持技术,对植物进行合理的保护,满足植物生长及水土资源的基本需求。为此,在水土保持技术的实施中,应坚持统一协调的理念,注重植物搭配的适应性与合理性,并以不同植物种群的合理搭配去强化水土保持的效果,进而充分发挥水土保持技术的实效性与功能性,提高植物的成活率。

此外,水土保持技术还要尽最大限度地保护园林植物的艺术价值,实现园林景观的美学与艺术特性。因此,在园林植物栽种的过程中,科学地应用水土保持技术,在增强园林工程生态价值的同时,也较好地促进了园林工程整体性能与美感的全面提升。

2)植物养护

在植物养护管理过程中,科学地实施水土保持技术显得极为重要。将水土保持技术与其他技术有机地结合,有利于提升水资源与土资源的保持效果。此外,为了强化水土保持的效果,在植物的养护管理工作中,还应对绿化植物进行适当的修剪,剪除一些多余的枝桠,这样不仅可以大大降低植物的需水量,促使植物快速健康地生长,也使得植物更加美观。与此同时,在植物的病虫防治工作中,也应认真地做好水土保持工作,尽量地采取自然、环保的防治技术,避免使用化学药剂对自然环境造成的污染。例如,可以采用引入天敌的方法,利用大自然的生态系统去实现自我调节和自我平衡,从而达到防治病虫害的目的。

3.2.2.4　水土保持植物措施典型配置

1.坡地园林工程水土保持植物配置

水土保持植物配置时常常会遇到一些倾斜坡面大于5°的坡地,这些坡地在遭遇暴雨天气时,都会出现严重的水土流失,这样不利于植物的水土保持。一般来说,坡地的土壤多为生土或是岩石,它们缺乏植物健康生长的所必需的营养成分。因此,针对坡地区域,改善土壤环境是关键。为此,可以在坡脚一些开阔的区域内种植乔木、灌木及草,还可以搭配迎春花、凤尾兰等植物,一方面稳定了坡面,另一方面提升了园林工程的观赏性。

2.困难立地区水土保持植物配置措施

在水土保持植物配置时,有时会遇到一些荒山、荒坡、废弃土石场等缺乏水分及营养的立地,不仅水土流失严重,且缺乏植物生长的条件。在这种情况下,应选择一些耐寒、耐旱、容易成活的植物进行种植,并利用土地改良与蓄水保土相结合的方式,通过合理搭配,对困难立地的土壤进行改良,使其能更好地适应植物的生长,并为其提供充足的水土营养。比如,在困难立地区,可以选择爬山虎、刺槐、红叶石楠、紫藤、木荷等植物进行种植,在增加植物成活率的同时,改善水土流失的情况,并起到绿化美观的作用。

水土保持植物配置是一项十分繁杂且艰巨的工作,要根据水土保持植物的特点,在遵循艺术性、多样性及生态性原则的基础上,科学应用水土保持技术,全面提升园林景观的生态价值与美学价值,为人们创造出更加舒适宜人、绚丽多彩的景观环境。

3.3 开发保护

水土保持植物资源开发能起到绿化环境、控制水土流失的作用;科学、有序地开发利用植物资源,使群众和企业共同增加经济收入,发展地方经济,是生态文明建设的重要途径。真正实现生产发展、环境友好、人与自然和谐发展的高级文明,其出发点和落脚点都是"以人为本"。高效水土保持植物资源配置是又好又快开展生态文明建设的重要途径,其后继资源开发是解决中国民计民生问题的可持续发展手段。

3.3.1 植物资源开发

3.3.1.1 水土保持植物资源在水土流失区配置的地位与作用

水土流失是中国最大的环境问题,水土流失区也是中国生态文明建设的主战场。植物措施作为治理水土流失的主要措施,也是治理水土流失后土地恢复生产力的根本措施,即植物措施不仅是治理手段,还是治理目的。高效水土保持植物资源的配置,不仅使山丘区的水土流失从根本上得到有效的调蓄、拦截,而且是增加当地群众收入、培育特色产业、实现乡村振兴的有效措施。

高效水土保持植物是指抗逆性很强、水土保持效益很好、经济效益较好、投入较少,且仅利用地上部分的水土保持植物,它是业已被实践证明的更加优秀的水土保持植物。高效水土保持植物资源配置后的作用,集中体现在"四化",即"绿化""美化""净化"和"产业化"方面。"绿化"是支撑水土保持植物措施建设目标的基础;"美化"是提升水土保持植物措施建设质量的砝码,是植物措施建设成败的关键;而"产业化"是衡量水土保持植物措施建设效益的试金石。"四化"实现了,水土流失治理区才会显现山清水秀、果香飘溢的美丽景象,同时,可以"一揽子"解决生态、经济和社会协调发展的难题,推动水土流失区经济社会的可持续发展。高效益水土保持植物资源在中国水土流失区的配置,注定要成为一条又好又快加速生态文明建设的重要途径。

3.3.1.2 不同水土流失类型区高效水土保持植物资源配置的初步方案

根据全国生态环境总体布局,遵循适地适树(草)以及生态建设与产业开发相结合的原则,将水土保持植物资源建设纳入区域水土流失综合治理工程,并与区域特色产业发展相适应,充分考虑当地现有水土保持植物资源利用及产业化发展状况,确定可开发利用的植物种,初步拟定不同区域不同时段重点建设的高效水土保持植物资源建设开发工程,通过示范引导和培育主导产业,以点带面,促进农民增收和区域经济社会可持续发展。中国8个一级水土流失类型区高效水土保持植物资源配置的初步方案见表3-1。

表 3-1　水土保持区划植物资源配置方案

类型区	配置方案
东北黑土区	推广漫川漫岗区黄花菜、紫花苜蓿、芦笋等在埂带建设中的运用;抓好笃斯、果莓、树锦鸡儿等小浆果类植物在林缘区的建设;推广辽东橡木、蒙古沙棘、刺五加等在侵蚀沟谷沟沿线周边及沟谷地的种植
北方风沙区	建设北疆环准噶尔盆地以蒙古沙棘为主体的生态经济产业体系;保护和修复沙地以白刺、梭梭、沙拐枣等为主的野生多功能植物资源;突出扁桃、阿月浑子等特色经济树种在南疆地区的规模化种植
北方土石山区	加强京津风沙源区山杏、花红、欧李等水土保持植物资源基地建设;重视城郊及周边地区生态清洁型小流域建设中的植物资源配置工作;加强山丘区小流域综合治理中的白蜡树、板栗、黄连木等特色植物资源产业
西北风沙区	推动粗泥沙集中来源区山杏、中国沙棘、花红等水土保持植物资源基地西北黄土高原区建设;大力开展长柄扁桃、翅果油树等高级油用类生态产业基地建设;加强植被恢复与草场管理
南方红壤区	开展山丘区坡耕地中以苎麻、黄花菜为主的水土保持植物建设;开展河湖库沿岸及周边山丘区以杜仲、厚朴、乌桕等为主的植物资源建设;做好崩岗区工程治理后以油茶、茶树、花椒等灌木为主的植物资源基地建设工作
西南紫色山区	重视坡耕地苎麻、黄花菜、蓖麻等多年生草本经济植物种植;加强山丘区以核桃、板栗、柿、油橄榄、油桐、乌桕、杜仲等多功能战略植物资源基地建设
西南岩溶区	发展核桃、油茶、金银花、清风藤、余甘子等药用植物资源,以及油桐、麻风树、光皮树等生物柴油植物资源基地建设
青藏高原区	狠抓高原河谷及柴达木盆地周边农业区水蚀和风蚀区以白刺、黑果枸杞等为主的水土保持植物资源建设

3.3.1.3　特用类高效水土保持植物资源的开发利用

特用类植物资源是我国高效水土保持植物资源的重要组成部分。我国特用类高效水土保持植物资源有 145 种,又可细划分为 3 个开发利用方向,其中:蜜源利用涉及 114 种,经济昆虫寄主利用涉及 22 种,经济植物寄主利用涉及 16 种。需要指出的是,同一种植物可能有几个利用方向,故其合计值大于植物资源种数。

1.蜜源利用

蜂蜜是由蜜蜂采集植物蜜腺分泌的汁液经充分酿造而成的黄白色黏稠液体,在我国大部分地区均有生产,以稠如凝脂、味甜纯正、清洁无杂质、不发酵者为佳。蜂蜜的主要成分为糖类,其中 60%~80% 是人体容易吸收的葡萄糖和果糖,低温时会产生结晶,生成结晶的是葡萄糖,不产生结晶的部分主要是果糖,主要作营养滋补品、药用、加工蜜饯食品及酿造蜜酒之用,也可替代食糖作调味品。蜂蜜比蔗糖(砂糖的主要成分)更容易被人体吸收,其所含的单糖不需要经消化就可以被人体吸收,对妇、幼特别是老人更具有良好的保健作用。蜂蜜既是良药,又是上等饮料,可抗菌消炎、促进消化、提高免疫力、延年益寿。

根据来源可将蜂蜜划分为天然蜜和甘露蜜。蜜蜂在酿造蜂蜜时,它所采集的"加工原料"主要是蜜源地花蜜,但在蜜源缺少时,蜜蜂也会采集甘露或蜜露,因此可把蜂蜜分为天然蜜和甘露蜜。此外,还可根据蜜源植物种类多少,将蜂蜜划分为单花蜜和杂花蜜(百花蜜)。

蜜源植物指所有气味芳香,或能制造花蜜以吸引蜜蜂,供蜜蜂采集花蜜和花粉的显花植物,它是养蜂的物质基础。根据泌蜜量的多少,可将蜜源植物划分为主要蜜源植物和辅助蜜源植物。

主要蜜源植物指数量多、分布广、花期长、分泌花蜜量大、蜜蜂爱采、能生产商品蜜的植物,主要包括粮食作物中的荞麦,油料作物中的油菜、向日葵、红花、芝麻、芝麻菜,纤维作物中的棉花,蝶形花科牧草和绿肥中的紫花苜蓿、草木樨、红豆草、紫云英,果树中的柑橘、枣、荔枝、龙眼、枇杷,树木中的刺槐、椴树、桉树和荆条等,野草中的香薷、老瓜头、水苏,以及香料植物中的薰衣草、麝香草等,是蜂群周期性转地饲养的主要蜜源。

辅助蜜源植物种类较多,指能分泌少量花蜜和产生少量花粉的植物,如桃、梨、苹果、山楂等各种果树,以及一些林木、瓜类、蔬菜、花卉等。在主要蜜源植物开花期不相衔接时,可用以调剂供应,特别是在主要蜜源植物流蜜期到来前,可用以培育出大量青壮年蜂,为充分发挥主要流蜜期的优势,提高蜜蜂产品的产量和质量创造条件。

我国高效水土保持植物资源中的蜜源植物有114种,分布遍及全国,故而养蜂者可根据南北方植物开花的时序而迁徙来放蜂采蜜。荆条花粉丰富,有利于发展蜂群,一般产蜜量为 $300 \sim 750 \ kg/hm^2$。刺槐花期短,花蜜丰富,一般产蜜量为 $150 \sim 375 \ kg/hm^2$。荔枝分早、中、晚3个品种,一般产蜜量为 $300 \sim 750 \ kg/hm^2$。还有许多草花,为不同季节放蜂提供了便利条件。本类植物按科列名如下:

番荔枝科:番荔枝。

蔷薇科:三裂绣线菊、珍珠梅、灰栒子、西北栒子、火棘、山楂、野山楂、石楠、光叶石楠、枇杷、花楸树、榅桲、木瓜、秋子梨、白梨、山荆子、湖北海棠、苹果、新疆野苹果、花红、楸子、玫瑰、多花蔷薇、黄蔷薇、黄刺玫、缫丝花、山刺玫、山莓、覆盆子、黑树莓、茅莓、稠李、樱桃、欧李、郁李、毛樱桃、李、杏、山杏、扁桃、山桃、蒙古扁桃、长梗扁桃、桃、扁核木、总花扁核木。

苏木科:铁刀木、翅荚决明、酸豆。

含羞草科:围涎树。

蝶形花科:刺槐、槐、白刺花、砂生槐、紫藤、思茅黄檀、树锦鸡儿、紫穗槐、木豆、骆驼刺、铃铛刺、胡枝子、小槐花、紫花苜蓿、沙打旺、红豆草。

野茉莉科:白花树。

忍冬科:荚蒾、鸡树条荚蒾、接骨木、蓝靛果、忍冬。

桦木科:黑桦。

椴树科:破布叶。

大戟科:乌桕。

猕猴桃科:软枣猕猴桃。

桃金娘科:柠檬桉、赤桉、窿缘桉。

胡颓子科:翅果油树。

鼠李科:枣、酸枣。

芸香科:代代花、柠檬、柚、宜昌橙、甜橙、温州蜜柑、枳、金橘、黄檗、川黄檗。

无患子科:龙眼、荔枝。

漆树科:南酸枣、盐肤木。

槭树科:元宝槭。

木樨科:暴马丁香。

夹竹桃科:罗布麻、白麻。

马鞭草科:黄荆、荆条。

蓼科:沙拐枣。

唇形科:薄荷、香柠檬薄荷、留兰香、丁香罗勒、薰衣草、鼠尾草、迷迭香、香薷、百里香、碎米桠。

2.经济昆虫寄主利用

经济昆虫寄主植物,是指寄生昆虫(或饲喂昆虫)的分泌物或刺激产物可作为人类开发利用原料的一类经济植物。我国高效水土保持植物资源中,各类经济昆虫寄主植物有22种,除桑养蚕、蒙古栎养柞蚕外,紫胶虫寄主植物有木豆、滇刺枣、酸豆、旋花茄等,五倍子蚜虫寄主植物有黄连木、红麸杨和盐肤木等,白蜡虫寄主植物有白蜡树、女贞等。本类植物按科列名如下:

番荔枝科:番荔枝。

樟科:黄樟。

苏木科:铁刀木、酸豆。

含羞草科:围涎树。

蝶形花科:木豆。

野茉莉科:白花树。

壳斗科:麻栎、蒙古栎、栓皮栎。

桑科:桑。

大风子科:柞木。

柽柳科:红砂。

大戟科:麻风树、蓖麻。

鼠李科:滇刺枣。

漆树科:黄连木、盐肤木、红麸杨、青麸杨。

木樨科:白蜡树、女贞。

茄科:旋花茄。

3.经济植物寄主利用

寄生植物是以活的寄主有机体为食,从绿色植物中取得其所需的全部或大部分养分和水分的一类植物。寄生植物大多寄生在山野植物和树木上,其中有些是药用植物;少数寄生植物寄生于农作物上,给农业生产造成较大危害。

根据对寄主的依赖程度不同,寄生植物可分为两类:一类是半寄生植物,有叶绿素,能进行正常的光合作用,但根多退化,导管直接与寄主植物相连,从寄主植物体内吸收水分和无机盐,例如寄生在林木上的桑寄生、广寄生和槲寄生;另一类是全寄生植物,没有叶片或叶片退化成鳞片状,因而没有足够的叶绿素,不能进行正常的光合作用,导管和筛管与寄主植物相连,从寄主植物体内吸收全部或大部养分和水分,例如锁阳、肉苁蓉等。

根据寄生部位不同,寄生植物还可分为茎寄生和根寄生。寄生在植物地上部分的为茎寄生,如桑寄生等;寄生在植物地下部分的为根寄生,如锁阳等。寄生植物对寄主植物的影响,主要是抑制其生长。草本植物受害后,主要表现为植株矮小、黄化,严重时全株枯死;木本植物受害后,通常出现落叶、落果、顶枝枯死、叶面缩小、开花延迟或不开花,甚至不结实。不过,寄生植物虽然影响了寄主生长,但自身的开发价值却普遍更大。锁阳,多寄生在白刺属和红砂属等植物的根上;肉苁蓉,多寄生于梭梭属植物的根部;列当,也叫草苁蓉,多寄生于蒿、桤木属植物的根部;桑寄生、广寄生、槲寄生等,多寄生于一些树木的树干上,对树体影响大,在此不予推荐。

我国约有16种植物可供经济植物寄生,按科列名如下:

伞形科:新疆阿魏、阜康阿魏。

桦木科:桤木。

柽柳科:多枝柽柳、沙生柽柳、红砂。

蒺藜科:白刺。

藜科:梭梭。

菊科:山蒿、盐蒿、黑沙蒿、白沙蒿、白莲蒿、茵陈蒿、黄花蒿、艾。

4.水土保持植物资源开发的基本思路

1)树立基本理念

植物资源开发的基本理念就是要开发一种植物,修复一片生态,培育一项产业,造福一方百姓("四个一"理念)。适宜开发的植物品种,既要符合"适地适树适草"的要求,同时也要符合产业发展需要;植物资源规模要逐步达到企业加工的要求。

2)创建有益的开发模式

积极培育"政府+公司+农户""公司+基地+农户"等模式,减少中间环节,合理利用当地资源环境,返利于民,造福社会。

3)规划引路

植物产业配置规划一是植物措施迈向产业资源的基础,它解决了种什么、种多少及企业规模大小、上下游产业布局等问题。随着社会经济的快速发展,医药、轻工、纺织、能源等对植物资源的需求越来越高。哪里的水土保持植物资源的规模能够适应产业化发展的需求,哪里的资源利用就能大大提高,农民就会有更高的积极性,植被建设速度就会加快。做好产业化配置规划非常必要,首先应该从在建水土保持重点工程项目着手,这些项目投资有保障,如再有一个产业配置规划,在项目完成后,就可形成一个新的集中连片的产业资源基地;同时,在其他有条件的地区,也要开展区域高效水土保持植物资源产业化配置规划。

4)产业拉动

要想有效实现农民增收,就得有产业拉动。实践证明,依托水土保持重点治理项目,做好植物资源建设产业配置规划,才能集中多方资金打造规模化的植物资源产业基地。大力倡导水土保持植物资源开发利用,延长产业链,提高产品附加值,增加农民收入,改善区域经济,才能更好地推动生态文明工程。

5)宣传推动

要通过大力宣传,向社会介绍优良的高效水土保持植物资源,做好引导与服务工作,通过招商引资,让社会资本参与,解除农民的后顾之忧,促使农民自发扩大种植规模,最终拉动资源建设,真正做到"资源节约"和"环境友好"。

5.以砒砂岩区沙棘种植开发为例

30多年前,沙棘只是一种生态树种,其开发价值只在国外文献上有所记载。在国家发改委、财政部、科技部、水利部等专项资金支持下,国内科研院所、大专院校联合对沙棘进行了系统开发,培育出了适合不同区域栽培和不同经营目标的数十个优良沙棘新品系;在砒砂岩区人工建造沙棘植被500多万亩;开发出饮料食品、药品、保健品、化妆品等几大类上百种沙棘产品,在内蒙古鄂尔多斯建成了世界上最大的现代化沙棘加工基地群,年处理鲜果能力达5万t。沙棘资源建设模式的培育,开发产业的拉动,使这些地区沙棘资源建设发展很快,砒砂岩项目区农户人均年收入增加了500多元,重点户收入达到3万~5万元。企业收购原料拉动了沙棘种植,沙棘种植提供原料给企业,从而有效提高了农民种植和管护沙棘的积极性,确保了中央投资的沙棘生态建设项目的成效,塑造了一个通过种植沙棘、增加植被、治理水土流失、促进开发、盘活经济的生态文明典型。在内蒙古鄂尔多斯沙棘种植开发示范带动下,黑龙江、山西、陕西、甘肃、青海、新疆等地先后兴办了沙棘产业,推动了群众和社会种植沙棘资源的步伐,加快了水土流失治理速度,有效增加了当地群众收入,繁荣了经济社会市场。

3.3.2　植物资源保护

植物资源是人类依赖生存的一类再生资源。不保护的开发,将导致资源枯竭;只保护不开发,经济得不到发展,保护成果难以巩固。开发利用与保护是对立的统一,两者相辅相成。随着人类数量的增加以及对资源需求压力的增加,资源的保护问题已经在更大范围内凸显出来。人类很早以前就已成为引起当地生物灭绝的主要因素,而且人类也因此遭受到了自然资源周期性短缺的惩罚,人类应该为地区环境的退化(如森林大面积消失和水土流失)负责。就目前的情况而言,人类正在全球范围内加速物种的灭绝,他们对自然资源进行掠夺式的开采,并造成严重的环境污染,从而使许多物种的生存受到严重威胁。

植物是地表重要的植被,它是维护生态平衡最重要的物质基础。首先,植物在净化空气、美化环境、减少水土流失、防风固沙等方面起着重要的作用,也只有做好植物保护工作,方可维护好生态平衡;其次,植物可以在城市化建设过程中为人们带来夏季的一丝凉爽,植被是大多数陆生植物的能量来源,是陆地生物系统的重要部分。植物的多样化,可以为人类创造高质量的生存环境。特别是中国人口压力大,自然生态环境受到工业经济的影响而出现明显滑坡。植被可以防尘、净化城市空气,减少城市污染。然而,植物在生长的过程中极易受到病虫害的侵扰,如果不对其进行有效的防护,将会严重影响到植物的存活率,并给生态平衡工作带来困扰。为此,做好植物保护工作且维护生态平衡显得尤为重要。

3.3.2.1 植物资源多样性是保护重点

物种正遭受着灭绝的威胁,是植物资源保护中最让人关心的问题之一,阻止物种的灭绝是植物保护的首要任务,某种植物一旦灭绝,此物种将在地球上永远消失。从目前官方有限的统计数据来看,只有采取系统而协调的方法,并且立刻行动起来,我们才有可能有时间去拯救一些植物物种。我们目前所知道的已经灭绝的高等植物只有380种。现阶段植物的灭绝事件似乎才刚刚开始,而非早已存在的过程,就像那些已经灭绝的大型动物一样。由于目前人类的原因而导致大型哺乳动物的大量灭绝事件进一步表明,如果我们没有认真地为植物的灭绝敲响警钟,将会带来灾难性损失。在大洋洲和北美洲,已经有73%~86%的大型哺乳动物种类灭绝。目前动、植物的灭绝速度(已经灭绝或将要灭绝的)在地质时间尺度上来看也是空前的。现在的灭绝速度是过去570万年间物种平均灭绝速度的100~1 000倍。估测那些将面临灭绝威胁的植物种类数量可以通过对每个物种单独评估来进行。这一方法仅仅适用于那些人们比较了解的植物类群和地区。地球上更多的地方(特别是热带和亚热带地区)如果采用这种方法就不太合适了。然而,其他一些方法以问题的普遍性为前提,如生物地理学理论来计算灭绝速度。

我们之所以关心植物种类的消失,主要原因就是植物物种的消失也将会导致其他物种的消失。这种担心是出于人们一致认为植物在整个生态系统中处于非常关键的地位,即植物是生态系统汇总有机物质的初级生产者和物质环境的塑造者,而且也是因为一些生物对植物具有高度的依赖性(有些生物的生存仅仅依赖于一种或很少的几种植物)。对于真菌来说,许多种类将会伴随着它们所寄生的高等植物一起走向灭绝。真菌的种类是植物种类的5~10倍,其中许多真菌只与某一种植物发生共生关系。说到动物,许多动物是花粉传播者,它们中间有些只为某些特定的植物种类或类群传播花粉,因此如果这些植物种类或类群消失了,它们也将会灭绝或至少濒临灭绝。例如,每一种榕属植物都有它自己特定种类的胡蜂专门负责为它们传播花粉。伴随每一种植物灭绝而灭绝的动物平均数量至今还是个未知数,但这一数据在很大程度上将取决于热带森林中生活有多少种节肢动物,以及它们对特殊种类植物的依赖程度,而我们现在对这些问题还知之甚少。生活在热带森林中的节肢动物构成了地球上数量最多的、单一的、完全可以用肉眼观察到的生物类群。

植物生存离不开一定的环境条件。植物的栖息地根据它所包含的植物数量和植物的独特性而千差万别,而且处在不同程度的压力之下。从保护植物的角度来看,某些植物区系和栖息地需要给予特别的关注。这种生境中植物多样性尤为丰富。热带森林对调节全球和局部气候也有十分重要的价值。我们还需要关注的是海岛上的一些稀有植物和受到高度威胁的植物区系成分,这些植物所面临的各种问题中,最主要的问题是它们经常受到入侵动植物的严重危害。地质条件比较独特的环境也值得我们特别关注,因为在这些环境中,有时会出现独特的植物区系成分。石灰岩和超碱性岩石是所有岩石中分布最广的一类,在这些区域内经常会生长一些独特的植物种类。例如,石灰岩植被或喀斯特植物,植物多样性和独特性相当高。中国的喀斯特地区面积居世界首位,其中又以广西、贵州和云南东南部面积最大且发育最为典型,蕴藏的生物资源丰富而独特,但面临的环境问题也极其严峻。作为中国喀斯特地区之二的云南省东南部地区,由于垂直跨度大,地貌类型多样,保存着较为完整的热带北缘山地系统,是"植物王国"物种最为丰富的地区之一。为了加大保护力度,2008年6月世界遗产委员会已经批准将云南石林、贵州荔波和重庆武胜3处有代表性的喀斯特地区列入世界自然遗产名单,提高保护级别。

3.3.2.2　植物资源病害类型

植物资源的保护途径主要包括就地保护、迁地保护、栽培发展、植物病虫害防治,生产建设项目水土保持及园林植物相关的植物资源保护措施主要体现在植物病虫害的防治上面。

1.植物病害的概念

植物在适于其生活的生态环境下,一般都能正常生长发育和繁衍。但是当植物遇到病原生物侵染或不良环境条件时,其正常的生理机能就会受到影响,从而导致一系列生理、组织和形态病变,引起植株局部或全株生长发育出现异常,甚至死亡的现象,称为植物病害。

植物病害的形成有一系列病理变化过程,因而有别于虫伤、雹伤、风灾、电击以及各种机械损伤等所造成的各种伤害,也不同于植物本身由于遗传原因而出现的病变(如白化苗、先天不孕等)。引起植物病害发生的原因很多,既有不适宜的环境因素,又有生物因素,还有环境与生物相互配合的因素等。引起植物偏离正常生长发育状态而表现病变的因素称为病因。植物病害的形成是寄主植物与病原在外界环境条件影响下相互作用的结果,因而植物、病原物和环境条件三者是构成植物病害及影响其发生发展的基本因素。

从微观方面看,寄主和病原物在外界环境条件影响下的相互作用,似乎仅限于生物学范围内;但从宏观方面分析,寄主和病原物以外的环境因素是多方面的,还包括自然因素和社会因素等。随着社会的发展,人类的生产活动不仅仅局限于农田内,人们在农田以外的各种活动与植物病害的发生和流行也有着密切的关系。人们的生产和商业活动,如培育抗病品种、改革耕作栽培制度、远距离调运带病的种苗等,都会导致或抑制病害的发生发展。因此,植物病害的发生和流行除涉及植物、病原和环境3个因素外,还应加上"人类的干扰"因素。

绝大多数植物病害在多数情况下最终都会导致植物产量的减少和品质的降低,给人类带来一定的经济损失。然而,有些植物病害有时对人类生活也有可利用的方面。如茭草幼茎组织受黑粉病菌侵染后,嫩茎膨大而鲜嫩,称为茭白,可作为蔬菜食用;再如观赏植物郁金香感染病毒后,形成杂色花瓣,花冠色彩斑斓,极具观赏价值等。因此,人们通常将这类"病态"不作为病害来看待。

2.植物病害的症状

植物病害病状有很多种表现,变化很多,常见的有变色、坏死、腐烂、萎蔫和畸形等。

(1)变色:是指植物患病后局部或全株失去正常的绿色或发生颜色变化的现象。变色大多出现在病害症状的初期,通常又有几种表现类型。植物绿色部分均匀变色,即叶绿素的合成受抑制,称为褪绿和黄化。植物叶片发生不均匀褪色,黄绿相间,形成不规则的杂色,称为花叶。叶绿素合成受抑制,花青素生成过盛,叶色变红或紫红,称为红叶。

(2)坏死:植物的细胞和组织受到破坏而死亡,形成各种各样的病斑。病斑可以发生在植物的根、茎、叶、果等各个部位,其形状、大小和颜色不同。根据病斑的颜色可分为褐斑、黑斑、灰斑、白斑等,根据病斑的形状可分为圆形、椭圆形、不规则形等。此外,有的病斑受叶脉限制形成角斑;有的病斑上具有轮纹,称为轮斑或环斑;有的病斑呈长条状坏死,称为条纹或条斑;有的病斑可以脱落,形成穿孔;有的病斑还会不断扩大或多个联合,形成叶枯、枝枯、茎枯、穗枯等,有的病组织木栓化,病部表面隆起、粗糙,形成疮痂;有的茎干皮层坏死,病部开裂凹陷,边缘木栓化,形成溃疡。

(3)腐烂:植物细胞和组织发生较大面积的消解和破坏的现象。腐烂可以分为干腐、湿腐和软腐。若细胞消解较慢,腐烂组织中的水分能及时蒸发而消失,病部表皮干缩或干瘪,就会形成干腐,如马铃薯干腐病;若细胞消解较快,腐烂组织不能及时失水,则形成湿腐,如甘薯软腐病;若先是胞壁中胶层受到破坏,腐烂组织的细胞离析,以后再发生细胞的消解,即形成软腐,如大白菜软腐病。根据腐烂发生的部位,又可分为根腐、基腐、茎腐、花腐和果腐等。其中因幼苗的根腐或茎腐,引起地上部分迅速倒伏或死亡者,又称为立枯或猝倒。

(4)萎蔫:可分为生理性萎蔫和病理性萎蔫两种类型。生理性萎蔫是由于土壤中含水量过少或高温时过强的蒸腾作用而使植物暂时缺水而引起的,此时若及时供水,植物仍可恢复正常;典型的病理性萎蔫是指植物根或茎的维管束组织受到破坏而引起的凋萎现象,如黄萎病、枯萎病、茄科植物青枯病等,这种凋萎大多不能恢复,甚至导致植株死亡。有些根腐、基腐或其他根茎病害所引起的萎蔫均属于病理性萎蔫。

(5)畸形:由于病组织或细胞生长受阻或过度增生而造成的形态异常的现象,如植物发生抑制性病变,生长发育不良而出现植株矮缩、片叶皱缩、卷叶或蕨叶等;有的病组织或细胞发生增生性病变,生长发育过度,造成病部膨大,形成瘤肿等;有的植株枝或根过度分枝,产生丛枝或发根等;有的病株比健株明显高而细弱,形成徒长;有的花器变成叶片状结构,不能正常开放和结实等。

3.3.2.3　水土保持及园林植物的主要病害

园林植物病虫害常导致花、草、树木生长发育不良,叶、花、果、茎、根出现坏死斑,或发生畸形、凋萎、腐烂以及形态残缺不全、落叶和根腐等现象,甚至引起整株死亡,降低了花木的质量,使其失去观赏价值和绿化效果。有些病虫害能使某些花卉品种逐年退化,终至全部毁种,或使城市绿化树种、风景林大片衰败或死亡,从而造成重大经济损失。例如月季黑斑病、菊花褐斑病、芍药和牡丹红斑病、香石竹叶斑病等发生普遍而严重;病毒病在花卉上发生也极普遍,有些已影响花卉生产和出口;线虫病现在也已成为花卉生产中的潜在危险。在花卉害虫中被称为"五小"的阶虫、螨虫、蓟马、粉虱和叶蜗等害虫,由于虫体微小、繁殖力强、扩散蔓延快，初期被害状往往又不明显，因而不易被人们及时发现，常常引起花、草、树木的枝、叶、花枯萎，甚至整株死亡。菊天牛、中华锯天牛可分别引起菊花和牡丹的茎梢枯萎，或蛀食根部而导致整株死亡，严重影响了切花和药材的产量与质量。因此，加强园林植物病虫害防治，是提高园林植物观赏价值和经济价值的重要保证。

1.园林植物的主要病害

1）叶、花、果病害

园林植物的叶、花、果病害主要有白粉病类、锈病类、炭疽病类、灰霉病类、叶斑病类和病毒病类等。

（1）月季白粉病。由蔷薇单囊壳菌侵染引起，我国各地均有发生。病菌主要侵染月季的叶片、叶柄、花蕾及嫩梢。早春，病芽展开的叶片上布满白粉层，叶片皱缩反卷、变厚，呈紫绿色，后逐渐干枯死亡，早脱落。生长季节叶片受害，先出现白色小粉斑，后逐渐扩大为圆形或不规则形白粉斑，严重时白粉斑相互连接成片。嫩梢和叶柄发病时病斑略肿大，节间缩短，病梢有回枯现象。花蕾受害，萎缩干枯，轻者开出畸形花朵。

病菌主要以菌丝体在芽、叶或枝上越冬，翌年以子囊孢子侵染寄主。粉孢子主要由风传播，并能直接侵入。温室栽种及广东等地可终年发病，北方地区5—6月和9—10月为发病盛期。土壤中氮肥过多、钾肥不足时易发病；夜间温度较低（15～16 ℃）、湿度较高（90%～99%）有利于孢子萌发及侵入；白天气温高（23～27 ℃）、湿度较低（40%～70%）有利于孢子的形成与释放。

（2）草坪草锈病（结缕草锈病）。由结缕草柄锈菌引起，是草坪草上的常见病害。主要发生在结缕草的叶片上，严重时也侵染草茎。早春叶片一展开即可受侵染。发病初期叶片上下表皮均可出现斑状小点，逐渐扩展形成圆形或长条状的黄褐色病斑，病斑周围叶肉组织失绿变为浅黄色，严重时整个叶片枯黄、卷曲干枯，降低使用价值和观赏性。

病菌以菌丝体和冬孢子堆在病株或病残体上越冬。在细叶结缕草上一般5—6月叶片上出现褪绿色病斑，发病缓慢，9—10月发病严重，草叶枯黄。9月底、10月初产生冬孢子堆。光照不足、土壤板结、土质贫瘠、偏施氮肥的草坪发病重。

（3）兰花炭疽病。由炭疽菌属的两种真菌引起，分布广泛。在各种兰花上有不同表现症状，发生于叶缘时为平圆形斑，发生于叶中部时为圆形斑，发生于叶尖部时部分叶段枯死，发生于叶基部时多个病斑连成一片，也会造成整叶枯死。病斑初为红褐色，后变为黑褐色，病斑上可见轮生小黑点。上半年一般为老叶发病时间，下半年为新叶发病时间。

病原菌主要以菌丝体及分生孢子盘在病叶、病残体、假鳞茎上越冬，借风雨和昆虫传播，一般自伤口侵入，在幼嫩叶片上也可直接侵入。高湿闷热、天气忽晴忽雨、通风不良、花盆内积水均可加重病害的发生；株丛过密，叶片相互摩擦易造成伤口，蛤虫危害严重时也有利于病害的发生。不同品种抗病性差异明显，春兰、寒兰、风寒兰、报春兰和大富贵等品种感病，惹兰、十元抗性中等，台兰、秋兰、墨兰和建兰等较为抗病。

（4）月季黑斑病。由蔷薇放线孢菌引起，主要侵害月季的叶片，也侵害叶柄、叶脉、嫩梢等部位。发病初期，叶片正面出现褐色小斑点，后逐渐扩展成近圆或不规则形黑紫色病斑，病斑边缘呈放射状，后期病斑中央组织变为灰白色，上生许多黑色小点粒（分生孢子盘)。有的月季品种病斑周围组织变黄,有的则在黄色组织与病斑之间有绿色组织,称为"绿岛"。病斑之间相互连接使叶片变黄、脱落。嫩梢上的病斑紫褐色,长椭圆形,后变黑色,病斑稍隆起。花蕾上的病斑多为紫褐色的椭圆形斑。发病严重时,引起叶片提早脱落,削弱植株长势,扦插成苗率低。病原菌的越冬方式因栽植方式而异,露地栽培的以菌丝体在芽鳞、叶痕及枯枝落叶上越冬,翌春产生分生孢子进行初侵染;温室栽培的以孢子和菌丝体在病部越冬。分生孢子借雨水、灌溉水传播,由表皮直接侵入,生长季节有多次再侵染。

2) 枝干(茎)病害

枝干(茎)病害种类虽不及叶部病害多,但对园林植物的危害极大,受害植株往往会引起枝枯或全株枯死。常见的枝干病害主要有干锈病、溃疡病(包括腐烂病)、丛枝病、萎蔫病、立木腐朽和流脂流胶等。

(1)杨树溃疡病。由茶藨子葡萄座腔菌引起,是我国杨树上的重要枝干病害,分布普遍,严重影响造林后的成活及生长。

幼树时溃疡病斑主要发生于树干的中、下部,大树受害时枝条上也出现病斑。3月底4月初,在树干上出现褐色、水渍状圆形或椭圆形病斑,质地松软,后有紫红色液体流出。有时病斑呈水泡型,树皮凹陷,用力压之有褐色黏液溢出。水泡型病斑多出现于秋季,仅见于光皮杨树上。后期病斑下陷,呈灰褐色,病斑不明显。皮层溃疡病斑除常见的水渍状型及水泡型外,尚有小斑型和大斑型等。多数溃疡斑发生于皮层内,但大斑型溃疡斑可深至木质部,引起病部树皮纵裂。当病斑环绕树干1周时,上部枝干死亡。

病菌主要以菌丝体或未成熟的子实体在病组织内越冬,各地的发生时间不尽相同。北京地区3月底至4月初开始发病,5月下旬为发病高峰期,此后病势减弱,8月下旬后又出现病斑,10月以后停止发展。山东4月开始发病,5月下旬至6月和9月出现2个发病高峰,10月以后停止发展。病菌主要借风雨传播,带病菌木和接穗等繁殖材料的调运可进行远距离传播。

(2)国槐腐烂病。又称国槐溃疡病或烂皮病,由聚生小穴壳菌和三隔镰孢菌两种病原菌引起,轻者引起苗木、幼树和大树枝枯,重者苗木整株死亡。

由小穴壳菌属真菌引起的腐烂病,病斑初呈黄褐色,近圆形,后渐扩大为椭圆形,病斑边缘紫红色或紫黑色,并可环割树干。病部后期逐渐干枯下陷或开裂,成溃疡状。由镰刀菌属真菌引起的病斑初期呈浅黄色,近圆形,后渐发展为梭形,较大的病斑中央稍凹陷,软腐,有酒糟味,呈典型的湿腐状。病斑可环割主干而使上部枝枯死。镰刀菌型腐烂病约在3月初开始发生,3月中旬至4月末为发病盛期,6—7月病斑停止发展,并形成愈伤组织;小穴壳菌型腐烂病发病稍晚,病菌具潜伏侵染现象。病菌可从断枝、残桩、修剪伤口、虫伤、皮孔、叶痕等处侵入。

3) 根部病害

园林植物根部病害的种类虽不及叶部、枝干(茎)病害种类多,但所造成的危害常是毁灭性的,常见的根部病害主要有白绢病类、茎腐病类、线虫病类、根癌病类、紫纹羽病类、白纹羽病类和苗木猝倒病(立枯病)类等。

(1)幼苗猝倒病和立枯病。幼苗猝倒病和立枯病是由非侵染性和侵染性两类病原引起的园林植物的常见病害,分布范围广,危害重。非侵染性病原主要包括圃地积水、土壤干旱、地表温度过高、根颈灼伤和农药污染等;侵染性病原主要是真菌中的腐霉菌、丝核菌和镰刀菌。

常见的症状主要有种芽腐烂型、茎叶腐烂型、幼苗猝倒型和苗木立枯型等。种子或尚未出土的幼芽被病菌侵染后,造成土中种芽腐烂;幼苗出土期若湿度过大、苗木过密,或撤除覆盖物过迟,易引起病菌侵染幼苗,而造成茎叶腐烂;出土幼苗木质化之前,在幼茎基部出现水渍状病斑,病部缢缩变褐腐烂,造成幼苗猝倒;幼茎木质化后,根部或根颈部皮层腐烂,幼苗逐渐枯死,而不倒伏,则引起苗木立枯。

引起幼苗猝倒和立枯病的病原菌腐生性很强,可在土壤中长期存活,所以土壤带菌是最重要的侵染来源。病原菌可借雨水、灌溉水传播,在适宜条件下进行再侵染。

(2)樱花根癌病。由根癌土壤杆菌引起,是樱花上的重要病害和国内检疫对象。病害主要发生在根颈处,也可发生在主根、侧根以及地上部的主干和侧枝上。

发病初期病部膨大呈球形瘤状,幼瘤初为白色,质地柔软,表面光滑,以后随瘤增大,质地变硬,变褐色或黑褐色,表面粗糙、龟裂。发病轻的造成植株生长缓慢、叶色不正,重则引起全株死亡。

病原细菌可在病瘤内或土壤病株残体上生活1年以上,通过灌溉水、雨水、采条、嫁接、耕作、地下害虫等田间传播。远距离传播靠病苗和种条。病原细菌从伤口侵入。偏碱性、湿度大的沙壤土发病率高,连作有利于病害的发生。

3.3.2.4　水土保持及园林植物的病害防治措施

园林植物是被用来绿化、美化人类生存环境的特种栽培植物,在丰富人们的精神文化生活方面发挥着重要作用,所产生的生态效益也远远大于其产生的直接经济效益。园林植物病虫害的发生,具有区别于各种大田作物的显著特点。首先,风景园林植物种类和配植的多样性,以及栽培方式的多样化,使园林区域环境比其他栽培植物复杂得多;其次,城市建设和旅游业的迅速发展,也使城市人流、物流更加频繁,为园林病虫害的传播蔓延创造了有利条件;另外,很多园林植物上的害虫和病原不易被察觉,极易随苗木、接穗等传播,特别是随着从国外引进花卉、苗木及种子逐年增多,也会随之带进一些新的病虫害。因此,在园林病虫害的防治中,除应加强检疫,防止危险性病虫的传入或传出外,还必须坚持因不同环境、不同植物和病虫种类制宜,综合运用多种技术措施,保证园林植物的可观赏性。

园林病害防治方法如下。

1.叶花果病害的防治

(1)减少侵染来源。场圃卫生在减少侵染源中起重要作用,如收集病落叶并及时处理,剪除有病枝叶等;在园林种植规划设计中,避免多种寄主植物混植;严禁使用带病种苗和接穗;于生长季节及时摘除病叶或在休眠期喷洒五氯酚钠、硫酸铜或石硫合剂,杀死病株残体上的越冬菌源。

(2)化学防治。生长季节发病严重时,可选用下列杀菌剂叶面喷雾处理:防治白粉病类和锈病类时,于发病初期喷洒粉锈宁或苯来特、敌力脱、特富灵等;防治炭疽病类时,可选用炭特灵或苯菌灵·环己锌、施保功、甲基托布津、等量式波尔多液等;防治各种叶斑病时,可于发病初期喷洒代森锰锌或百菌清、苯菌灵、等量式波尔多液、多菌铜等,并注意药剂的交替使用。

(3)改善环境条件,控制病害发生。注意水肥的科学管理,通风透光,如灌水最好采用滴灌、沟灌或沿盆边浇水,灌水时间最好是晴天的上午,以便使叶片保持干燥。栽植密度、花盆摆放密度要适宜,以利通风透气。增施有机肥,磷、钾肥,氮肥要适量,使植株生长健壮,提高抗病性。

2.茎干病害的防治

(1)清除侵染来源。剪除病枝,拔除病株,铲除枝干锈病的转主寄主。

(2)改善养护管理措施,增强花木生长势,提高抗病力。

(3)药物防治。先刮除病部组织,再用化学药剂和生物制剂涂刷病斑,通常选用的涂刷剂有石硫合剂等。少数珍贵的木本花卉和树种也可采用注射法施药液。生长期内可选用多菌灵或甲基托布津、甲基硫菌灵、代森锌等病部喷雾。

(4)选育抗病品种。

3.根部病害防治

根部非侵染性病害的发生与土壤的理化性质密切相关,因此对这类病害的防治,应把改良土壤的理化性状作为根本性预防措施。

对根部侵染性病害的防治,主要是进行栽植前处理,以减少初侵染来源。如防治根癌病,可选用链霉素或硫酸铜溶液浸泡根部消毒,对病株可用"402"浇灌或切除肿瘤后用链霉素或土霉素涂抹伤口;防治苗木猝倒病,可选用多菌灵配成药土垫床和覆种;防治线虫病,可选用二氯丙烯或克线磷;防治白绢病,可于发病初期在土表喷洒甲基托布津、扑海因、三唑酮甲基立枯磷等药剂。

4　植物资源调查

植物资源调查是以植物科学理论为基础,通过系统全面的调查研究,了解某一地区植物资源的种类、用途、分布规律、开发利用现状以及发展趋势,并在此基础上,制订植物资源持续开发利用和保护管理的总体计划,对提高国民收入和促进地方经济发展具有重要的现实意义。

4.1　调查内容

植物资源调查内容,主要根据调查目的和可投入的人力、物力、财力等资源综合确定。调查范围一般包括一个地区的全部植物资源、一类或几类植物资源、一种或几种植物资源3种。

(1)调查本地区的全部植物资源。该种调查主要用于某一地区从未开展过植物资源调查,而需要进行全面调查的情况,目的是编制一份本地区的全部植物资源名单。

(2)调查本地区某一类或几类植物资源。该种调查通常是根据本地区的经济社会发展要求,或科学研究以及调查者本人的需要而确定。

(3)调查本地区一种或几种植物资源。该种调查一般是对本地区的植物资源有了初步了解,并且要对其中利用价值大、有开发利用前途的植物种类进行重点调查时采用的方法。

调查内容主要包括植物资源种类及分布调查、植物资源储量调查、植物资源更新能力调查和植物资源利用现状调查等。

4.2　调查准备

植物资源调查是一项既广泛又具体的工作。因此,为了这项工作顺利进行,必须在调查开始之前,做好详细而周密的准备工作。主要工作如下。

4.2.1　明确工作任务

工作任务的明确是包括植物资源调查工作在内的任务。一项工作顺利开展的首要问题是:参与调查工作的每一个人,从领导到成员都应该十分清楚调查工作的目的、要求,知道要做什么工作,为什么要做这些工作,认识到调查工作的意义。只有如此,才能使团队成员在调查过程中的所有工作都能为该任务而服务,才能有充分的思想准备,克服工作过程中的种种困难。

4.2.2　了解调查区域

调查工作开始之前,还应对调查地区有详细、全面的了解,一般包括以下两个方面。

4.2.2.1　收集资料

(1)调查地区自然条件:包括地形地貌、气象(降水、日照、温度、蒸发、相对湿度、风、无霜期、雪等)、水文、土壤、植被、地质。

(2)调查地区植物调查统计方面的资料:包括文献资料、相关地区的植物志、当地植物名录、植物资源调查报告和名录、森林资源调查报告等。

(3)调查地区工业、农业方面的资料:主要收集调查地区和植物资源利用相关的工、农业发展史及未来一个时期相关的发展规划,特别是纺织业、饮品制造加工业以及中医药和其他化工行业等在生产加工过程中对资源植物的利用情况等。

(4)相关调查资料:有关植物资源调查和利用的各种相关资料和文献,包括收集国内外相关科研资料,均应尽量收集。

对上述资料的全面掌握和充分利用,既可以加快植物资源调查工作的进度、提高工作质量,又对植物资源的综合利用和今后的科研开发起到事半功倍的作用。

4.2.2.2　调查地区初查

在正式调查开始之前,调查组应该至少组织一次对调查地区的初查,预先对调查区的概况有一个全面的了解,以便后期调查工作的组织和调查计划的拟订。参与调查的项目组成员应该具有不同的专业背景,包括植物群落学、土壤学、生态学等各方面的人员,也包括负责组织工作的专门人员。事实证明,预先对调查地区进行全面的了解,做好详细的预案和工作计划,会节省大量的人力、财力、物力和调查时间,对调查工作可以起到事半功倍的效果。

4.2.3　调查地点的选择

应选择调查地区有代表性的地方作为调查地点。某个地点是否具有代表性,是指该地点在植被群落和其生境方面,是否代表本地区的植被类型和生境特点。一般在山区,可选择 1~2 个山头;在平原区,则可选择 1~2 块自然地段作为调查点。

4.2.4　调查时间的安排

在调查时间安排上,最好选择周年定期的方式,即在每年的 4—10 月植物生活期间,每隔 15 d 或 30 d 左右,安排 1 次调查。这样安排,对全面了解一个地点的植物资源是十分必要的。在人力不足时,也可选择在每年的 7—9 月集中几次调查的方式。

4.2.5　调查组的建立

调查组的规模和形式,根据调查范围和内容可以有多种样式,应做到分工明确,工作要落实到个人。一般可分为调查组—调查队—调查小组三级,但可根据实际情况加以伸缩。各级组织都应建立组长、队长和小组长,统筹协调内部事务。各级组织必须做好三方面工作:一是思想、宣传工作,二是业务工作,三是后勤保障工作。

4.2.6　设备和用具的准备

工欲善其事,必先利其器。准备好调查工作所需的各种设备,对调查工作的成效至关重要。因此,在调查工作开始之前,应根据调查地区的不同、调查工作的不同、调查时间的长短以及人员数量的多少,来决定设备准备的种类和数量。另外,在调查过程中,很可能造成设备的损坏,因此还应了解调查地区附近的设备供应和销售情况,以保证设备的及时补充和供给。调查设备通常分为一般仪器、环境条件测定仪器和植物原料分析仪器等。每一个队员对所有仪器和工具,都应当了解其构造和性能,以便善于应用和保管,这样才能提高调查工作效率。必要时,应该在调查工作开始前组织一次关于这方面的讲解和学习,见表 4-1。

表 4-1　植物资源调查所需仪器设备表

（一）一般仪器

仪器名称	仪器用途
地质罗盘	测定坡度、方位、地形、坡向、地层走向或倾斜度等
放大镜	观察植物各部及岩石构造
望远镜	观察远处或树冠
照相机	拍摄植物群落和生态特征
测高表	测量海拔

（二）标本采集制作及样方调查所需工具

仪器名称	仪器用途
采集箱	用于装标本
标本夹	用于就地装压标本和室内更换标本
吸水纸	压制植物标本
枝剪	剪取木本植物或有刺植物时使用
高枝剪	剪取高处或远处的标本时使用
铁铲	挖掘植物和土壤剖面时使用
柴刀或小斧头	在森林工作及在有刺的密丛中用
卷尺	用于测量土壤剖面及植物高度和胸径等
魏氏测树高器	用于测量乔木高度
测绳	样方设定时用
标杆	用于固定测绳样方的四角
折叠样方框、方格网	用以做草本植物样方及测定种的频度

续 4-1

(三)测定环境条件所需仪器	
仪器名称	仪器用途
土壤速测箱	配有指示剂、稀盐酸,用于土壤速效性氮、磷、钾及其他化学成分分析
纸盒(18 cm×5 cm×2 cm)	装土壤鉴比的标本
布袋	装分析研究用的土壤标本及植物原料的分析标本
温度计	用于测量调查点温度
湿度计	用于测量调查点湿度
光度计	用于测量植物中蛋白质等含量

(四)植物原料分析所需设备	
仪器名称	仪器用途
台天平	用于测量植物原料质量
弹簧秤	用于测量植物原料重量
水浴锅	用于干燥、浓缩、蒸馏植物原料时使用
小型烘箱	用于植物原料烘干时使用
分析天平	进行准确称量时使用,可精确称量至0.1 mg,最大称量:200 g
研钵	用于研磨植物原料或进行粉末状固体的混合
酒精灯	进行低温加热
干燥器	实现物料干燥的设备

(五)其他用品
包括植物采集记录表、植物群落调查全套表格、资源植物调查及分析表格;工作日记簿、方格纸、号牌、笔(铅笔、颜色铅笔、粉笔)、油笔、油布、粗绳(细绳)、药箱

4.3 调查注意问题

植物资源调查工作是一项既宏观又具体的工作,为使调查工作高效、全面,调查的植物资源准确、完整,必须注意以下问题:

(1)充分发挥集体的领导力量和群众的智慧,一切工作计划均应交给集体和群众讨论,提出工作目标、明确工作方法,做到既民主又集中。

(2)充分发挥调查小组的积极性和创造性,争取每个调查小组都能够独立活动,这样既可以扩大调查的范围,又可以减少调查队伍的不必要转移。

(3)必须执行定期汇报和定期检查的制度,及时纠正工作中的缺点和不足、改善工作方法。

（4）对于共同存在的问题，可以采用现场会议的形式解决，同时开展评比活动，交流和推广工作经验。

（5）一切仪器、设备、工具、标本、试剂、表格等自调查队到小组，从调查开始到调查结束都必须由专人负责保管。

（6）某种植物资源通常存在于某一科属中，所以在野外调查中要根据前期收集到的资料和分类学知识，有目的地进行调查。例如，唇形科植物一般是富含芳香油或具有药用价值的一个科，那么当遇到唇形科植物时，就应该主要从芳香油和药用这两个方面进行鉴别；或者当要寻找芳香植物和药用植物时，就应该更多地寻找唇形科植物，这样就会为调查节省很多时间。

（7）调查过程中，还要注意平常少见或根本没有见过的植物，这类植物很少或根本没有被研究和利用过，随着科技的进步，它们的某些部分很可能被发现或重新认知，具有重要价值。另外，对于人类已经了解和利用过的资源植物，在条件允许的情况下，还可以分析和调查一下它的其他用途。

（8）当天的工作应该做到当天完成，不拖延、不积压。每一阶段均应做出工作小结，肯定成绩、指出问题、总结经验，明确下一阶段的工作任务。

（9）全部调查工作结束时，应该完成初步的总结，这个总结应当在调查地区进行，以免有些遗漏和疑问的地方，还可以及时就地进行复查和补充。

（10）需要强调指出的是，在野外调查工作中，要充分利用并创造条件，进行政治学习和文体活动，这是做好工作的根本保证。

4.4 调查方法和过程

4.4.1 调查的一般方法和技术

植物资源调查的基本方法包括现场调查、线路调查、访问调查和野外取样技术。

4.4.1.1 现场调查

现场调查是植物资源调查工作的主要内容，分为踏查和详查两种方式。

1.踏查

踏查也称概查或初查，是对调查地区进行全面概括了解的过程。从全局来讲，是认识整个调查地区，选择重点取样区域的过程；从局部来讲，是认识取样区域，选择具体调查样地的过程。

2.详查

详查是在踏查的基础上，在具体调查区域和样地上完成野生植物资源种类和储量调查的最终步骤，是植物资源调查的主要工作内容。

4.4.1.2 线路调查

线路调查即在调查范围内按不同方向选择几条具有代表性的线路，沿着线路调查，记载资源植物种类、采集标本、观察生境、目测多度等。这种方法虽然比较粗糙，但可以窥其全貌,适宜于大面积的,特别是药用植物产量较少,分布又不均匀的地区。线路调查要注重线路选择和布局,线路要能够垂直穿插所有的地形和植被类型,不能穿插的特殊地区应给予补查。一般分为线路间隔法和区域控制法两种。

1.路线间隔法

路线间隔法是植物资源线路调查的基本方法,是在调查区域内按路线选择的原则,布置若干条基本平行的调查路线。调查路线间的距离,因调查地形和植被的复杂程度、植物资源分布的均匀程度,以及调查精度要求而决定。

主要工作包括:选择标准样地、布设样方、记录植物资源种类及各种要素(包括密度、盖度、高度、生物量、利用部位生物量、植被类型、地形条件和土壤条件等)。应按照一定的距离,随时记录植物资源种类的分布情况和多度情况,并采集植物标本和需要做实验分析的样品。

2.区域控制法

当调查区域地形复杂,植被类型多样,植物资源分布不均时,可按照地形划分区域,分别按选择调查路线的原则,采用路线间隔法进行调查。

4.4.1.3 访问调查

访问调查是向调查地区有经验的干部、生产技术人员、采集者和集贸市场及收购部门等,进行口头或者书面的调查。调查记录表见表4-2。

表4-2 植物资源访问调查记录表

访问日期:	被访问者姓名:		年龄:		职业:	
植物学名:		俗名:			科名:	
证据标本号:	采集人:		采集日期:		采集地点:	
生境条件:			海拔高度:			
习性:	体高:	胸径:	发育阶段:		多度:	
根:		茎:		叶:		
花:		果实:		种子:		
用途:		利用部位:		利用方法:		
市场销售情况:						
加工处理方法:						
备注:						

4.4.1.4 野外取样技术

1.取样原则

(1)二个步骤:先踏查后详查,即一般了解,重点深入。大处着眼,小处着手;动态着眼,静态着手;全面着眼,典型着手。

(2)三个一致:外貌一致、种类成分一致、生境特点一致。

(3)五个接近:种类成分接近、结构形态接近、外貌季相接近、生态特征接近、群落环境接近。

2.取样技术

(1)主观取样:主观判断选取"典型"样地。迅速快捷,但是无法对其估量进行显著性检验,因而无法确定其置信区间,应用的可靠性无法事先预测。

(2)客观取样:概率取样,可计算估量的置信区间和进行样本间的显著性检验,可明确知道样本代表性的可靠程度。尽可能采用客观取样。

3.取样方法

(1)无样地取样,是指没有规定面积的取样,如点四分法。

首先在抽样地段内设置一系列随机点。大多数情况下,沿通过整个群落的基线确定随机样点即可。一般样点数为 20 个。用罗盘仪沿基线及其垂线的方向把围绕各点的面积划分为四等份即 4 个象限,于每个象限中找到离中心随机点(原点)最近的个体,记载其植物名称、点—树间距离、树冠面积、胸径,每个象限内只测 1 株,每个样点共测 4 株。

(2)有样地取样,是指有规定面积的取样,指在调查范围内选择不同地段,按不同的植物群落设置样地,在样地内做细致的调查研究。样地的设置根据不同的环境(包括各种地形、海拔、坡度、坡向等)而定,方法如样方法、样线法。

样方法:在一块样地上选定样点,将仪器放在样点的中心,水平向正北 0°、东北 45°、正东 90°引方向线,量取相应的长度,则四点可构成所需大小的样方。该方法是最常用、最基本的取样方法,适用于乔木、灌木、草本植物。

样方大小主要采用面积扩大法确定,从有代表性的小样方开始,逐步向外扩大,同时登记新发现的植物种类,直到基本不再发现新种类。包括中心点逐步扩大法(见图 4-1)、从原点向一侧逐步扩大法(见图 4-2)、成倍扩大样地面积法(见图 4-3)。

一般采用正方形样方。样方大小为:草本 $1 \sim 4 \ m^2$($1 \ m \times 1 \ m \sim 2 \ m \times 2 \ m$),灌木 $16 \sim 100 \ m^2$($4 \ m \times 4 \ m \sim 10 \ m \times 10 \ m$),乔木和大型灌木 $100 \sim 200 \ m^2$($10 \ m \times 10 \ m \sim 40 \ m \times 50 \ m$)。取样数目一般不能少于 $20 \sim 30$ 个。

样线法:在植物群落中设想一条直线,沿直线一侧的 1 m 范围内进行调查,这种方法叫样线法。样线长度一般不短于 50 m,样线数目不少于 $5 \sim 10$ 条(要在不同高度、不同坡向设立样线)。样线法一般适用于乔木、灌木、大型草本和稀疏分散的种类。

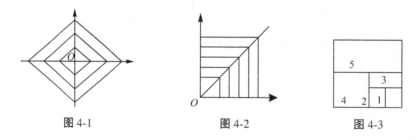

图 4-1　　　　　　　　　　图 4-2　　　　　　　　　　图 4-3

4.4.2　各类植物资源调查的方法和过程

植物资源的调查是一项十分复杂的综合性工作,需要较多的相关学科合作完成,如植物学、土壤学、生物化学和生态学等。对植物资源的调查,不但要进行标本的采集,更重要的是要对该植物本身及其生境进行详细的观察。另外,还要了解植物所在的群落和周边生境,对植物资源做进一步全面深入的研究,进而达到充分利用和大量发展的目的。因此,在调查时,除按一定的规格进行采集外,还必须在相应的表格上做详细的记录。调查过程主要包括以下4个方面。

4.4.2.1　植物标本的采集和处理

很多植物的学名,在野外很难马上鉴定,必须带回或送给专家研究后,才能判定其归属种类,因此腊叶标本(整株植物或植物的一部分经压制干燥后称为腊叶标本)是鉴定植物的重要依据。由于标本的采集方法在植物学、地方植物志以及专门的植物调查手册中都可找到,这里不做具体的说明。以下仅就应注意的事项做简要的说明,供调查工作参考。

1.标本的规格

完整的腊叶标本,应该具有花或果、枝、叶、根等的器官。只有花果而没有营养器官,或只有营养器官而没有花果的标本,都会减低其价值而影响鉴定上的准确性。草本植物除花果外,其地下部分如根茎、茎块或根系等,必须尽量掘取,才能确定其为多年生或一年生。木本植物如乔木、灌木、藤本等或高大的草本,则选择具有花果的部分加以采集;其他特性,则在记录表上详细记录。标本不宜过小,也不要过大,以适合标准的台纸尺度为合格。采集时先要注意基生叶和茎生叶的不同(如草本植物)、老枝生叶和幼枝生叶的不同、雌雄异株花的不同等,然后分别加以采集。

2.标本的编号

每个号码标本的份数要提前定好,各调查组都要尽量采足规定份数,但必须注意在同时同地所采集的同种标本,才能编为同一编号。在不同地区采集时,各组所用的编号应注意不要重复,否则在后期处理时会造成不必要的麻烦。

如采集时间允许,应在调查现场将同一编号的各个标本挂上相同号数的号牌;如时间紧张,应至少挂上一份标本,并记录在记录表上,注意标本上的号数与记录表一致。

调查组每到达一个新地区时,应在开始时就集中人力,在工作基地四周进行重点调查,就地做广泛的采集,而不是马上就深入调查区腹地,空耗时间和精力。然后在此基础上,再分散到各个副点,进行适当的补充,作为分布形式的参考,既有利于发现更多的植物,也可以避免标本过多重复而增加标本压制和运输的负担。

3.标本的记载

腊叶标本不易保存或无法看出来的性状,以及植物产地、生境等,对植物的鉴定和研究都有很大的帮助。所以,在野外采集时都应详细观察,记载在记录本上。对于制成标本后的植物,如特征不发生变化,如叶形、大小等,可不需要全部记录。

4.标本的压制

草本植物,特别是小型的植株采集后,容易丢失或发生萎缩,应立刻放入标本夹中制成标本。其他的标本可放在采集箱内,带回基地后,宜当天压完。如因时间过于迫切,也可第二天压制。当天应将标本平铺于通风阴凉处,以免堆置发热,切记不要洒水,以免影响腊叶标本的颜色。

新做好的标本每日最少需换干纸1次,换纸时要将复压的枝条、折叠的叶和花果等小心张开,每一个标本上的叶子,必须有正反两面的。经过约7d左右时间,视标本变干的程度,可隔天换 1 次,直至全干。为了使标本迅速干燥和保存原色,一般于压制后的第二天或第三天,每日换上烘热的草纸 1~2 次,普通的标本 7 d 便可完全干燥。

含水较多的果实、鳞茎、块茎等膨大的部分,相比其他标本干得较慢,需另压在一个标本夹中,以免影响其他植被标本的变干速度。必要时,可以将它们切开压制,但要注意不要破坏原来的形状,并在切开之前拍摄照片。一般肉质植物和压制容易脱叶的植物,可在压制前放在沸水中 1~2 min,以杀死细胞,使水分容易消失而促进干燥。换纸时,从标本上落下的花、果、叶等,需收起来与标本压在一起,干后装在小纸袋中,写上该标本的号数,以免散失后无法查考。植物资源野外调查记录表样式见表 4-3。

表 4-3　植物资源野外调查记录表

调查组:_____　　　　　　　　　　　　　调查地区:_____

一般信息	
采集人:	采集时间:　年　月　日
采集编号:	标本份数:
植被类型:	生活习性:
植被高度:	胸径:
果实:	花:
叶:	学名:
土名:	生境:
其他信息	
产量:	加工利用:
其他:	
注:1.植被类型填乔木、灌木、藤本、草本; 2.生活习性填阳生、阴生、中生、湿生、水生、寄生、腐生等; 3.果实填颜色、形状、气味; 4.花填颜色、形状、气味,花序下垂或直立; 5.叶填制成标本后看不到的性状,如气味、多汁等; 6.生境填土壤类型、群落类型、调查区地形地貌和生长位置等。	

4.4.2.2　植物资源的测定

在调查区,受条件限制,对植物资源的鉴定主要依靠视觉、嗅觉和简单的化学方法进行。这些资源主要包括纤维、糖和淀粉、油脂、芳香油橡胶及树脂、丹宁等几类。下面简单介绍一下这些资源的性质、简易鉴定方法,以及它们在各领域中的应用和价值。

1.纤维类

纤维一般分为天然和人工合成两种,这里介绍的是天然纤维中的植物纤维。

植物纤维是由植物的种子、果实、茎、叶等处得到的纤维,是一种厚壁细胞,它的细胞壁主要是由纤维素构成的,还包括半纤维素、木素、果胶以及其他一些物质。其中表皮纤维(种子纤维)纤维素含量最多,如棉花纤维素含量在90%以上;韧皮部纤维素含量次之,可以达到80%以上;木质部最少,一般纤维素含量在50%左右。

根据纤维的来源,植物纤维分为韧皮纤维、种子纤维、果实纤维、叶纤维。

韧皮纤维:是从一些植物韧皮部取得的单纤维或工艺纤维,纤维素含量高,纤维较柔软,如亚麻、苎麻、黄麻、竹纤维。

种子纤维:是指一些植物种子表皮细胞生长成的单细胞纤维,纤维素含量高,拉力、扭力均很强,是纺织工业的重要原料,如棉、木棉。

叶纤维:是从一些植物的叶子或叶鞘中取得的工艺纤维,如剑麻、蕉麻。

果实纤维:是从一些植物的果实中取得的纤维,如椰子纤维。

2.糖和淀粉类

糖包括蔗糖(红糖、白糖、砂糖、黄糖)、葡萄糖、果糖等。在这些糖中,除了葡萄糖、果糖等能被人体直接吸收,其余的糖都要在体内转化为基本的单糖后,才能被吸收利用。在植物体中,它们大量储存于根、茎和果实中。

淀粉是一种高分子碳水化合物,是由葡萄糖分子聚合而成的多糖,不溶于水。多呈粒状储存于块根、块茎和种子等薄壁细胞中。

野外调查中,调查人员可以利用碘、碘化钾溶液来鉴定植物体中的淀粉。方法很简单,利用淀粉遇到碘液变成蓝色或蓝紫色的特性,将采集到的植物切成薄片,然后滴上少许碘液,观察颜色有无变化即可。在碘液用完,调查区无法获得碘液时,也可以用碘酒替代。

3.油脂类

油脂也是植物体内的重要物质,在根、茎、果实和种子中均有储存,其中尤以种子中含量最高,一般能够达到种仁干重的50%左右,因此我们常用的植物油和工业用植物油有相当大一部分来源于植物种子。

在外业调查过程中,一般将植物的种子或果实等的一部分取下来,放在白色的滤纸上,压碎,片刻后,看纸上是否有明显的油迹及油迹的大小,即可初步判断含油量的大小。

4.芳香油类

芳香油广泛分布于植物界中,是植物体新陈代谢的产物,由细胞原生质体分泌产生,大多具挥发性,有芳香的气味,故又称挥发油,在香料工业中又称精油。

芳香油常呈小油滴状存在于由细胞群构成的分泌腔、分泌道中(如芸香科植物果皮和叶中迎光可见的透明点)以及由表皮组织特征形成的特殊腺体(如牻牛儿苗科植物的腺毛)中,这些结构不均等地分布于某些植物的根、茎、叶、花和果实等部位。

芳香油的野外鉴定较为简单,主要是利用其挥发性,把野外采集到的植物部分揉碎后,闻其有无特殊香味即可。

芳香油植物资源是大自然赐予人类的宝贵财富,广泛用于食品、卷烟、酒、糖果、牙膏、香皂、医药卫生、日用化妆品或其他工业,同时维护着自然界生物种质资源的生态平衡。目前仍有大量野生芳香油植物资源没有被开发利用,处于自生自灭状态,十分可惜。因此,还必须继续对芳香油植物资源做深入的开发利用研究,不断增加天然香料品种。

5.橡胶和树脂类

橡胶是植物细胞新陈代谢的产物,它常呈胶状存在于乳管中或叶与皮的薄壁细胞中。当这些植物被砍伤或折断时,会有白色的乳汁流出,其中包括橡胶、蛋白质、糖类和无机盐等其他物质。此外,橡胶也呈凝聚态存在于植物体内,如杜仲、卫矛等科的某些植物,以及橡胶草的老根部分,这些植物折断后可见许多弹性细丝。

根据上述特征,在野外寻找橡胶时,首先应将植物折断或砍出小口,看有无乳汁或细丝。如有乳汁,收集少许放在手中揉搓,等水分蒸发后,用手指捏剩下的残余物,如有弹性,则说明有橡胶存在,如无弹性,即为其他物质。另外,也可将乳汁放入瓶中,然后加入少许醋酸,使其产生沉淀,然后去掉沉淀中的水分,如有弹性,则说明有橡胶存在。

植物性树脂主要是树木(如松树、桃树)的分泌物,植物受伤后,伤口流出无色或黄棕色透明液体。当暴露于空气后,所含的挥发性物质挥发,逐渐变黏而最后干燥。

天然树脂主要用作涂料,也可用于造纸、绝缘材料、胶黏剂、医药、香料等的生产过程;有些可作装饰工艺品的原料(如琥珀);还有的如加拿大胶,其折光指数与普通玻璃相似,故作为显微镜等光学器材的透明胶粘剂。

6.丹宁类

丹宁又称植物鞣质,是植物细胞新陈代谢的产物,一般认为是植物自身形成的一种防御病害的物质,能与蛋白质结合形成不溶于水的沉淀,故可用来鞣皮,即与兽皮中的蛋白质相结合,使皮成为致密、柔韧、难于透水且不易腐败的革。

丹宁广泛存在于植物界,约70%以上的生药中含有鞣质类化合物,尤以在裸子植物及双子叶植物的杨柳科、山毛榉科、蓼科、蔷薇科、豆科、桃金娘科和茜草科中为多。鞣质存在于植物的皮、木质部、叶、根、果实等部位,树皮中尤为常见,某些虫瘿中含量特别多,如五倍子所含鞣质的量可高达70%以上。

丹宁用途广泛,可用于治疗胃肠道出血、溃疡和水泻等症;也可外用于创伤、灼伤,可使创伤后渗出物中的蛋白质凝固,形成痂膜,减少分泌和防止感染,鞣质能使创面的微血管收缩,有局部止血的作用;丹宁能凝固微生物体内的原生质,故有抑菌作用,有些具抗病毒作用;可用作生物碱及某些重金属中毒时的解毒剂;具较强的还原性,可清除生物体内的超氧自由基,延缓衰老。此外,鞣质还有抗变态反应、抗炎、驱虫、降血压等作用。

在野外确定植物是否含丹宁最好的方法是,用一把无锈的铁制刀具,切开要检验的植物部分,如含丹宁,刀具及断面上很快会变成蓝黑色。也可以用1%的铁矾溶液滴在断面上,如呈蓝绿色,即说明有丹宁的存在。

4.4.2.3　分析标本的采集和处理

分析标本是指可以进行室内化学分析的合格样品,是资源植物或其被利用的一部分。在野外植物资源初步测定时,认为有经济价值的,要将一定数量的合格样品收集好并带回室内,做更细致、具体的化验分析。各类植物样品采集的方法和要求的数量如下。

1.纤维类植物

植物纤维的采集,一般分为木本植物、大型草本植物和小型的草本植物3类采集方法。

(1)木本植物。木本植物(如乔木、灌木、藤本)采集的主要为韧皮纤维,直接从木本植物植株上剥取树皮部分即可。

（2）大型草本植物。该类植物（如龙舌兰、野芭蕉等）的纤维主要集中在茎叶,可取其茎叶部分,用棍棒或其他工具敲打,并在钉耙上多次撕拉,撕拉后在河流或其他水体中漂洗和揉搓,除去其他无关部分,最终仅剩下纤维束。

（3）小型的草本植物。该类植物（如沙打旺、黑麦草、蒲草等）,可取其整株的地上部分。

一般每年的6—9月,为纤维采集最佳时间,样品带回后应放在阴凉处风干,以避免腐烂发霉。风干后的质量最少不应低于2 kg;如需进行试验分析,则应把质量增加到5~10 kg。

2.淀粉及糖类植物

植物的淀粉及糖类主要储藏在其根（块根）、茎（根茎、球茎、鳞茎）、果实和种子中,样品采回后宜直接晒干,对于体积较大的样品,应切片后晾干,晾干后储存时应防止受潮腐烂发霉。此类样品取量应控制在2 kg以上。

3.油脂植物

植物的油脂主要集中在果实和种子中,采集到其果实或种子后,带回晾晒,晾晒过程中要经常翻动,以免受热发霉腐烂,但为避免变质,不应加热处理。采集量一般不应少于2 kg,若样品含油量较低,采集量应增加到3 kg以上。若现场有榨油条件,最好直接榨油作为取样样品,此类样品质量应在0.5~1.0 kg,并需将其盛于暗色的玻璃瓶内,以免受高温及日晒。对于干样品,如工艺加工试验分析用,采样量应在3~4 kg,榨出的油样应在2 kg以上。

4.芳香油植物

由于芳香油在植物体的不同部位（如树皮、木质部、根、花、果实等）均有存在,因此采集方法、采集数量也不相同。草本植物应采集地上的茎叶部分,其他植物视需要摘取其部分。在采集植物的枝、叶等部位时,不宜在夜晚、下过雨以及刮过风的清晨采摘,最好在没有风的清晨进行。花朵应在花刚开放时采集,果实则应在其即将成熟时采集,这些时期往往是其质量最好和含油量最多的时期。

采集样品带回后,应摊开在阴凉处晾干,晾晒过程中要常翻动,以促使干燥,避免发霉腐烂。由于芳香油易于挥发,因此不应在阳光下晒干,更不能用火烘干。干燥的样品,保留量应在2 kg以上;对加工试验分析取用的,取量在5~10 kg。如经测定所含芳香油很低,则采样品应增加到5 kg以上,如工艺加工,则增加相应取用量。

鉴于芳香油具有挥发的特点,因此如果外业工作条件允许,宜在当地将芳香油提取出来并带回。为避免挥发,注意样品应装在暗色的玻璃瓶中,装瓶后瓶口要封紧。芳香油取用量应不少于0.5 kg。

5.橡胶及树脂植物

橡胶及树脂类植物可割开茎叶,取其乳汁,装于玻璃瓶或瓷罐中,并加入0.5%左右的氢氧化钠（NaOH）,使其成为浓度约为20%的溶液,瓶口封好后于阴凉处保存。此类橡胶及树脂汁液取量应在2 kg以上。由于不容易保存,采集的乳汁宜加热去水,注意温度不宜太高,一般温度在40 ℃左右,观察其凝固成胶块后,取1 kg左右的量。

某些草本植物的胶类较硬,不宜取汁,可割取其地上部分;木本植物可挖取或采集含胶量较多的部分,晒干后取量 3 kg 即可。

树脂或树胶采集时,可在树干上钻孔、剥皮或将其砍出缺口。如果采集树脂常砍树干基部,如果采集树胶常砍树干上部,但缺口应在树干圆周的 1/3 左右,以免营养运输不畅致树木死亡,过小则树脂或树胶流动太慢。下部缺口应呈"V"字形,以便树脂或树胶集中流下,缺口下方放置瓶罐以盛取流下的汁液。由于汁液流速缓慢,容易凝固,应按时采集从植物体中流出的液汁,以保证缺口不至于堵塞,如遇到确实凝固等特殊情况,可加热缺口,以疏散堵塞或加速胶液的流出。采集的样品可装于瓶罐,或暴露于空气中使其干燥,多暴露于空气中使其干燥,因干燥的更易携带和保存;采集量一般为 1~2 kg,时刻注意不要使其潮湿和发霉。

6.丹宁类植物

植物的丹宁可存在于枝、叶、树皮、根、果实以及虫瘿中,采集后带回晾干或晒干,干后的样品应取 5 kg 左右,虫瘿则取 1 kg 左右。如工艺试验分析采用丹宁,则应取量 10 kg。

7.药用及杀虫植物

此类植物样品或其利用部分,采集后应迅速阴干,注意保存,一定不要潮湿发霉。对于其用途、民间土名、加工制备以及与之相关的其他材料,尤其注意做好详细的访问和记载。如需分析,用的样品取用量应不少于 2 kg。

以上各类样品,在采集时均应挂上号牌(填好材料类别及号数),以免在预处理或装运时弄乱。除液体外,其余风干的样品,都可以装在布袋中,装袋后亦应挂上号码一致的号牌,以便随时核查比对。在装运中,所有的样品都应注意通风干燥并防潮。要注意,所有采集的分析样品均要为平均样品,以免因个人偏好导致选择出错。采好的样品,应即刻称取鲜重,等风干后,再称一次干重,称重后登记在"样品分析登记表"上。此外,在必要时,对于同一种样品还要采集不同生长阶段、不同植物部位、不同生长环境、不同年龄组的植株的样品,分别登记并包装,做进一步的研究,从而了解它们不同条件下的产量和质量的关系。

4.4.2.4 资源植物利用性质和生物学特征的调查和记录

在进行植物资源调查过程中,除各项标本的采集外,还应该对这些植物的加工利用情况、调查地区的蕴含量,以及这些植物的生物学特点和群落特征,做比较系统和深入的了解。因此,在野外调查过程中,应该按定好的调查表格,通过访问和观察等手段,把全部的资料,特别是第一手的资料,详细完整地记录下来,携带回工作单位,以便进一步研究。表格的填写,对调查者本身来讲,是对植物资源进行全面了解和仔细观察的良好锻炼。填写过的表格,也是调查者将来对所有结果进行互相比较和分析的唯一依据。所需表格的填写和应用如下:

(1)植物资源利用情况调查表(表 4-4)。该表主要记录在野外调查和访问中,所了解到的相关植物资源的利用情况和调查地区的蕴藏量,这些记录对于资源植物未来的开发、利用以及引种、栽培有重要意义。

类别:按植物资源的利用性质,分别填写其所属的类别,如纤维类、淀粉及糖类、油脂类、芳香油类、橡胶及树脂类、丹宁类、药用及杀虫植物类等。如一种植物具有多种用途,则按其最主要用途计入该类别中。其他用途应记录在当地利用情况栏中。

表 4-4 植物资源利用情况调查表

填表人:							填表时间:					
类 别:							编 号:					
调查地区						植物标本采集号						
分析样品号						所在群落记录表编号						
植物名称	学 名											
	土 名											
	科 名											
利用部分												
单株产量												
单位面积株数												
单位面积产量												
当地利用情况												
采收时间							加工制备					
本地区的蕴藏量												
评语:												

单株产量	编号	1	2	3	4	5	6	7	8	9	…	平均数	比例
	鲜重												
	干重												
单位面积株数	编号	1	2	3	4	5	6	7	8	9	…	总计	株/亩
	株数												

编号:按类别顺序编号。

调查地区:详细填写市、县(区)、乡(镇)、村等。

植物标本采集号:采集的该种植物标本的编号,即植物采集记录本上的号数,以方便将来检查对比。

分析样品号:填写上所采集的该种资源植物分析样品的编号。

所在群落记录表编号:如对资源植物所在群落进行过现场调查,或同时进行过植被调查,应填上该植物所在的群落样方记录表编号。

植物名称:要特别注意,在野外调查时一定要把土名即当地名称填上去,以便将来收购。学名和科名如果已经确定,应该一并填上。

利用部分:填写好植物被利用的部分,如叶、花、果实、种子、茎、根及地下部分等。

单株产量:单株产量的统计可按下列方法进行。将适于采集的一定数量(5~10 株,数量愈多,准确性也愈大)的植株或其利用部分采集下来,立刻分别称量它们的鲜重,并且挂上编号号牌,等待风干,然后再分别称其干重。这样就可以求出鲜重和干重的平均数,进而求出风干重占鲜重的百分比。

单位面积株数:选择具有代表性的植物资源分布地点,划出一定面积的样地,进行株数的统计。乔木样方应取大于等于 100 m²,灌木样方大于等于 4 m²,草本植物样方一般取 1 m²。样方的树木一般取 5~10 株,越多越准确。由此可计算出每亩地或每公顷(单位面积)上的株数。

单位面积产量:通过单株产量和单位面积株数,就可以计算出利用部分的每亩或每公顷(单位面积)的产量。

当地利用情况:主要通过访问了解调查区的资源植物在当地的利用情况,要详细记录下某种植物在调查区是否已经得到利用,主要用途,加工利用方式,利用价值高低等。

采收时间和加工制备:要向当地群众或农业合作社干部了解资源植物的采收时间和加工制备情况,要查明采收时间的长短,在什么时间段采收质量更高,以及调查地区的加工情况。以上对于进一步研究提高产量和品质具有非常重要的意义。

本地区的蕴藏量:粗略估计本调查区的各种资源的蕴藏量,一般根据单位面积的产量和分布范围,或通过访问当地的相关人士获取,了解当地蕴藏量对于今后组织收购以及进一步开发都十分重要。

评语:通过上述情况的了解,对某种植物的发展前景及重点研究方向提出初步意见。

(2)资源植物生物学特征调查表(表4-5)。该表所填内容是在普查的基础上,为了重点调查某些重要的植物资源种类而进行的,本表主要用于研究其生长发育和繁殖特性,对其生物学特性也会有全方面的了解。表中内容对于植物资源未来一个时期的合理利用、引种、栽培等都是必不可少的资料。因此,必须认真、详细调查,尽可能逐一填写。同时,在选择调查对象时,要注意资源植物的不正常现象,避免特殊条件的干扰。

生活型:写明某种植物的类型(如大乔木、小乔木、灌木、小灌木、多年生草本、一年生草本、藤本、附生植物、寄生植物等)。木本植物要注明常绿植物或落叶植物。

物候期:物候期主要通过访问获得,时间可以是时令,也可以记日月。

成熟植株高度:写明已经到结果年龄的植株,其最高的高度、最低的高度和大多数的高度,乔木高度可以利用测高器(如魏氏测高器)来测量。

直径:要测出植株最大的直径、最小的直径和多数的直径数值,乔木应量其胸径(胸高处直径,即从地面算起到树干1.3 m 处的直径)。

根系:写明根系所属类型,如属于直根系还是须根系,并写明植株根系在土中分布的深度以及根系最集中的深度。

传粉类型:写明是自花传粉,还是异花传粉(风媒、虫媒或水媒等)。

种子传播方式:说明是风传播、水传播、鸟兽传播和弹射传播等方法。

萌芽条件:主要记录外部条件,通过观察总结并结合访问,获取种子萌发需要在什么样的条件下进行,并进一步分析在这种情况下的水分、温度、氧气和表土层等特征。

表 4-5 资源植物生物学特征调查表

填表人:		填表时间:	
类　别		编　号	
学　名		土　名	
生活型			
物候期			
1 出牙:	2 开花:	3 结果:	4 枯死:
繁殖体特征:			
成熟植株高度	最高:	最低:	优势:
直径	最大:	最小:	优势:
根系	类型:	深度:	最集中深度:
繁殖特征:			
传粉类型:		无性繁殖形式:	
种子传播方式:		繁殖体特征:	
萌芽条件:		繁殖时期:	
实生苗习性:		萌生苗生长速度:	
评语:			

实生苗习性:该项主要记录光照、温度、水分、土壤等外部条件对实生苗的影响。主要通过根据大量调查和访问的方式,获知实生苗在哪些情况下出现最多、生长最好。

无性繁殖形式:写明该植株是分裂繁殖、出芽繁殖、孢子繁殖还是营养体繁殖。

繁殖体特性:如繁殖体的大小、质量、漂浮性和萌发的初始时间以及萌发率的情况。

繁殖时期和萌生苗生长速度:通过仔细观察填写具体的繁殖时间或节气,以及萌生苗的生长速度。

评语:写明某种植物的生长习性及生态学特征。

(3)资源植物调查汇总表(表 4-6)。该表是对某一地区调查完成以后,对各类资源植物调查情况的汇总表。通过该表可以初步了解调查地区各类植物资源的类别、用途、蕴藏量以及加工利用情况和分布情况等。对各类总表综合后,即可大体摸清本区的资源状况。

土名:应该把本区内各地土名全部写出来,并需在每个土名后注明使用的地区。

用途:写明具体用途,注意不要仅写资源类别,如纤维,应该填写细线、线头、麻绳、造纸或织毡时的织成纤维层等用途。

表 4-6　资源植物调查汇总表

调查地区：						调查时间：				
类别：						编号：				
序号	学名	土名	用途	利用部分	利用情况	分布地区	蕴藏量	利用情况表编号	标本采集号	备注
1										
2										
3										
……										

利用部分：如根、茎、叶、花、果实、种子等。

利用情况：应该填写当地是否已经利用，什么用途，具体如何利用等情况。

分布地区：应将本地区已经调查清楚的所有地点都填写上。

蕴藏量：根据当地经营加工企业的年购买量，或采访调查的资料加以估算，初步估计蕴藏量；有些种类资源蕴藏量如确实很难估计，可注明"很大""较大""一般""较少""稀少""极少"等。

利用情况表编号：该项也应该填上，主要用于植物资源检索。

标本采集号：同上，主要用于植物资源检索。

（4）分析样品登记表（表 4-7）。该表为分析样品野外登记用。应该一共填写两份，一份附在分析样品内，送至实验室化验，以便核查比对使用。详细记录各类分析样品编号、学名、土名、利用情况表编号、样品鲜重和样品干重。在备注栏中应简单记录采集时的情况，例如纤维的剥离难易等以及其他事项。

表 4-7　分析样品登记表

分析样品编号	学名	土名	利用情况表编号	样品鲜重	样品干重	备注
1						
2						
3						
…						

4.4.2.5　资源植物群落学特征的调查和记录

野生资源植物和其他众多的植物一样，它们并不能单独生长，而是生活在群落当中。根据群落内部的自然条件，包括生物（动植物和微生物）条件和非生物（气象、土壤、水文、地形地貌等）条件，一些种类的资源植物仅出现在一定的群落中，还有一些可以生活在不同的群落中。这些资源植物从种子发育、生产、繁殖，以及可利用部分的质量都与所在群落的环境密切相关，它们相互制约、相互影响。因此，了解这些资源植物在某一群落内，特别是在不同群落内的产量、质量、密度、频度和天然更新能力特征等,对于这些资源植物未来的保护、开发以及合理利用和引种栽培具有十分重要的意义。

资源植物群落学特征的调查,可以采用一般的植物调查方法。由于植物调查方法方面的资料很多,这里仅就常用的调查表格做一些补充修改,并加以简要说明。由于要通过植物群落的调查和研究,来进一步了解本地区的气候、土壤等自然环境条件特征,并进一步了解资源植物和这些典型植被类型以及主要植物群落的关系,因此还要说明的是,在野外调查过程中,还要对调查地区的典型植被类型和主要植物群落做一定程度的调查和记录,这对于资源植物的未来开发和利用极为重要。

在对植物群落学特征进行调查研究的过程中,除进行全面的调查外,还必须设立样方对典型地段进行调查。对一定区域进行较为详细的研究调查,才能详细了解植物群落的组成、结构,以及植物群落和环境互相间的关系等。

样方的设立位置要根据调查对象和要求而确定,对于一般的植被调查,在进行调查时,应该设在群落最有代表性的地段,即应该包括群落的主要特征。环境条件也要大体一致,不应该有太大差距。当进行资源植物群落学特征调查时,除要对前述典型地段进行调查外,还要对其生长好的和生长坏的地段进行充分调查和记录,以利于做深入的分析。

样方的规格应根据调查对象的特点来确定,一般采用正方形或矩形。样方位置确定之后,应该立即设立标志杆(牌),然后利用皮尺或样绳把样地拉成上述规格。然后根据填写要求,填写不同的表格,并逐项做详细记录。

(1)群落环境记录表(表4-8)。无论是何种植被类型(如森林、灌丛、草甸等),均必须按表4-8要求,填写群落环境记录表。不同地段进行同样的植物群落调查时,也要分别填写,说明如下:

编号:特指样方的号码,应该按顺序填写,便于以后的整理、核查、比对,以避免混乱。

日期:记下调查的年、月、日,因为植物群落在不同时期有不同的外貌和组成,有了具体日期,将来易于查对。

群丛名称:应该根据组成群落的优势种来命名,一般应先初步确定,经调查研究后再进行最终确定。经验证明,经过研究分析后,群丛名称多数都要进行修改。

地理位置:地理位置要记载得具体详细,一般应写明所在的省、市、县、乡、林区、村庄以及山等,越详细越好,以便今后调查人员再来此地进行调查时,可以根据本次记录,快速、准确地找到调查地段,同时也可以在调查所用的地形图上对设立样方的地段进行标注,标注应醒目,范围尽量小。

地形地貌:写明平地(地面坡度小于等于0.5°)、坡地(地面坡度大于2°)、山地(相对高差超过200 m)、丘陵(相对高差不超过200 m)、山脊、河谷等,并写明坡度、坡向和海拔高度。在能力允许的情况下,应该把样地内的地形断面绘制出来。

小地形:主要指地形起伏变化不大,一般指不超过1 m的地方。包括局部凸起、坑洼、人工土堆等。

表层岩石和地质情况:应写明地质年代、地表岩石情况和底部岩石情况以及岩石风化情况。

地下水位:平地时,必须记录地下水位,调查地区为山地时可不记录。

表 4-8　群落环境记录表

编号：				日期：			
群丛名称：				地理位置：			
地形状况：				海拔高度：			
坡向：				坡度：			
小地形：				表层岩石和地质情况：			
地下水位：							
枯枝落叶层情况							
厚度：				覆盖度：			
颜色：				成分：			
分解程度：							
周围环境：							
人类和放牧影响：							
野生动物的影响：							
自然灾害的影响：							
土壤调查							
层次	厚度(cm)	颜色	机械成分	结构性	湿度	石灰性反应	pH 值

　　枯枝落叶层情况：主要指枯枝落叶的厚度、分布情况（分布如果不均匀，可量几个地方，用几个数字来表示）、覆盖度、成分组成、主要颜色和分解程度等。

　　周围环境：记录群落四周的现实情况及其他植被类型等（如北面有果园、南面有耕地、西面有河流、东面有道路等），尽可能详细记录四周情况对该调查地区的生态环境和植物群落条件可能发生的影响。

　　人类和放牧的影响：通过调查和访问，确认该群落是否经过疏伐和整枝、打猎和砍柴等，并注意观察人畜往来的道路走向。

　　野生动物的影响：注意野生动物的活动状况，特别是病虫害的存在和危害程度。

　　自然灾害的影响：包括火灾、风灾、海啸、泥石流、滑坡、雪压等自然灾害。

　　土壤调查：与通常的土壤调查相同，主要是通过开挖土壤剖面，观察自然发育分层，包括 O 层、A 层、B 层、C 层，也就是枯枝落叶层、腐殖层、风化层、母质层，记录各层的特征；写明土壤的土类及亚类名称。

层次:如在野外不能马上确定发生学层次,可用罗马数字(Ⅰ、Ⅱ、Ⅲ、Ⅳ…)代表不同的层次。

厚度:从上到下,注明各层的厚度,如 0~5 cm、5~20 cm 等。

颜色:按不同的土层记录其颜色。

机械成分:主要用于区别壤土、黏土和砂土等。

结构性:是指土壤颗粒(包括团聚体)的排列与组合形式。在田间鉴别时,通常指那些不同形态和大小,且能彼此分开的结构体。土壤结构是成土过程或利用过程中由物理的、化学的和生物的多种因素综合作用而形成的,按其大小、发育程度和稳定性等,再分为团粒、团块、块状、棱块状、棱柱状、柱状和片状等结构。

湿度:写明干燥、湿润或潮湿等。

石灰性反应:用盐酸(1:3的氯化氢溶液),试验土块中石灰含量情况,并注意观察加盐酸后,是否有气泡发生。

pH 值:在野外调查时,应用 pH 试剂初步测定土壤的酸碱度。

(2)林木调查记录表(表4-9)。群落环境记录表填写完成后,便开始对群落本身进行调查,应逐项填写林木调查表4-9。样方大小根据群落类型选定,一般为长方形或正方形,填写内容如下:

表 4-9　林木调查记录表

编号:　　　　　　　　　　　　　　　　　　　　　　　　　　　　填表人:

编号	植物名称	层次	株数	树种组成	胸径(cm)		高度(m)		枝下高(m)		冠幅(m)	树龄	物候期	备注
					一般的	最大的	一般的	最高的	一般的	最高的				
1														
2														
3														
…														
林木郁闭度:														
分层郁闭度:														
分层高度	第一层_____m							第二层_____m						
样方面积	_____×_____m													

样地面积:填写样地的总面积,一般写明长×宽(m×m)。

层次:填写某一树种所属层次。

分层郁闭度:分层郁闭度也称垂直郁闭度,是指2个及2个以上林层在垂直方向上分别产生的郁闭度,它只存在于复层林中。

分层高度:林层的层高应多点测量,然后记录其平均高度。

林木郁闭度:郁闭度也称林冠层盖度,是描述乔木层树冠连接程度的指标,以林冠层的投影面积与林地面积之比表示。郁闭度的最大值为1.0,表示树冠层全部连接起来,形成完全郁闭的状态,林冠层完全覆盖了地表。

株数:写明每种树木具体株数。

树种组成:当林木层由若干树种组成时,要计算出树种的组成。一般按株数来决定,用十分数来表示。一般用树种组成式表示,如"10 落""7 落 3 桦"。式中"落"(落叶松)、"桦"(白桦)等代表树种,10、7、3 等代表各树种所占成数。在树种组成很复杂的情况下,也可用百分数来表示,如某一树种的比重大于 2%、小于 5% 时,在组成式后用"+"号表示;小于 2% 时用"-"号表示。例如,一个由落叶松、云杉和白桦组成的混交林,蓄积量比重分别为 0.58、0.39、0.03,则该混交林的组成式为:6 落 4 云+桦。

胸径:即胸高直径,也称干径,一般从地面到树干 1.3 m 处。可用卷尺测量其圆周,然后除以圆周率 3.14,可以用标准测量工具,如测树胸径尺,在地面向上 1.3 m 处围着树干绕一圈即可读出树木的周长和该周长对应的直径。

高度:可用目测或测高器来测量。对高大乔木的测量准确度为 1 m,小乔木则为 0.5 m。

枝下高:枝下高指地面到树冠第一个树枝分枝点的距离,它是一种对于采伐利用具有重要作用的因子,因为枝下分枝越少树干越有用,同时枝下分枝越少表明树木耐阴性越弱。

冠幅:指树(苗)木的南北和东西方向宽度的平均值。

树龄:确定林木的平均年龄或优势树的平均年龄,主要用于判断某类树种在何时可以加工利用,一般通过调查访问或利用伐木树桩断面测定它们的年轮。

物候期:记录调查时期各个树种的生长发育阶段,如营养期、孕蕾期、花开期、盛期、花落期、结果期、果熟期、落叶期、凋谢枯萎期、多年生草本的第二个生长季等。

(3)林木更新记录表(表 4-10)。该表用于调查林木更新的情况及影响更新的因子,分析将来更新的可能性和更新程度,对林木群落的演替和发展具有重大意义。如果更新生长很茂盛,可用小面积样方(1 m² 或更小)来计算;如果更新生长不好,应该选用大的样方(40~160 m² 或更大)。也可以在记录下木和草本植被的样方上,同时进行计算。

其中起源填写实生或萌生,生活强度填写一般填写 1(良好)、2(中等)、3(不良)。

表 4-10　林木更新记录表

编号:　　　　　　　　　　　　　　　　　　　　　　　　　　　填表人:

编号	植物名称	多度或株数	树种组成	高度(cm)	树龄	起源	生活强度	分布的均匀性	备注
1									
2									
3									
...									
样方面积(m²):_____×_____m									
意见建议:									

(4)下木记录表(表4-11)。下木指森林中林冠层下的灌木与在当地生长条件下达不到乔木层的低矮乔木的总称。下木可庇护林地,抑制杂草生长,改良土壤,保持水土,增强森林的防护作用;有些下木还具有较高的经济价值,可适当加以保护利用。但下木过多会影响幼苗、幼树生长。有些下木还是主要树种病虫的中间寄主,应采取措施加以控制。

表 4-11 下木记录表

编号:　　　　　　　　　　　　　　　　　　　　　　　　填表人:

编号	植物名称	多度或数量	树种组成	高度（m）		生长情况	物候期	生活强度	盖度（%）	备注
				一般的	最高的					
1										
2										
3										
…										
样方面积(m²): ＿＿＿＿＿＿ × ＿＿＿＿＿＿ m										
总郁闭度:										

灌木层的调查,可不需要同乔木层一样,总郁闭度一般用百分比表示。下木的记录可以在林木调查的样方内进行,如林木调查时布设的样方过大,可在其中选定 3 个左右的小面积样方(100 m²)。另外,要注意植物名称一列中,要把见到的所有灌木种类都记下来,然后统计它们的数量,或用德氏多度表示(如遇资源植物,应该按照不同高度的植株,分别记录其数量,以便了解成年植株和幼苗之间的关系)。植被多度分级见表4-12。

多度的分类主要采用目测法,由于个人经验不同,多度估测数值多有不同,进而各级别之间没有绝对的划分。采用此方法时,可请经验丰富的几个人同时估计,而后采取平均值,会得出比较接近于实际的结果。

生长情况填写单生或丛生,其他填写项同前面解释一致。

表 4-12 植被多度分级

多度分级代号	多度特征	相当于覆盖度
SOC	植株覆盖满或几乎满标准地,地上部分相互连接	76%~100%
COP³	植株遇见很多,但地上部分未完全衔接	51%~75%
COP²	植株遇见较多	26%~50%
COP¹	植株遇见尚多	6%~25%
SP	植株散生,数量不多	1%~5%
Sol	只个别植株能够遇到	<1%
Un	标准地内只个别植株能够遇到	个别

(5)草本植物记录表(表 4-13)。该表同时可以用作草甸或沼泽植物群落调查时使用。

草本植物体形一般都很矮小,寿命较短,茎干软弱,多数在生长季节终了时地上部分或整株植物体死亡。根据完成整个生活史的年限长短,分为一年生、二年生和多年生草本植物。草本植物可以作为土壤性质的指示植物,如生长过于旺盛则会制约树种的更新和生长。因此,在森林或灌丛调查时,均应详细记录草本植物情况。

表 4-13　草本植物记录表

编号:　　　　　　　　　　　　　　　　　　　　　　　　　　填表人:

编号	植物名称	多度	盖度(%)	高度	生长情况	物候期	生活强度	频度	备注
1									
2									
3									

总盖度:　　　　　　　　　　　　纯盖度:

分层	1 层:高度　　　　　优势树种
	2 层:高度　　　　　优势树种
	3 层:高度　　　　　优势树种

小群聚以及它们与环境的关系:

生草土的特征:

样方面积:＿＿＿＿＿＿＿×＿＿＿＿＿＿＿m

需要说明说的是,草本植物的总盖度一般用百分数计列。同时,应填写草本植物的纯盖度,纯盖度又称基部盖度,它表示的是草本植物植株基部实际所占地面积与总占地面积的百分比,测定的方法可用方格网法(用 1 m^2 的框架,再用线分隔成 100 个 1 dm^2 的小格)直接计算,或采用样线法。样线法是用一根有刻度的米尺,置于草地地面,测定并计算植丛基部所占米尺的长度,获得直线盖度,为准确起见,在不同方向多次测量,把测定的数据加以汇总,求其平均数即为草本植物的总盖度。

很多时候,我们会遇到草本植物生长繁茂、高矮不同草种混杂在一起的情况,遇到此情况即可分成多层,分别统计,注明各层高度,并写明每层的优势草种。如遇到个别的小群聚现象,亦应该记录小群聚的生长环境情况,如小群聚所在的地形特点、光照、枯枝落叶层的发育情况等。

草本植物的样方面积一般为 1 m^2 即可,可于林下几个不同地段布设相应样方,逐项记录每种植物的多度、盖度、层次、高度、生活强度等。在进行草甸植物群落调查时,还要做种的频度测定,见表 4-13。

(6)苔藓及地衣地被物记录表(表 4-14)。该表仅用于生长在土壤表面的苔藓及地衣地被物统计,附着于岩石或树干上的地被物,均应作为层外植物记录在表 4-15。表中植物名称栏要对苔藓和地衣的种类分别记录,并指出优势种的覆盖度。另外,还要写明活地被层(苔藓、地衣层)和死地被层(枯枝落叶层)的厚度,并计算出总覆盖度。另外,还应调查苔藓和地衣等地被物的季相(外貌特征)。

表 4-14 苔藓及地衣地被物记录表

编号：   填表人：

编号	植物名称	覆盖度(%)	季 相	备注
1				
2				
3				
...				
活层厚度：_____cm			死层厚度：_____cm	
总覆盖度：_____%				

（7）层外植被统计表（表 4-15）。层外植被包括藤本植物以及生长在树上或附着于岩石上的植物，应记录所有层外植物名称，写明生长位置、多度、物候期、生活强度等。植物的生活强度又称生活力，包括强烈的同化作用和异化作用、健强的体质、生长和发育的高度适应性、抵抗力和生殖力等各方面。野外调查记录要求生活强度分为强、中、弱 3 级。

强：植物发育良好，枝干发达，叶子大小和色泽正常，能结实或有良好的营养繁殖。

中：植物枝叶的发展和繁殖能力都不强，或者营养生长虽然较好而不能正常结实繁殖。

弱：植物达不到正常的生长状态，甚至不能结实。

（8）植物频度调查表（表 4-16）。该表主要用于调查某一植物在某一地段上的植株分布情况，频度的测定一般是首先选定一个样地，布置一个大样方，然后在大样方内布置若干个小样方，小样方的布置应该连续均匀地分布在整个大样方内。为了使调查结果具有代表性，样方面积和数量要满足一定要求。通常是在一个样地内均匀地布设面积为0.1 m² 的样方 50 个。可以用皮尺现场圈定样方，也可以调查前做好面积为0.1 m² 的圆圈，现场调查时，按一定距离布设这些圆圈，然后记录圆圈内的植物名称，直到记录完 50 个样方，然后统计某种植物在所有样方中出现的次数，即可计算出某种植物在该植物群落中出现的频度。例如：某种植物 A 在所有布设的 50 个样方中，仅在 20 个样方中出现过，那么该种植物 A 的频度即为 40%。

表 4-15 层外植被记录表

编号：   填表人：

编号	植物名称	生长位置	多度	物候期	生活强度
1					
2					
3					
...					

（9）草甸生产率计算表（表 4-17）。该表通常作为研究、确定草甸的放牧价值或收割价值的重要依据。在进行该项调查时，要确定每一类群的优势度和经济价值。优势度的表示方法很多，如盖度、所占空间大小和重量等，本次主要介绍重量法，即面积为 1 m² 的

样方内,按正常的高度割草,割取所有的草本植物,然后将这些草种分为禾本科、豆科、莎草属、苔草属、灯芯草属、木贼属、杂草类、有毒杂草类等,立刻称出其鲜重,统计出其总重量,计算得出各类草种鲜重所占的百分比。称完重量后,将其放在阴凉通风处风干,风干后再称其风干重,统计风干后的总重量,再计算各种植物风干重对总干重的百分比。有些时候,为了更为准确地了解植物中所含物质的营养价值,还要将某些植物带回实验室,做进一步的化学分析,以此为依据,对草甸的生产效率做最后的评定。

表 4-16　植物频度调查表

编号：　　　　　　　　　　　　　　　　　　　　　填表人：

编号	植物名称	样方编号				某种植物共在几个样方内出现过	频度（%）
		1	2	…	50		
1							
2							
3							
…							

表 4-17　草甸生产率计算表

编号：　　　　　　　　　　　　　　　　填表人：
植物群丛：　　　　　　　　　　　　　　调查时间：

植物类别	鲜重	各类植物鲜重占总鲜重的百分比	风干重	各类植物干重占总干重的百分比	备注
禾本科植物					
豆科植物					
莎草属					
苔草属					
灯芯草属					
杂草类					
有毒杂草类					
样方面积：_____×_____ m					
干草的质地和草甸的生产率：					

除了地上部分,植物的地下根系由于直接影响植物的生长,更加具有研究价值,因此必要时还应对其根系进行调查研究,方法主要包括破坏式的挖掘法、钻孔法、剖面墙法和非破坏式的玻璃墙法、内窥管法、传感器法,但是由于野外调查条件简单、时间紧张,一般无法进行,不再详细说明。

以上植物群落调查表格,可适用于主要的植被类型。其中表4-8、表4-9、表4-10、表4-11、表4-13、表4-14、表4-15适用的植被类型为森林植被类型;表4-8、表4-11、表4-

13、表 4-14、表 4-15 适用的植被类型为灌丛植被类型；表 4-8、表 4-11、表 4-14、表 4-15、表 4-16、表 4-17 适用的植被类型为草甸植被类型。

完成某一群丛调查后，根据调查资料及访问结果，加以整理，分析它和环境的结果，在表 4-15 的下面，提出对整个群落的初步意见，如群落的特征、动态、经济利用，特别是资源植物的群落特征等。

(10) 资源植物群落学特征登记表（表 4-18）。对资源植物所在的群落进行了群落学的调查以后，为了对它的特性能有较明确的认识，特别是对那些存在于不同群落中的植物有较为全面的了解，可以通过表 4-18 资源植物群落学特征登记表进行综合性的记录。

表 4-18　资源植物群落学特征登记表

类别：　　　　　　　　　　　　　　　　　　　　编号：

学名：				土名：
群落学特征				
群丛名称				
群丛分层				
出现的群层				
上层郁闭度				
本种植物郁闭度				
本种植物多度				
本种植物频度				
本种植物生活强度				
活地被层特征				
死地被层特征				
环境条件				
地形特点				
表层岩石和地质情况				
土壤类别				
土层厚度				
土壤 pH 值				
土壤质地				
腐殖质				
气温				
相对湿度				
相对光量				
天然更新情况：				
评语：				

群丛名称:填写该种资源植物所出现的不同群丛名称,并填写该群丛记录表编号。如仅出现在一定的群丛,则选择该群丛的 3 个不同样方记录,分别填写。

群丛分层:写明这一群丛有几层,并注明各层高度,如:T(1)25、T(2)15、S(3)5、H(4)1、G(5)0.02。

其中,T——乔木,S——灌木,H——草本,G——苔藓等地被植物;带括号的数字(1)——第一层,(2)——第二层,层的顺序由上至下算起;最后的数字表示各层的高度,单位为 m。

出现的群层:填写这种植物在群丛中出现于哪一个层,并注明构成这一层的优势种。例如"T(2)20 白桦",表示它出现于群丛中的第二层、以白桦占优势、高 20 m 的乔木层。

上层郁闭度:填写资源植物所出现的层次以上的各个层总的郁闭度,也就是覆盖在资源植物上方的各个层次总的郁闭度。

多度:记录一定面积的样方内出现的某种植物的株数,一般为 100 m² 内出现株数的平均值,如 60 株/100 m²,表示 100 m² 内某种植物出现 60 株。对于低矮灌木和草本,可用德氏多度分级法表示。

频度、生活强度、活地被层特征、死地被层特征、地形特点、表层岩石和地质情况、土壤的各种性质应根据群落调查表简明填写。

有条件的情况下,最好对植物所在的小气候进行测定并加以记载。

气温:应在中午 11:00～12:00 点测定,相对湿度可以用干湿球湿度计测量,有特制的通风湿度计和手摇湿度计均可以应用。

相对光量:可用黑白球温度计测定。测定时间在晴天正午 11:45～12:15 进行。将黑白球温度计 1 组放在空旷地,另一组放于该种植物附近,同时记录黑球和白球温度计的读数,每次记录 2 min,结果计算如下:

空旷地　　　　　　　　黑球温度－白球温度＝A

植物附近　　　　　　　黑球温度－白球温度＝B

相对光量(%)＝$B/A×100$

评语:写明这个种的生态分布幅度,在不同群丛内的群落学性质以及生产性质(利用部分在质和量上的差异)。

4.4.3　现代调查技术

目前,在自然资源调查和国土空间规划上,已开始广泛应用现代科学技术(如现代遥感技术和电子计算机技术),其中以"3S"技术最为突出,"3S"技术是遥感(RS,Remote Sensing)、地理信息系统(GIS,Geographic Information System)和全球定位系统(GPS,Global Position System)技术的简称,其中遥感技术是其中的基础,地理信息系统起辅助信息处理作用,全球定位系统用于辅助空间定位与测量。

4.4.3.1　遥感技术及应用

遥感(RS,Remote Sensing)是指一切无接触的远距离探测技术。运用现代化的运载工具和传感器,从远距离获取目标物体的电磁波特性,通过该信息的传输、储存、修正、识别目标物体,最终实现其功能(定时、定位、定性、定量)。主要通过遥测仪器把对地球表面实施感应遥测和资源管理（如树木、草地、土壤、水、矿物、农作物、鱼类和野生动物等的资源管理）结合起来的一种新技术。

2000 年以来,中国医学科学院药用植物研究所首次运用遥感技术对人参、甘草等中药资源进行了调查方法学上的研究,取得了一定进展,陈士林等运用遥感技术以人参为栽培种的代表,对人参种植区域的人参种植面积进行调查,建立了人参资源遥感调查的技术路线和方法,并通过抽样调查对研究区人参进行了面积测算和估产。

4.4.3.2 地理信息系统及应用

地理信息系统(GIS,Geographic Information System)是以地理空间数据库为基础,在计算机软、硬件的支持下,对有关空间数据按地理坐标或空间位置进行预处理、输入、存储、检索、运算、分析、显示、更新和提供应用、研究,并处理各种空间关系的技术系统,除了用于大面积的资源调查数据的处理,还可以用于分析局部的生态环境,进行生态环境如土地适宜性、资源环境承载力特征的评价,在野生资源调查数据的处理与分析中已有人试图引进这一工具。

白明生等将地理信息系统软件应用于宁夏回族自治区 1984—1987 年中药资源普查数据,发现可以很好地将地图与对应属性信息有机地统一为一个整体,并且可利用软件的空间分析功能从原始数据中提取出更多的隐含信息,可生成各种专题图输出,使数据的利用更加高效,相对于传统的数据管理方法,直观方便、灵活简洁,数据库易于更新,保持现势性。

郭兰萍等利用地理信息系统软件对苍术道地产区生境特征进行筛选,找到了影响苍术挥发油形成的生态主导因子以及影响苍术存活和生长发育的生态限制因子,确定了苍术道地药材优生生境的环境特征,并发现苍术道地药材的形成具有逆境效应。

4.4.3.3 全球定位系统及应用

全球定位系统(GPS,Global Position System)是以人造卫星组网为基础的无线电导航系统。它通过 GPS 接收机接收来自 6 条轨道上的 24 颗 GPS 卫星组成的卫星网发射的载波,来实现全球实时定位,这一用途已在遥感的野外验证以及野外样品如药用植物的采样中得到广泛的应用。除了定位,值得一提的是现在许多 GPS 接收机本身也能用于野外目标区域的面积测量,虽然需要考虑采用多次测量以保证其精度,以及测量面积大小本身对其精度的影响。

4.5 室内分析鉴定

野外调查过程中,可以采用简易的速测方法对某种植物是否含有某种资源进行测定,但对其含量和性质却无法知晓。因此,必须进一步进行室内实验分析,才有可能确定其经济价值。实验分析的方法很多,各种文献资料均有记载,这里仅对各类资源的分析原理和过程进行简要说明。

4.5.1 纤维类

(1)纤维的脱胶和含量计算。纤维在植物体内多成束集中,彼此由果胶质紧密相连,此外尚有木质素、五碳糖混生其中。脱胶的目的是将这些物质分解而使纤维分离出来。脱胶的方法很多,大致有天然脱胶和人工脱胶两类。前者是利用细菌分解纤维细胞间的果胶质和其他物质,后者是用化学物质分解这些物质。野生植物纤维一般多采用化学脱胶法,其中最常用的是碱煮脱胶法和氯碱脱胶法。果胶含量多、木质素含量少的材料,应采用碱煮脱胶法,木质素含量多,则应采用氯碱脱胶法。

①碱煮脱胶法。该方法脱胶前,应该将材料进行预处理,这样可以加快脱胶速度,并减少药品使用量。方法是先将原料放入水中或脱胶后的废液中浸泡,除去水中的水溶物;或用0.25%左右的稀硫酸溶液浸泡除去一些不溶于碱的物质,如五碳糖素,使脱胶易于进行。

在小铁锅中加入约1 L烧碱(NaOH)溶液,加热煮沸,再将材料放入锅中,可以用洗净的石子压在材料上,以免浮出液面。盖上铁的或玻璃的盖子煮沸3~4 h后,用贴火钳或长镊子将样品取出,放在面盆中用清水洗净,用手揉搓,将水压干。再浸入0.25%左右的稀硫酸溶液中10~15 min,起消色及中和作用,取出后再用清水漂洗干净,压干后放入2%左右的乳化油或皂液中,加热到90~95 ℃,2~3 h,使其软化,取出烘干或晒干,称其重量。

$$纤维含量(\%)=纤维烘干或晒干重量/样品重量×100\%$$

②氯碱脱胶法.将已知重量的材料浸入含0.15%左右有效氯的漂白粉澄清液中2~3 h,使木质素成氯化木质素,然后再按碱煮法程序进行脱胶。

(2)纤维的化学分析。纤维的化学分析项目,有含水量、脂肪含量、水溶性物质含量、酒精可溶物含量、果胶质含量、半纤维素含量、纤维素含量、木质素含量和灰分含量等,其中以果胶质、半纤维、素纤维素和木质素4项最为重要,应予以测定。如条件具备,以上各项均应该测定。

(3)茎叶中纤维的分布及相对含量。用徒手切片法将树皮、茎、叶进行横切,制作临时切片,在显微镜下观察纤维的形状、大小和排列方式,并用测微尺测定纤维在单位面积中所占的比例,以确定其相对含量。

(4)单纤维的测定。将纤维放入铬酪 硝酸离析液中进行离析,约经半天至一天,纤维细胞即可彼此离散。将离析好的纤维制作临时装片,并用测微尺测量单个纤维的长度和宽度。对于单纤维在1.5 cm以上的,可以用米尺测量其长度。纤维类植物分析记录表见表4-19。

4.5.2　淀粉和糖类

淀粉通常以淀粉粒状态存在于植物体中,其形状有圆形、椭圆形或不规则的形状多种,但对于某一种植物来说,它的形状是固定的,通过显微镜可以清楚地分辨。通常淀粉还可以分为简单的淀粉和复合的淀粉两种,简单的淀粉也叫单粒淀粉,如大麦、小麦和玉米等,复合淀粉含两个以上的淀粉粒,如马铃薯、燕麦、荞麦等。淀粉是一种多糖类化合物,加酸水解后可形成葡萄糖。

(1)淀粉粒大小和形状的测定。将含淀粉的植物材料切开,用小刀刮取少许粉末,放在载玻片上,加1~2滴清水,制成临时装片,然后在显微镜下观察,可见到圆形或椭圆形具有环状结构的淀粉粒。如果再滴上碘或碘化钾溶液,淀粉粒就会变成蓝色。用吸水纸将盖玻片周围多余的水吸去,置显微镜下观察淀粉的形状并量其大小。

表 4-19 纤维类植物分析记录表

编号：　　　　　　　　　　　　　　　　　　　　　　　　　填写人：

植物名称		
学名：	土名：	中文名：
采集地区：	植物标本采集号：	
资源性质表编号：	分析样品编号：	
实验室编号：	分析日期：	
结果		
纤维含量(%)		
水分（%）		
油脂（%）		
水溶物（%）		
果胶（%）		
酒精溶物(%)		
半纤维素(%)		
纤维素(%)		
木质素(%)		
灰分(%)		
单纤维长度(mm)		
单纤维宽度(mm)		
单纤维拉力(g)		
扭力(r/cm)		
公制支数(m/g)		
评语：		

分析人：　　　　　　　　　　　　　　　　鉴定单位：

（2）淀粉含量的测定方法很多，常用的是先将淀粉用淀粉酶或无机酸水解成最后产物葡萄糖，然后测定葡萄糖的含量，最后再计算出淀粉的含量。单糖的测定方法很多，包括物理方法和化学方法，这里不再赘述。

（3）糖的含量测定。首先取样品 25 g，经过研磨、水浴、过滤等程序制成分析材料。然后加入 10% 的中性或碱性醋酸铅溶液以澄清滤液中还原性物质和过滤困难的物质。淀粉、糖类分析记录表见表 4-20。

表 4-20　淀粉、糖类分析记录表

编号：　　　　　　　　　　　　　　　　　　　　　　　　　填表人：

植物名称		
学名	土名	中文名
采集地区：		植物标本采集号：
利用性质表编号：		分析样品编号：
实验室编号：		分析日期：
结果		
糖或淀粉含量(%)		
淀粉种类(单淀粉或复合淀粉)		
淀粉粒大小形状		
评语：		

分析人：　　　　　　　　　　　　分析单位：

4.5.3　油脂类

　　油和脂从化学结构上来讲,都是脂肪酸和甘油酯复杂的混合物,油在常温下是液体,而脂在常温下是固体。由于脂肪酸的饱和程度不同,油的性质也不同,一般将其分为干性油、半干性油和不干性油。

　　干性油:干性油脂肪酸是不饱和的,在空气中易氧化干燥形成富有弹性的柔韧固态膜的油类,有些可以食用,有些不能食用。干性油一般是浅黄色液体,主要成分是亚麻酸、亚油酸等不饱和脂肪酸的甘油酯。碘值在 130 以上,例如桐油、梓油、亚麻油等。干性油在添加催干剂、其他成膜物质(松香、合成或者天然树脂等)或者适度温度加工后可以广泛用于油漆、油墨、油毡和油布等工业。

　　半干性油:半干性油脂肪酸也是不饱和的,但含量相对较少。在空气中氧化后仅局部固化,形成并非完全固态而有黏性的膜,它经过化学处理能变干或形成坚固的薄膜,但不像干性油那样,一接触空气,很快就干了。玉米油、芝麻油和豆油都属半干性油。

　　不干性油:不干性油脂肪酸是饱和的,即指的是它在空气中不能氧化干燥形成固态膜的油类,主要成分为脂肪酸三甘油酯,代表油类为棕榈油、花生油等。

　　为了鉴定植物中所含油脂的应用价值,必须在室内对油脂的理化性质进行测定,通常测定的项目有比重、析光率、碘值、酸值和皂化值等。在进行油的理化性质测定前,必须制备供分析用的油,制备时既要考虑油的数量足够,质量上也要满足实验分析要求,不要因为制备方法选用的不合理而影响油的质量或选用对油的质量影响极小的制备方法。

　　在实验室条件下可以借助小型轻便的榨油机进行,但常常很慢,因此为了迅速取得油样,往往先用乙醚或石油醚浸泡,然后再进行榨油,将所得的溶液过滤,在 25~30 ℃下将溶剂蒸去即可得到油,再将油放在真空干燥器中,使残留的溶剂挥发,或者也可以用二氧化碳除去瓶中残留的溶剂,然后封好瓶口,放置于阴凉黑暗处,以避免由于油的氧化变质而影响测定数值。

（1）比重的测定。油的比重是在20℃下，油的重量和同一温度下或4℃下同一体积的水重量之比。通常情况下，我们可以用简单常用的比重瓶法进行测定。

固态脂的比重测定可以用体积测定法。

（2）折光率的测定。光在空气中的速度与光在某物质中的速度之比，即入射角正弦与折射角正弦之比，称为该物质的折光率。每一种植物油都有一定的折光率，这与它的分子结构有关。所以折光率是油脂的物理性质的重要指标，折光率随温度和波长而不同，通常多在20℃时和黄射线下测定，可用折光计进行测定。

（3）碘值的测定。与100 g脂肪相化合的碘的克数称为碘值。因为碘可以加合在不饱和脂肪酸的双键处，所以碘值能表明脂肪内不饱和脂肪酸的含量，碘值愈高，这类脂肪便愈近乎液态，在空气中愈易吸收氧而变干，也就愈适于制漆、涂料等，而不适于制食品，这类油即所谓干性油，其碘值都在140以上，碘值在100~140者为半干性油，100以下者为非干性油。

碘值的测定可以用氯仿、哈努斯溶液、碘化钾溶液、硫代硫酸钠等试剂。

（4）酸值的测定。酸值是表示中和1 g油中的游离脂肪酸所需苛性钾的毫克数。它是脂肪特性及状态极重要的指标之一。酸值过高，不宜食用。酸值常因油的纯度、新鲜度以及分解氧化程度而异，新鲜油脂的酸值常较小，储藏日久，酸值很易增高，所以测定酸值时，要用新鲜材料。

测定酸值方法的基础是先将油溶于中性酒精和乙醚混合液中，以酚酞作指示剂，用0.2 N苛性钾进行滴定。

（5）皂化值的测定。皂化1 g油所需苛性钾的毫克数叫皂化值。它表明需要多少碱不仅用来中和游离脂肪酸，也用来分解中性的甘油脂，并中和从其中产生的脂肪酸。

皂化数值的测定，可将一定量苛性钾加入油中，加热，以酚酞作指示剂，用硫酸滴定得出。植物油脂分析记录表见表4-21。

4.5.4 芳香油类

芳香油的测定方法很多，一般多采用水蒸气蒸馏法，它不但操作简单，仪器也相对简单，而且准确度也比较高，但对于那些遇热极易起分解作用的芳香油和含有溶于水的成分的芳香油是不适用的，而且就是对于一般的芳香油，也不应该直接过于激烈地加热，因为芳香油在高温以及氧气的作用下容易变质。光和某些金属的存在也会对这一过程有促进作用，因此蒸馏得到的芳香油，应该装入暗色的玻璃瓶中，密封瓶口，储藏于暗处，以备测定时使用。

（1）测定其在酒精中的溶解度。所有芳香油都易溶于酒精中。在稀酒精中，只有那些含有大量氧化物的芳香油才能溶解，而那些碳氢化合物是很难溶解的。因此，芳香油溶解度是指示其成分的重要指标。根据溶解度可以略约估计其中碳氢化合物含量的多少，从而初步确定其成分和品质。

可以将1 mL的芳香油放入量筒内，向其中不断滴入70%或90%的酒精，直到形成完全均匀的无乳浊现象的溶液。溶解度是以在20℃时溶解1 mL芳香油所需酒精的体积表示的。

表 4-21　植物油脂分析记录表

编号：　　　　　　　　　　　　　　　　　　　　　　　　　　　　填表人：

植物名称		
学名	土名	中文名
采集地区：		植物标本采集号：
资源性质表编号：		分析样品编号：
实验室编号：		分析日期：
结果		备注
含油量(%)		
颜色		
气味		
可食性		
比重		
折光率(20 ℃)		
碘值		
酸值		
皂化值		
乙醇溶解度		
醇的含量(%)		
醛的含量(%)		
酮的含量(%)		
评语		

分析人：　　　　　　　　　　　　　分析单位：

（2）醇的含量测定。在芳香油的组成物质中,有多种醇类(如肉桂醇、蔷薇醇、薄荷脑等)。这些醇大多具有令人愉快的香味而被利用在香料及食品工业中。所以,醇的含量测定也是芳香油质量的重要指标。

测定的方法通常采用醋酸将其乙酰化后,测定酯值。根据乙酰化后的酯值与未乙酰化的酯值之差,即可算出自由醇的含量。

（3）醛和酮的含量测定。醛和酮的含量也是芳香油品质鉴定中的重要指标。其中大多数都有愉快香味,如柠檬醛、雄刈萱醛、薄荷酮、香荆芥酮等。

醛的测定方法是根据醛可以和酸性亚硫酸钠起加成反应,形成水溶性的酸性亚硫酸化合物,可以由剩下的油的体积算出醛的含量。酮的含量是根据酮能够与盐酸化羟氨作用形成肟,而将盐酸析出来,用标准的碱溶液滴定,可求得酮的含量。芳香油类分析记录表见表 4-22。

表 4-22　芳香油类分析记录表

编号：　　　　　　　　　　　　　　　　　　　　　　　　　填表人：

植物名称		
学名	土名	中文名
采集地区：	植物标本采集号：	
资源性质表编号：	分析样品编号：	
实验室编号：	分析日期：	
结果	备注	
含油量(%)		
颜色		
气味		
可食性		
比重		
折光率(20 ℃)		
碘值		
酸值		
皂化值		
乙醇溶解度		
醇的含量(%)		
醛的含量(%)		
酮的含量(%)		
评语		

分析人：　　　　　　　　　　分析单位：

4.5.5　橡胶类

橡胶可以分为弹性橡胶和硬橡胶两种，它们都是高分子化合物，都不溶于水、乙醚，但可溶于石油醚、四氯化碳等溶剂，橡胶含量可用以下两种简单的方法进行测定。

（1）碱煮法测定。这个方法是根据碱可以破坏其他物质而使橡胶分离出来的原理进行的。碱煮法中的碱，多用3%氢氧化钠溶液。将一定量的样品放入其中，直到煮烂。经过冲洗过滤，样品中所含的橡胶就会聚在一起，干燥后称重，即可计算橡胶的含量了。这个方法适用于含胶多的材料。

（2）提取法测定。这个方法的原理是根据氯仿、乙醚、石油醚、苯等有机溶剂可以溶解橡胶，而不溶解糖类和蛋白质，因而可以将橡胶从样品中提取出来。本方法较碱煮法精确，但需时间太长，而且上述各种溶剂有的易燃，有的有毒，操作时要特别小心。操作时，可取上述溶剂中的任何一种进行提取橡胶,提取后将溶剂蒸干,剩下的就是橡胶。提取出来的橡胶中可能混有少量树脂,遇到这种情况,则需再用丙酮将树脂提取除净。

4.5.6　树脂类

树脂是植物伤口的流出物或分泌物,暴露于空气中,所含的挥发性物质挥发后,逐渐变黏而干燥,其质地发脆,遇热发软融化,遇水不溶也不膨胀,易燃,燃烧时有浓厚黑烟。树胶包括真树胶和植物黏液。前者遇水溶解;后者遇水膨胀,加热后碳化。

树脂的测定比较复杂,其成分不易测定,可将样品送交有相关技术和设备条件的科研院所等单位代为测定。橡胶植物分析记录表见表4-23。

表 4-23　橡胶植物分析记录表

编号:　　　　　　　　　　　　　　　　　　　　　　　　　　　　分析单位:

采集地区	分析样品编号	实验室编号	学名	土名	利用性质编号	分析日期	橡胶含量(%)	备注

4.5.7　丹宁类

丹宁是多元酚的衍生物,多含于木本植物的树皮、枝条、树叶和草本植物的茎秆中,特别在树皮中含量最高。

(1)丹宁种类的测定。丹宁可分为水解丹宁和凝缩丹宁两大类。水解丹宁的分子中均含有酯键或配糖物键,因此易于水解。凝缩丹宁的分子结构更复杂,分子中的各个部分都由碳链连结,遇强酸或进行氧化时就结合成不溶于水的物质。对这两种丹宁,可以用醋酸铅沉淀法进行测定区分。

(2)丹宁含量的测定。可用高锰酸钾氧化法进行测定,可以测出样品中丹宁的含量。丹宁类植物分析记录表见表4-24。

表 4-24 丹宁类植物分析记录表

编号：   填表人：

植物名称		
学名	土名	中文名
采集地区：	植物标本采集号：	
资源性质表编号：	分析样品编号：	
实验室编号：	分析日期：	
结果		
丹宁种类		
含量(%)		
水溶物总量		
含水量		
评语		

分析单位：   分析人：

4.6 资料整理与总结

4.6.1 资料的整理

4.6.1.1 整理植物标本

在野外调查中，采集了大量标本，应及时将它们制成腊叶标本和浸制标本，并查阅文献，鉴定名称。定名后的标本，应该按资源植物的类别进行分类，妥善存放。

植物标本是资源调查工作全部成果的科学依据。因此，每一份标本都要具备以下 3 个条件：标本本身应是完整的，包括根、茎、叶、花、果；野外记录复写单的各项内容应完整无缺；定名正确。

4.6.1.2 样品的整理

每一种样品都要单独存放(放入布袋、纸袋或其他容器内)，样品要拴好号牌，容器外面贴好登记卡。需要请外单位代为测定的样品应及时送出，不要拖延，以免时间过长后样品变质。

4.6.1.3 原始资料的整理

所有野外观察记录、野外简易测定结果、室内测定数据、各种测定方法、访问记录等，都是调查工作的原始资料。依据这些原始资料，才能发现和确定新的资源植物和提出如何对植物资源利用的意见。所以，要珍视各项原始资料。原始资料要按类别装订成册，由专人保管。

4.6.2 调查总结

调查总结主要以提出本地区各类野生植物资源名录、提出几种有开发价值的资源植物、提出本地区野生植物资源综合利用方案和撰写总结性报告等形式体现。

4.6.2.1 提出本地区各类野生植物资源名录

一份全面且详细的野生植物资源名录可以为本地区的植物资源开发和经济发展提供重要的线索与依据,意义重大。准确的野生植物资源名录,应该是在野外初查、实验室测定和蓄积量调查统计的基础上提出的。如果实验室测定和蓄积量调查不能按时完成,野生植物资源名录也可以暂时根据野外初查的结果提出。

对名录中的某一种资源植物,应说明它的生长位置有哪些、生境如何、利用部分、野外测定结果、可利用价值等项,如果做了实验室测定和蓄积量统计,应该在名录中写入这两方面的数值。

4.6.2.2 提出几种有开发价值的资源植物

每一种采集到的样品都应单独存放(放入布袋、纸袋或其他满足要求的容器内),样品要做好号牌,容器外面贴好登记卡。需要请外单位代为测定的样品不要拖延,应及时送出,以免时间太久导致样品变质。

4.6.2.3 提出本地区野生植物资源综合利用方案

根据调查地区的野生植物资源名录和重要资源植物情况,可以对调查地区的野生植物资源提出综合利用方案。方案内容应包括哪些植物资源可以开发利用,怎样开发利用,怎样做到可持续利用,怎样保护调查地区的濒危资源植物,怎样才能做到开发和保护相结合等。

4.6.2.4 撰写总结性报告

将调查工作的内容以"指导手册""小论文"的形式进行总结,投交相应网站或报刊发表,扩大影响力。

4.6.2.5 关于调查方法的思考

野生资源植物的传统调查方法在过去很长一段时间内为我国植物资源调查的经典技术手段,但其耗时、耗力,人为因素影响大的缺点也较为明显,因此有必要建立一套新的调查方法来进行野生资源植物调查。"3S"技术的引入则有可能弥补这些缺点。以遥感技术为先导的"3S"技术以其宏观、动态的特点,作为野生植物资源可持续开发利用研究的技术基础之一,在全球气候变化研究、资源调查、环境动态监测与预测以及国土空间规划中起着其他技术不可替代的作用。但在运用"3S"技术调查工作中,对于地物的识别也会出现一些问题,经常会遇到"同物异谱,异物同谱"的现象,以及受分辨率及研究对象复杂度的影响,遥感影像难以从复杂环境背景中分辨出细小地物,在对野生资源植物植被蕴藏量、单一植株的生长状况等方面调查时,难以提供较为准确的技术信息,而对于大多数野生资源植物来说,在群落中往往不是优势种,仅用遥感影像进行调查难度较大。另外,对于部分地区,由于云层、雨、雪等天气的影响,获取研究区清晰遥感影像的难度较大,碰到这样的问题时,则必须采用地面取样调查的方法,二者的结合将能更大程度地发挥这两种方法在野生资源植物调查中的作用。专家决策系统、数字技术等新技术近年来发展迅猛,在许多行业都得到广泛应用,在野生资源植物调查和动态监测中改进传统取样调查方法、引进"3S"技术以及专家决策系统、数字技术等新技术,将是资源植物有效保护和可持续开发利用调查研究的重要保证。

5 植被恢复与建设工程

植被恢复与建设工程就是在国土范围内广泛种植花草树木,封禁抚育植被,使环境优美卫生,防止水土流失。绿化可改善环境卫生并在维持生态平衡方面起多种作用。一般来说,植被恢复与建设工程包括植被恢复工程和植被建设工程两个方面。在生产建设项目中,采取的林草措施就可以认为其为植被恢复与建设工程。根据《水土保持工程设计规范》(GB 51018—2014)规定,生产建设项目的植被恢复与建设工程应根据主体工程所处的自然及人文环境、气候条件、立地条件、征地范围和绿化要求综合确定,也就是说,生产建设项目植被恢复与建设工程包括水土保持植被恢复与建设和园林工程绿化两部分内容。本书主要论述通过采取人工手段种植植被,开展绿化工程建设。关于采用封禁抚育手段自然恢复植被不再论述,读者可以参考相关书籍或规范进行。

5.1 工程级别及设计标准

5.1.1 工程级别

植被恢复与建设工程级别分为三级,以水利水电工程项目为例,关于水利水电项目植被恢复与建设工程级别,主要考虑主要建设物级别、土地性质以及工程类型等因素确定。根据《水土保持工程设计规范》(GB 51018—2014)规定,主要建筑物为1、2级时,生活管理区、枢纽闸站永久占地区的植被恢复与建设工程级别为1级,堤渠永久占地区植被恢复与建设工程级别为2级;主要建筑物为3级时,生活管理区、枢纽闸站永久占地区的植被恢复与建设工程级别为1级,堤渠永久占地区植被恢复与建设工程级别为2级;主要建筑物为4级时,生活管理区、枢纽闸站永久占地区的植被恢复与建设工程级别为2级,堤渠永久占地区植被恢复与建设工程级别为3级;主要建筑物为5级时,生活管理区的植被恢复与建设工程级别为2级,枢纽闸站、堤渠永久占地区植被恢复与建设工程级别为3级。另外,弃渣场、取料场、施工生产生活区、施工交通等临时占地区植被恢复与建设工程的级别统一为3级。

当工程项目区涉及城镇、饮水水源地保护区和风景名胜区等生态敏感区时,植被恢复与建设工程的级别应提高一级。

5.1.2 设计标准

根据《水土保持工程设计规范》(GB 51018—2014)规定,植被恢复与建设工程设计标准应符合下列规定:

(1)1级植被恢复与建设工程执行工程所在地区的园林绿化工程标准,满足景观、游憩、环境保护和生态防护等多种功能的要求。

（2）2级植被恢复与建设工程执行工程所在地区的生态公益林标准,满足生态防护和环境保护要求,当有景观、游憩等功能要求时,结合工程所在地区的园林绿化工程标准,在生态公益林标准基础上适度提高。

（3）3级植被恢复与建设工程执行工程所在地区的生态公益林标准,满足环境保护和生态防护等功能的要求。

5.2　水土保持植被恢复与建设

水土保持植被恢复与建设是指在水土流失地区或由于生产建设项目施工对地表扰动造成水土流失区域,通过人工栽(种)植植被或封禁抚育等手段,调节地表径流,防治土壤侵蚀,减少河流、湖泊和水库泥沙淤积,满足当地环境保护和生态防护等功能要求的活动。

5.2.1　立地条件及植物种选择

立地条件类型划分与植物种选择是适地适树(种)的基础,适地适树(种)是植被恢复与建设工程中最重要的基本原则之一,它是决定植树种草成败的关键。要很好地贯彻这一原则,就必须充分了解树草种的生物学特性和生态学特性,了解不同树(草)种与环境之间的关系,在正确划分立地条件类型基础上,选择适生的树(草)种,做到适地适树(种),进行科学植树种草,才能保证植被恢复与建设工程取得成功,更好地防治水土流失。

5.2.1.1　立地条件

对立地条件进行分类与评价,就可以在每一个立地条件类型上配置和种植与之相适应的植物种,实施最适宜的技术措施,不仅有利于植树种草施工,还能够大大提高植树种草工作的水平和成效。只有科学地划分立地类型、评价立地质量,才能合理地确定不同立地类型上的乔木、灌木和草本种类,并在工作实践中证明这些植物种能完成正常生长发育过程,达到植树种草预期目标,才可以真正做到适地适树、适地适草。

1.主要立地因子

在进行植树造林设计前,需要对立地进行分类与评价,一般采用的立地因子主要包括三大类,即自然环境因子、森林植被因子和人为活动因子。自然环境因子包括气候、地形、土壤和水文等,森林植被因子主要指植物的类型、组成、覆盖度及其生长状况等,人为活动因子主要指人活动的影响程度。在这些因子中,主要研究和应用起主导作用的因子。

1）自然环境因子

（1）气候。

气候决定了植物赖以生存的水热条件,从而形成了植被类型的分布。例如,我国地域上由北向南,由于纬度变化造成热量变化,森林系统形成了寒温带针叶林带,温带针阔叶混交林带,暖温带落叶阔叶林带,亚热带常绿阔叶林带,热带季雨林、雨林带和赤道雨林带等不同森林植被类型。此外,在同一个热量带内,由于经度不同及大地形的干扰,水热条件还有一定差异。我国地域上由东向西,由于经度以及大地形变化,草原系统形成了典型温带草原、荒漠草原和高寒草甸、草甸草原等不同草原植被类型。

　　大气候主要决定着大范围或区域性植被的分布,而小气候明显地影响树种或群落的分布。由于气候的这一特性,在立地分类系统中,气候一般作为地域分类的依据或基础,在立地类型的划分中并不考虑气候因子。小气候对林木生长的影响也很重要,但很少用于立地质量评价和分类,这是因为小气候的变化常常与地形变化紧密相关,而地形的变化还伴随着土壤等因子的改变,如坡向、坡位的不同,小气候与土壤条件同时发生改变,因此很难单独获得气候因素与林木生长良好相关的资料。

　　(2)地形。

　　地形因子并非植物生活的基本因子,但地形能够影响与植物种生长发育直接相关的水热条件和土壤条件,从而反映出不同植树造林区域在宜林性质和生产潜力之间的差异。地形因子主要包括海拔、坡向、坡度以及地貌部位等。

　　海拔的变化对区域性气候影响很大,海拔每升高 100 m,气温平均下降0.56 ℃;纬度增加1°,气温相差1.5 ℃。当研究的范围较小时,特别是生产建设项目区域,海拔不作为划分立地条件类型的因子。

　　山地的坡向对光、热、水等条件具有再分配的作用,形成了不同坡向、坡地的小气候条件,直接反映坡地土壤温度及其水分的明显差异。据山西太岳山国有林管理局等在沁源县马泉林场的定点试验,表土 20 cm 深处的温度,早春阳坡比阴坡高出5.9 ℃,在雨季高1.9 ℃,秋季高4.6 ℃。不同坡向水热条件的差异往往是植被差异的决定性条件,不同坡向土壤养分也有一定差异,阴坡土壤有机质含量高,东、西坡居中,阳坡最低。

　　坡向又和坡度结合起作用,坡度很缓时,阴坡和阳坡所接受的太阳辐射能量相差不大,坡度较陡时,则不同坡向水热条件会显著不同。坡度不同,水土流失程度、拦蓄地表径流能力差异较大,坡度越陡,地表径流越大,水土流失也就越严重,土壤就越干燥、瘠薄,植物生长就越差。

　　不同的地貌类型区,地貌特点不同,地貌部位的划分也不一致,即使在同一个地貌类型范围内,也要根据当地具体情况进行划分。不同地貌部位的温度、风的状况、土壤的薄厚以及土壤水分状况都有很大差异,植物种以及植树造林技术也不同,因此地貌部位是划分立地条件类型的重要因子之一。

　　(3)土壤。

　　土壤是植物种生长的基质,是植物立地的基本因子。土壤因素本身受气候、地质、地形等多种因素的影响,形成了不同地理区域的土壤差异性,而不同的土壤类型也决定了不同植物种的分布和生长潜力。土壤性质包括土壤种类、土层厚度、土壤质地、土壤结构、土壤养分、土壤腐殖质、土壤酸碱度、土壤侵蚀程度、各土壤层次的石砾含量、土壤含盐量以及土壤母质类型等。

　　土层厚度是植树造林区域土壤肥力的一个重要指标,厚层土壤植物根系发展空间大,所蕴含的养分总量多。但无论任何植物种,在土层厚的地方都会比土层薄的地方生长良好。土层厚薄一般可分为 3 类:厚层土,土层厚度大于 50 cm;中层土,土层厚度为 25～50 cm;薄层土,土层厚度小于 25 cm。

　　土壤质地是影响土壤水分的关键因子,不同土壤或母质类型因土壤质地不同,其物理化学性质差异较大。土壤质地与土壤温度、土壤透水性、保水力、保肥力、土壤空气及土壤的紧实程度等许多性质有密切的关系。因此,土壤质地对植树造林工作有很大影响。土壤质地可按物理性黏粒(0.01 mm 土粒)含量多少分类,在植树造林工作中一般可分为 3~5 级:砂土,物理黏粒的含量在 10% 以下;壤质土,物理黏粒含量在 10%~60%,必要时壤质土又可分为砂壤土、轻壤土、中壤土和重壤土四级;黏土,物理黏粒含量在 60% 以上。

此外,影响植树造林工作的土壤性质还有土壤 pH、土壤盐渍化程度、地下水位的高度、石灰结核含量及结核层分布深度等,应根据当地的具体情况决定是否将其作为划分立地类型的因子。

(4)水文。

水文条件包括地表径流量以及季节变化、地下水深度及季节性变化、地下水的矿化度及其盐分组成、有无季节性积水及其持续期等。对于平原地区,该因子特别是地下水位起到重要的作用,一般在划分立地条件类型时要考虑,而在山区的立地分类中一般不考虑。

2)森林植被因子

在植被未遭受破坏的地区,植被状况能反映出立地的质量,特别是某些生态适应幅度窄的指示植物,可以较清楚地揭示植树造林区域的小气候、土壤水肥状况,帮助人们深化对立地条件的认识。例如,蕨类植物生长旺盛指示该区域生产力高;马尾松、茶树、映山红和油茶等植物指示酸性土壤;黄连木、杜松、野花椒等指示土壤中钙的含量高;柏木、青檀、侧柏天然林生长地的母岩多为石灰岩;仙人掌群落指示土壤贫瘠和气候干旱等。但在我国,多数天然林地植被受破坏比较严重,不少地方连次生植被也不多见。因此,植被因子不作为划分立地类型的主要因子。然而,某残存的天然植被仍可作为判别立地质量、选择适合当地生长的植物种、拟定植树造林措施的一种依据或参考。

3)人为活动因子

不合理的人为活动,如取走林地枯枝落叶、严重开采地下水,会使立地劣变,产生土壤侵蚀,降低地下水位。由于人为活动因子的多变性和不易确定性,在立地分类中,一般只作为其他立地因子形成或变化的原动力之一进行分析,而不作为立地条件类型的组成因子。

2.立地主导因子

在一块植树造林地上,作用于植物生长的环境因子相当多,如果全部罗列出来,很难找出头绪。然而,由于各个因子所起的作用差异很大,有些因子对植物生长发育的作用微不足道,有的因子却起着决定性的作用,这些起决定性作用的因子就被称为主导因子。一般而言,在分析立地条件与植物种之间关系时,没有可能也没有必要对所有立地因子进行调查分析,只要找出主导因子,就能满足植物种选择和制定植树造林技术措施的需要。

主导因子可以从两个方面去探索:一方面逐个分析各环境因子与植物生长必需的生活因子(光、热、水、气、养)之间的联系,从分析中找出对生活因子影响最广、影响程度最大的那些环境因子;另一方面则是找出处于极端状态,有可能成为限制植物生长的那些环境因子,按照一般规律,成为限制因子的多是起主导作用的因子,如干旱、严寒、强风、冰雹、过高的土壤含盐量等。把这两方面结合起来,重点考虑保证植物生长所需的光、热、水、养等的生活因子,逐个分析各环境因子的作用程度,注意各因子之间的相互联系,特别注意那些处于极端状态,有可能成为限制因子的环境因子,主导因子就不难找出。

5.2.1.2 植物种选择

植物种的选择是实现适地适树、适地适种的最主要途径,也是整个植树造林工作的首要任务。不仅关系到植树造林工作的成败,还关系到这项工作的社会、经济效益和社会效益的发挥。植物种选择要以植物本身的生态学特性、生物学特性以及林学特性为基础,使植物种与立地条件相适应,更好地保证植物种的成活率,满足植树造林的工作目的。

1.植物种选择原则

1) 适地适树、适地适种原则

适地适树、适地适种是指选择的植物种要适应立地条件,这是植树种草必须遵循的最基本原则。由于植物本身就是一个生态系统,植物种作为其重要的组成部分,因此植物种选择必须作为生态系统进行全方面的考虑。首先考虑区域内立地条件,如温度、光照、湿度、肥力等状况,是否能够满足植物种的生态要求;其次考虑植物种选择必须坚持生物多样性的原则,越是立地条件好的区域,越应该选择较多的植物种,以营造结构较为复杂的植物生态系统,发挥更好的生态效益和生产潜力。

2) 经济合理、便宜可行原则

经济合理、便宜可行是指所选择的植物种各种性状要满足植树造林的目的,包括生态防护、水源涵养、绿化美化等,还要满足植物材料来源可靠、繁殖技术安全、造林成本合理、养护方法简单等特性。

2.植物种选择要求

水土保持植被恢复与建设工程的主要目的是拦蓄地表径流,涵养水分,固定土壤,免受各种外营力的侵蚀。因此,水土保持植物种选择要求包括:植物种适应性强,能适应不同类型的特殊环境,如植物种要耐干旱瘠薄、耐水淹、抗冲淘等;植物种生长迅速,枝叶发达,冠幅浓密,能在林下形成良好的枯枝落叶层,以拦蓄降雨,防止雨滴溅蚀,保护地表,减少冲刷;植物种根系发达,特别是侧根发达,能笼络固持土壤,在表土疏松、侵蚀作用强烈的地方,选择根蘖性强的植物种或蔓生植物种;植物种树冠浓密,落叶丰富且易分解,具有改良土壤的性能,如豆科植物种,能提高土壤保水保肥能力;植物种选择要充分注重选用乡土优良植物种,也可以采用引种,在适应立地条件和符合工程目的的前提下,尽量选用经济价值高,又容易营造的植物种。同时要注意选用的植物种来源可靠,抗病虫害性能强。

5.2.2 造林密度及种植点配置

在进行水土保持植被恢复与建设工程设计时,特别是水土保持林营造设计,造林密度和种植点配置是比较重要的内容,决定着林分的结构,对林内树木的生长发育,以及林分的产量、质量和防护效益都产生极大的影响。

5.2.2.1 造林密度

造林密度亦称初植密度、栽植密度,是指单位面积造林地上栽植点或播种点(穴)的数量,单位一般为株(穴)/ hm^2。造林密度是影响人工林郁闭时间,发挥森林防护效益和影响木材产量、质量的重要因素。造林密度适当,可最大限度地利用空间,保证人工幼林及时郁闭,使林分具有最大平均高、胸高断面积,从而达到速生、丰产、优质的目的。一般情况下,造林密度越大,林分郁闭越快;造林密度越小,林分郁闭越迟。造林密度关系到群体结构,只有合理的群体结构才能达到造林的目的。

1.造林密度的意义

(1)密度对树冠生长的影响。密度较大的林分,树冠之间相互抑制作用发生较早;而密度较小的林分,个体所占空间较大,树冠互相抑制作用发生较迟。密度越大,平均冠幅越小;密度越小,平均冠幅越大。

(2)密度对胸径生长的影响。一般来说,林木的平均胸径随密度的增加而递减。但是,这种关系随林分年龄而有所变化。在幼龄林阶段,由于不同密度林分平均单株叶面积差异不大,因而平均胸径差异不显著。随着林龄增长,不同密度林分的平均冠幅的差距扩大,其平均胸径大小才日趋悬殊。但是到一定年龄,不同密度林分间的平均胸径呈平行曲线增长。

(3)密度对树高生长的影响。在林分生长发育的不同阶段有不同的表现。幼林时期,较密的林分郁闭较早,树高生长优于较稀疏林分。但随林龄增长,各类密度林分相继达到郁闭,都形成森林环境,这时各密度林分的平均高不会有显著差异。但对于过密的林分,其高生长常因立木对光照和其他主要生长因子的竞争而受到阻碍,其平均高反而较小。

(4)密度对材积生长的影响。造林密度对单株材积生长的影响,与它对胸径生长的影响是完全一致的,即林分的平均单株材积是随密度增加而递减的。在年龄较大的林分中,这种趋势更明显。至于单位面积上的蓄积量,它受单株材积和单位面积上株数两个因子所制约,这两个因子之间的关系是互为消长的。一般幼林阶段,单位面积上的株数对单位面积上的产量起主导作用。即随密度增加而增加,但密度达到一定限度,蓄积量就稳定在一定的水平上,密度继续增加,蓄积量反而下降。在林分发育的后期,林分的平均单株材积将逐渐起主导作用,较稀林分的总蓄积量反而逐渐赶上或超过较密林分。必须指出的是,对于不同树种,这两个因素的消长关系并不一致。某些速生阳性树种,造林密度所起主导作用时间较短,消失得较早,而一些慢生阴性树种,造林密度这个因子对单位面积总产量的影响,持续时间是较长的。

(5)密度对生物量的影响。一般在幼林阶段,树干、枝、叶等的干物质产量随密度增加而增加,到一定年龄后,其生物产量就保持在一定水平上,但林分密度过大,产量反而降低。

(6)密度对材质的影响。密度较大的林分,个体之间相互遮阴,侧枝受光条件差,枝条发育较纤弱,自然整枝较大,树干上节疤少而小;密度较小的林分,受光条件好,侧枝较发达、粗壮,自然整枝差,树干上节疤百分率大,节大,影响材质。株行距不同对树干比重有一定影响,它是随林分密度增加而提高的,这是由于较密林分树干的晚材与早材比例较稀疏林分的立木为高。尖削度是衡量木材质量的又一指标,它同样受到密度影响。一般树干尖削度是随密度增加而递减的,对那些侧枝发达的树种更是如此。

2.造林密度确定原则

(1)林种不同,造林密度不同。林种和材种不同,采用的密度也不同。用材林的造林密度因材种而异,培育大径材宜稀植,或先密后稀,适时适量间伐,调节密度。培育中、小径材密度大些,而薪炭材则更应密植。防护林造林要求特殊结构,造林密度应根据防护效能而定。以防风为主的农田防护林一般采用疏透结构为好。水土保持林要求迅速覆盖地面,林下能形成较厚的枯落物层,因此造林密度应大些。特用经济林以生产其他林产品为目的,一般造林密度不宜过大,特别是以生产果实为目的时,应以树冠最大发育程度来确定其密度。

(2)树种不同,造林密度不同。各树种的生物学特性不同,对光照及其他立地因子要求各异,必须根据不同树种特性做出选择,不能千篇一律。阳性树种,生长迅速,必须适当稀植,但某些阳性树种,在稀植情况下,影响干形,则应适当加大密度,以利干形培育,但要适时间伐。冠形开阔树种,密植影响生长;窄冠树种稀植影响产量。

(3)立地不同,造林密度不同。立地条件好坏是林木生长快慢的基本条件,立地条件较好,给林木生长提供充分水肥,林分速生高产,造林密度宜小;相反,立地条件较差,密度可大些。

(4)经营不同,造林密度不同。造林密度往往受经济法则所制约。有些地区,经营条件在某种程度上是决定当地造林密度的主要因素。交通不便,劳力缺乏,小径材无销路,没有条件间伐的地区,造林密度宜小,初植密度就是将来的成林密度。交通方便,缺林少材,小径材需要量大的地区,可采用较大密度,在育林过程中及时间伐,调节密度,促进生长,并可取得部分小径材。

3.造林密度确定方法

造林密度是根据选定的树种,在一定的造林目的、立地条件和栽培条件下测算确定的。确定造林密度的方法主要有经验法、试验法、调查法和图表法等。

(1)经验法。对过去人工造林的密度进行调查,判断其合理性和进一步调整的方向。应用经验法时,要注意造林密度的确定应当建立在一定的理论知识、丰富的生产经验的基础上,避免主观臆断。

(2)试验法。用不同造林密度的试验确定合理的造林密度,这是最可靠的确定造林密度的方法,但是这种试验需要等待很长时间才能得出结论,而且要花费大量的精力和财力,因此通常只对主要造林树种,在典型生长条件下进行密度试验,得出密度作用规律及其参数。应用试验法时,要注意试验只能得出密度作用的生物规律,实际指导生产的密度范围,还要做进一步的经济分析。

(3)调查法。调查现有林分不同密度下的生长发育状况,取得大量数据后进行统计分析,计算各种参数确定造林密度。重点调查因子包括初植密度与第一次间伐的时间、林木生长的速度;密度与树冠大小、直径生长、个体体积生长的关系;密度与现存蓄积量、材积生长量、总生物量的关系;密度与树冠扩展速度、郁闭年限的关系。

林木营养面积大小一般与林木冠幅大小相联系,通过研究发现,适宜的冠幅面积(垂直投影面积)代表林木生长发育所占的养分空间。掌握某一树木平均冠幅随年龄而变化的规律,然后根据要求幼林郁闭的年限和该年限的平均冠幅,以及希望达到的郁闭度,按下列公式进行计算,即可得到该树种的造林密度:

$$N = \frac{S}{D}P$$

式中 N——造林密度,株/ hm^2 ;

S——植树造林面积, hm^2 ;

D——某树种要求郁闭的平均冠幅或冠幅投影面积, m^2 ;

P——要求达到的郁闭度。

(4)图表法。依据当地主要造林树种的密度管理图或密度管理表确定造林密度,具体操作时,按第一次间伐时要求达到的径级大小,在密度管理图上查出长到这种大小且疏密度高于0.8时的对应密度,以此密度再增加一定数量,以抵偿生长期可能出现的平均死亡率。

5.2.2.2 种植点配置

种植点或播种点在造林地上的间距及排列方式即为种植点配置。造林密度只是形成林分结构的数量基础,而种植点配置才可以表现出林分的结构形式。种植点配置的不同影响着林木之间的相互关系。

1.种植点配置的意义

在一定造林密度的基础上,种植点配置在造林及林木生长前期,对林木的光照、水分、养分利用及种间关系有一定的影响。另外,种植点配置方式也与幼林抚育有密切的关系,所以在造林之前,必须合理地确定种植点配置方式。

2.种植点配置方式

种植点配置方式主要分为行状配置和群状配置两种方式。

(1)行状配置。水土保持林种植点配置要考虑树种的生物学特性、防治水土流失的效果,一般行向与等高线一致,在中国国土范围内,还要考虑光热的影响。一般来说,行向为东西向,可以充分接受光照,特殊地方林分的行向可以采用南北向。具体的配置方式如下:

正方形配置——株行距相等,苗木之间距离均匀,有利于树冠发育均匀,林木能充分利用营养空间,根系分布均匀。

长方形配置——造林中最常用的一种配置方式,株行距不等,一般来说行距大于株距,行内株间树种早郁闭,能提前收到株间郁闭的效果,增强幼林的稳定性。长方形配置方式适合于平坦的造林地和坡度平缓、地块相连的坡地。

三角形配置——一般三角形配置方式多为正三角形,要求相邻行的种植点错开呈现"品"字形,这种配置方式行距小于株距,能更有效地利用空间,使树冠发育均匀,防护作用最大。一般适用于丘陵和山地造林。

(2)群状配置。也称为植生组配置或簇式配置。这种配置方式的特点是植株在造林地上呈不均匀的群状配置,群内植株密集,群间的距离较大。群的大小与立地环境条件有关,从3~5株到几十株,群的数量一般为成林的密度,群的排列呈规则或不规则的,随地形而定。这种配置方式主要适用于恶劣环境条件、低产林改造、阔叶林改针叶林等。

群状配置的特点是整个造林地上以簇为单位的密度较小,而簇内的密度较大,簇式配置能保证群簇植株迅速达到郁闭,有利于抵抗干旱、日灼、杂草等不良环境因子的影响,能够提高幼林成活率和保存率。然而,随着群内苗木生长,幼苗间的矛盾也逐渐突出,林间竞争加剧,分化明显。这种配置方式对光能的利用和树干的发育都不如行状配置,一般造林较少采用,只是在迹地更新以及低价值林分改造上具有一定的实用价值。

3.不同配置密度

实际植树造林过程中,地块上需要栽植树木的数量要综合考虑造林密度和种植点配置方式两个方面的要求确定。

当树种采用行状配置方式时,通过不同树种的株行距、植树造林面积以及配置方式可以计算确定种植点配置密度。计算公式如下:

正方形 $N=A/a^2$

长方形 $N=A/ab$

三角形 $N=A/(0.866a^2)$

式中　N——种植点配置密度,株/hm²;

　　　A——植树造林面积,hm²;

　　　a——某树种株距,m;

　　　b——某树种的行距,m。

当树种采用群状配置方式时,根据每一个簇中到树木壮龄阶段(防护效益最佳)至少要保存1株的原则,按此阶段林分生长发育所必需数量来确定簇的密度。簇内种植的株数以能获得在该条件下足够壮大的植生组为标准,从3~5株到20~30株,根据树种特性、立地条件及栽植条件不同而异。群状配置方式时,种植点配置密度=簇的密度×每簇内种植的株数。

在实际造林工作中,往往配置方式不是唯一的,一般会根据立地条件、树种特性以及栽植条件的不同综合分析采用不同的配置方式,更好地发挥水土保持林的防护效益。

5.2.3　植草设计

5.2.3.1　人工种草

人工种草首先要考虑种子播种量的多少,根据种子质量、大小、利用情况、土壤肥力、播种方法、气候条件以及种子价值确定播种量,播种量的大小取决于种子大小以及单位面积上的额定苗数。

一般情况下,若知道某植物种子的千粒重和单位面积播种籽数就可以计算出理论播种量,即

$$W_L=M\times G/100$$

式中　W_L——理论播种量,kg/hm²;

　　　M——单位面积播种籽数,粒/m²;

　　　G——种子千粒重,g。

但是在实际工作中,播种量还需要考虑种子纯净度、发芽率、成苗率以及施工损耗(2%~5%)等因素。因此,设计播种量=理论播种量×(1+5%)/(种子纯净度×种子发芽率×成苗率)。

通过多年实践,常见的草本植物播种量可以参照以下数值进行考虑,紫花苜蓿一般11.5~15 kg/hm²,白花草木樨11.25~18.75 kg/hm²,红豆草45~60 kg/hm²,红三叶11.25~12 kg/hm²,披碱草52.5~60 kg/hm²,无芒雀麦22.5~30 kg/hm²,沙生冰草15~22.5 kg/hm²,老芒麦22.5~30 kg/hm²,苏丹草22.5~30 kg/hm²,羊草37.5~60 kg/hm²。

5.2.3.2　铺设草坪

草坪铺设前要平整坡面,清除坡面上的石块、枯枝等杂物,使坡面符合设计要求。草坪移植前应提前24 h修剪并喷水,并镇压坪床,保持土壤湿润。当草皮铺设于地面时,草皮间留1~2 cm的间距,并采用0.5~1.0 t重的滚筒压平,使草皮与土壤拉紧、无空隙,这样易于生根,保证草皮生长。常用的草坪铺设包括满铺和散铺两种形式。

1.满铺草皮

顾名思义,满铺草皮就是能有效形成“瞬时”草坪,但是草坪成本较高。一般来说,将草皮切成宽25~30 cm、厚4~5 cm、长2 cm以内的草皮条,以1~2 cm的间距进行铺设,邻块接缝错开,将整个坪床铺满。这种方法形成的草坪铺设面积即为坪床面积。

2.散铺草皮

这种方法主要是将草皮切成长30~50 cm、宽30~50 cm、厚4~5 cm的草皮块,又可分为铺块式和梅花式两种,其中铺块式是指将草皮铺设于坪床,草皮间隔3~6 cm,这种方法形成的草坪铺设面积为坪床面积的1/3左右;梅花式是指将草皮块相间排列,这种方法形成的草坪铺设面积为坪床面积的1/2。

5.2.4　整地工程及种植方法

整地就是在植树造林(种草、建坪)前,清除地块上影响植树造林(种草、建坪)效果的残余物质,包括非目的植被、采伐剩余物等,并以翻耕土壤为主要内容的技术措施。整地能改善立地条件,增加土壤水分和养分,整地方式一般分为全面整地和局部整地两种。生产建设项目一般栽植树木时,采用局部整地方式,而种草和铺设草坪时,采用全面整地方式。

5.2.4.1　造林整地及栽植方法

1.整地

造林地整地技术规格包括整地的深度、宽度、长度、断面形式、间距以及其他质量要求等。整地技术规格的制定,应有一定的科学依据。

(1)深度。整地深度是整地各种技术指标中最重要的一个指标。适当增加整地深度,加厚疏松肥沃的土层,往往比加大整地面积更能给林木生长发育创造适宜的环境。整地深度的确定,一般会考虑下列条件:

①气候特点。气候干湿类型不同,整地的深度也有差异。一般来说,干旱地区为了提高蓄水能力,增加土壤含水量,整地深度要比湿润地区深。同时,整地深度还要考虑坡面径流量的大小,既不能浪费降水,也不能无限下挖,造成人力、物力的浪费。

②立地条件。同一地区,立地条件不同,整地深度也有所不同。一般来说,低海拔、阳坡区域,土壤水分含量低,整地深度要比高海拔、阴坡区域深。水土流失严重的区域比不发生或者水土流失程度较低的区域要深。同时,土壤本身的特性对整地深度也有影响,土壤含水量丰富、波动较小、土层较厚、母岩风化良好等区域,整地深度要尽量加深。

③树种特性。植物种的根系分布也决定着整地深度。一般来说,大苗宜深,小苗宜浅。深根性树种宜深,浅根性树种宜浅。

总之,整地深度决定了土壤蓄水保墒能力,增加了深层土壤的地温,改善了土壤条件,促进了树种根系发育,从而加速了林木生长。研究结果表明,适宜的整地深度一般为0.5~0.6 m,这将有助于降低造林成本,同时也可以满足林木生长的基本需求。

(2)宽度。整地宽度,特别是局部整地的破土宽度取决于造林地的自然条件和项目业主的经济条件,通常以最大限度改善造林地立地条件为原则。整地宽度一般通过下列条件进行确定:

①立地条件。整地不仅可以保持水土资源,减少泥沙下泄,而且又是水土流失的诱导因素。因此,水土流失严重区域,整地宽度不宜过大。另外,坡度的大小也会影响整地宽度。在陡坡区域,整地宽度过大,断面内切过深,则土体就会产生不稳定荷载,容易发生崩塌或水土流失,因此陡坡区域整地宽度一般要小于缓坡区域。

②植被状况。在植被覆盖度良好区域,乔灌草遮阴范围比较广,新造林地在自然养分竞争中处于劣势地位,因此整地宽度应大一些,这样有利于幼林地面部分以及地下根系部分有较大的伸展空间,可以更好地争取光照、水分以及养分,有利于提高造林成活率。

③经济条件。因为整地宽度与所需的劳力、物力和时间有关,所以建设单位本身的经济条件也决定着整地的宽度,有能力的建设单位可以提高造林地的设计深度,加大整地宽度。

(3)长度。整地长度主要是指采用带状整地或者块状整地时,也就是水平阶、反坡梯田、水平沟等措施的边长。生产建设项目中水土保持植被恢复与建设工程涉及此类整地比较少,但是如果工程占地范围内存在水土流失严重的坡面,可以考虑采用此类措施。整地长度一般与地形破碎程度、裸岩或伐根的分布和坡度有关。通常来说,坡度越陡,地形越破碎,影响整地施工的障碍越多,整地长度宜短,因为长度过大,破土面不易保持平衡,反而会造成地表径流大量汇集,沿坡面产生水力冲刷。

(4)断面。整地断面形式就是破土面与原地面(坡面)所构成的断面形式。这种断面形式一般与造林区域的气候特点和立地条件相适应。一般来说,在干旱、半干旱地区,为了更多地积蓄大气降水,减少蒸发,增加土壤湿度,整地断面通常低于原地面或与原地面构成一定的反坡,如水平沟、鱼鳞坑、反坡梯田、机械开沟等,以构成一定的积水容积;而在湿润、多雨地区或地下水位过高地区,为了排除多余的土壤水分,提高地温,改善通气条件,促进有机质分解,整地断面可高于原地面,如高垄、台田等;介于干旱和过湿类型之间的半湿润地区造林,整地断面也应采用中间类型的形式,断面与原地面平行,如穴状、带状等。

(5)间距。整地间距主要是指穴状、鱼鳞坑、带状、水平阶以及反坡梯田等整地时,彼此之间的间距。整地间距主要根据造林地坡度和植被状况而定。一般来说,在陡坡、植被稀少、水土流失严重的区域,整地间距可以适当放大,计算整地带(穴)的有效容积以及其上的地表径流,原则上应使地表径流全部被整地带(穴)所容纳,整地宽度与保留间距之间的比例可以采用1:1,甚至1:2;而在缓坡、植被茂盛、水土流失轻微的区域,整地间距可以适当缩短,整地宽度与保留间距之间比例可以采用1:1,甚至2:1。研究发现,在干旱地区一般上下行距为3~5 m,湿润地区一般上下行距2~3 m,株距可以根据实际情况采用1~3 m。

(6)其他。整地的技术规格还涉及有无土埂、质量要求、土方开挖顺序、土方回填顺序、土壤安息角、洪水防御标准、泄水坡度和整地精度等其他一系列要求,这些都需要在实际造林工作中引起足够重视。

实际造林工作中,除了注意整地的方式和规格,还要注意整地的时间,一般来说,适宜的整地时间,能够充分利用外界有利条件,较好地改善立地条件,提高造林成活率。整地时间可以分为随整随造和提前整地两种情况,第一种情况一般在土壤湿润、土层深厚、杂草以及灌木覆盖率不高的造林地,随整随造,能收到良好的效果,在风沙地区,整地可能会加剧风蚀的影响,因此随整随造也比较适合;第二种情况一般最好整地和造林之间间隔一个降水较多的季节,这样能有效蓄存降水,保水保墒,而且土壤也会变得比较松软,特别是干旱地区,提前整地能有效提高造林的成活率。

2.造林

造林方法一般按照人工造林所选用的种植材料不同而划分为植苗造林、播种造林和分殖造林3种方法。生产建设项目中普遍采用植苗造林方法,其次采用分殖造林方法,几乎不会采用播种造林方法。

1)植苗造林

植苗造林就是以苗木作为造林材料进行植被建设活动的方法,又称为栽植造林和植树造林。

(1)适用条件。应用植苗造林的造林地基本不受限制,尤其是立地条件比较差的造林地,比播种造林和分殖造林更为可靠,如干旱、半干旱地区,盐碱地区,水土流失严重区域,极易滋生杂草的地区,容易发生冻拔危害的地区,以及鸟兽危害严重造成播种造林受限的地区等。

(2)苗木规格与质量。植苗造林的苗木分为播种苗、营养繁殖苗、移植苗和容器苗等种类。根据苗木种植时是否带土坨,又可以分为裸根苗和带土坨苗两大类。一般来说,根据国家和地方的苗木标准确定的苗木分级规格,水土保持植苗造林选取的苗木应选取生长健壮、根系发达的一级、二级苗。

(3)苗木保护与处理。苗木保护与处理的目的是维持苗木体内水分平衡,特别是采用裸根苗造林时,必须在起苗、分级、包装、运输、假植和栽植等各个环节加强保护,最大限度减少苗木失水,同时防止根、茎、叶、芽等受到机械损伤,避免受热和受冻。为了保持苗木体内水分平衡,栽植前可对苗木地上部分采用截干、去梢、修枝剪叶、喷洒蒸腾抑制剂等处理方式,对苗木地下部分可以采用修根、浸水、蘸泥浆、接种菌根菌、蘸吸水剂等处理,防止水分散发,提高造林的成活率。

(4)栽植技术。植苗造林常用的栽植技术包括穴植、缝植和沟植3种方式。穴植是指在经过整地的造林地上挖穴植苗的方法,在造林工作中应用最为广泛。使用这种方法造林时,植苗深度要求比苗木原土痕深2~3 cm,而且苗木根系要平展,再填入心土,当培土至坑1/2深度时,将苗木稍微向上提一下,使根系舒展后再踩实,然后将剩下的心土填入,直到与地面平齐时再踩实,最后在苗木基部在覆盖一层松土,略高于地面。这种操作俗称"三埋两踩一提苗",这样就能使苗木根系与土壤充分结合,还能使苗木树干挺直。缝植是在经过整地的造林地或土层深厚湿润的未整地造林地上开缝植苗的方法。使用这种方法造林时,先用铲子开缝,其深度略深于苗根,然后将苗木根系捋直放入缝隙中,轻轻向上提一下,使苗木根系低于地表 2 cm 左右,接着在距离缝隙 10 cm 左右地方,平行缝隙垂直插入铁铲,前拉后推,将苗木固定,最后在第二道缝隙 10 cm 左右地方,平行缝隙垂直再次插入铁铲,前拉后推,封闭第二道缝隙,然后将第三道缝隙踏实。这种操作俗称"三铲踩实一提苗",这样造林速度快,一般用于新采伐迹地、沙地栽植小苗。沟植一般是在经过整地的造林地上,利用机械或畜力进行开沟,将苗木按照一定距离摆放于沟底,然后扶正、覆土、压实。这种方法一般效率高,应用于地形平坦、面积广大、宜林地集中连片区域。

(5)造林季节。造林季节对于苗木成活和幼林生长有至关重要的关系,适宜的造林季节要有良好的水分和温度条件,利于苗木的发芽和生长。一般来说我国造林季节可以分为春季、雨季、秋季和冬季。春季造林一般在苗木萌芽前 2 周左右栽植最好,在土壤解冻达到栽植深度时,立即开始顶浆造林,可以提高造林成活率;雨季造林一般应用于春季多风少雨、造林成活率低的干旱地区,如东北西部、华北北部以及西部大部分地区,雨季造林适用于容器苗造林;秋季造林一般应用于春季干旱多风、秋季长而温暖的地区,造林时间从树木停止生长开始,到土壤冻结前 2 周左右这段时间,秋季造林时间比较长,利于劳力分配;冬季造林主要应用于中国南方地区,冬季不冻结且湿润,因此可以进行冬季造林。

2)播种造林

播种造林又称直播造林,是指直接将种子播种到造林地的方法,这种方法可以使植株形成发育完全的而且均匀的根系,避免植苗造林可能引起的根系损失。

(1)适用条件。播种造林主要应用于立地条件较好、土壤湿润疏松、杂草较少、鸟兽危害不严重的区域或人烟稀少、造林面积广大的区域。

(2)种子处理。播种造林对种子质量要求很高,一般发芽率要在 95% 以上。要通过计算确定种子的播种量,并根据种子大小和造林密度确定播种密度。播种前还要对种子进行处理,主要包括消毒、浸种、催芽、拌种等技术措施。

(3)播种方法。播种造林方法可以分为穴播、条播、撒播和缝播等方式。穴播主要是按照造林密度和株行距进行挖穴播种,是当前播种造林应用最广泛的一种方式;条播是指在经过全面整地或带状整地的造林地上,按照一定行距在播种带上进行播种,一般来说,条播深度控制在 2 cm 左右,但是受地形限制比较严重,应用并不广泛;撒播造林与撒播植草不同,撒播造林一般不进行整地,播种后也不覆土,一般应用于地广人稀、劳力缺乏、交通不便的区域;缝播一般应用于鸟兽危害比较严重的区域,开缝播种,踏实掩埋,但不适宜大面积造林工作。

(4)播种季节。播种季节一般选择土壤水分状况和温度条件有利于种子发芽的时期,有时候要考虑鸟兽危害的因素。通常来说,我国有春季、雨季和秋季 3 个播种季节,可以根据当地实际情况选择适宜的播种季节。

3)分殖造林

分殖造林又称为分生造林,主要是利用树木营养器官的一部分,如茎、枝条、根、地下茎等直接栽植于造林地的方法。分殖造林施工技术简单,能较好保持母体的优良遗传性质,但是多代无性繁殖会造成寿命短、生长衰退等现象。

(1)适用条件。分殖造林主要适用于土壤条件湿润、母树来源丰富的地区,且树木营养器官萌芽能力强,能够迅速产生大量不定根树种。

(2)技术要点。分殖造林根据采用的营养器官以及栽植方法不同,可以分为插条造林、插干造林、埋干造林、压条造林、分根造林、分蘖造林和地下茎造林等几种方式。插条造林一般选择树干基部或根部萌生的粗壮枝条,抽穗具有饱满的侧芽,一般以为3年生枝条为宜,抽穗长度50 cm左右,粗度2 cm左右,插条造林前需对枝条浸水4 d左右,保持枝条足够水分,造林时插植深度为抽穗长度的1/2左右;插干造林主要适用于杨树和柳树,一般采用3年生左右苗干,直径4 cm左右,苗干长2 m左右,插植深度约1 m;埋干及压苗造林一般是用枝条或苗干,横向埋于土壤内进行造林,常用于沿河的湿润沙地栽植杨树或柳树等,但是由于这种方法用材较多,一般不会应用于大面积造林;分根和分蘖造林一般应用于萌芽生根能力强或者容易产生根蘖的树种,如泡桐、丁香、枣树、漆树、香椿、刺槐、相思树和樱桃等,通常在秋季落叶后至春季萌芽前,从健壮的母树根部采集根插穗,根条一般长20 cm左右,直径2 cm左右,粗壮部分倾斜或垂直插入土中,细直部分微露出地面,并在上切口封土,防止水分蒸发;地下茎造林主要应用于竹类。

5.2.4.2　种草整地及播种方法

1.整地

种草整地主要由犁地、耙地、浅耕灭茬、糖地、镇压、中耕等工序组成,一般来说结合土地平整进行。犁地属于基本整地措施,要深翻18~25 cm,东北、华北地区整地时间基本在秋季,可以加速土壤熟化,春播草种要在解冻时进行浅耕,夏播草种要结合灭茬、施肥,对土地进行浅耕。

2.播种

播种前首先需要对种子进行处理,以打破休眠,促进发芽,一般种子处理包括机械处理、选种晒种、浸种、去壳去芒、射线照射、生物处理以及根瘤菌接种等处理方法。

播种期一般根据种子不同进行选择,1年生牧草一般宜春播。多年生牧草春、夏、秋季都可以播种,以雨季播种最好。寒地型禾草最适宜播种时间为夏末,暖地型禾草则宜在春末和夏初播种。

草本播种方法主要包括条播、撒播、点播或育苗移栽等多种方法,一般生产建设项目选择撒播,播种深度2~4 cm,播种后覆土0.5~1 cm,并进行镇压,提高种子的成活率。

5.2.4.3　草坪整地及建植方法

1.整地

草坪建植整地也就是坪床准备或整理,是草坪建植的基础。坪床的质量直接关系到草坪的功能。建坪前应对欲建植草坪的场地进行必要的调查和测量,制订可行的方案,避免和纠正诸如底地处理、机械施工引起的土壤压实的问题。坪床准备主要包括清理、翻耕、平整、土壤改良、排水灌溉系统设置和施肥等内容。一般来说,草坪地面坡度要小于土壤的自然安息角(一般为30°),排水坡度一般在0.02~0.05,最大不超过0.15。

2.建植

草坪建植可以分为草坪植生带建植和铺设草坪两个工序,一般来说,生产建设项目直接购买草皮进行草坪铺设。

铺设草坪时候首先要选择土质好、肥力高、杂草少、光照充分、灌溉和保护方便的地段,并进行坪床整地,施足底肥,适当浇水和轻度镇压。当日均温度大于 10 ℃时,将草皮铺设于坪床上,然后覆盖0.2 cm 左右的肥土,建植出苗前,每条至少早晚各浇水 1 次,要求地表始终保持湿润,有条件的,可以在浇水后覆盖塑料薄膜,一般经 7~10 d,草皮就可以在坪床上生根生长。

5.2.5　抚育及管理

5.2.5.1　幼林抚育及成林管理

抚育管理是人工林培育的一项重要环节,俗话说"三分造林七分管",抚育管理直接关系到林分的生长发育,以及防护功能和效果的发挥。

1.幼林抚育

一般在造林之后的 3 年左右,此时林地属于幼林阶段,需要对幼林进行抚育管理,通过调节土壤肥力、林地养分以及水分提高幼林的成活率。

1)土壤管理

土壤是林木生长发育的基质,也是林木养分和水分的供给来源,通过土壤管理可以改善土壤的理化性质,提高土壤的有机质含量,有利于林木生长。通常土壤管理分为松土除草和中耕两个工序。

(1)松土除草。松土和除草是幼林抚育的重要组成部分,除草的目的主要是排除造林地上自然生长的灌木、杂草等对水分、肥力、光照和热量的竞争,以及杂草根系对幼林根系的阻碍作用。松土的作用主要是疏松表土,切断土壤表层和底层的毛细管联系,减少土壤水分蒸发,改善土壤的通透性。松土除草深度一般以 5~20 cm 为宜,并且避免伤害幼树根系。掌握里浅外深、小浅大深、沙浅黏深、湿浅干深的要点。

(2)中耕。即为深翻耕,是指对幼林地进行翻垦的一种林地管理措施。一般中耕适用于地形平坦、集约经营的大片林地,采用机械、人力和爆破的方法。中耕深度一般以20~30 cm 为宜。通过中耕可以使造林地土壤通透性得到改善,林地蓄水能力提高,浅层土壤温度升高,土壤有机质含量提高,从而增加地表肥力,促进林木生长。

2)养分调节

林地养分调节是林地管理的重要内容,林地作为一个开放系统,要维持其稳定持续的生长,就必须有足够的养分持续供应,使林地内的苗木不会出现养分胁迫,一般情况下,土壤供应的营养元素是有限的,因此就必须采取养分调节措施进行改善。通常养分调节措施包括苗木抑制措施和林地施肥措施两种。

(1)苗木抑制。如果造林地中土壤肥力状况尚可,可以采用修枝、间苗、间伐等措施抑制苗木生长,从而降低林分对养分的需求,一定程度上达到养分调节的目的。不过苗木抑制只适用短时间的养分调节。

(2)林地施肥。如果要保证充足的造林地养分供应,从而保持林分持续稳定的快速生长,就需要对林地采用人工施肥措施,对林地土壤输入养分。人工施肥是人工林保持持续生长的主要养分来源之一,特别是在干旱区、土壤结构不良、土地肥力贫瘠的地区,施肥是增加土壤肥力和改良土壤的基本措施。

3)水分调节

林地水分调节是林分管理的一项重要技术措施,特别是在干旱、半干旱地区,林地水分管理是关系到林分稳定的关键。研究表明,在干旱缺水地区,如果初植密度过大,随着林分年龄的增长,林木个体对水分消耗越来越大,此时如不加强林地水分调节,林分的蒸腾就会超过林地本身水分承载能力,造成土壤水分亏损,在地面2 m以下形成一个土壤干燥层,无法为林木提供水分,造成林分生长衰退。林地土壤水分调节主要采取人工灌溉措施进行调节。

林地灌溉方法主要有漫灌、畦灌、沟灌、喷灌和滴灌等。漫灌功效高,但用水量很大,并且需要土地平坦,是一种比较粗放的灌溉方式,因此在实际工作中限制采用漫灌方式进行灌溉;畦灌是通过田间筑埂,水从输水渠或毛渠放入畦中,水流多以薄层向前灌溉,边流边灌,这种灌溉方式灌水均匀,用水量低于漫灌,但是投入劳力较多;沟灌是在林地内部开挖灌水沟,水在沟中流动,借助土壤毛细管作用从沟底和沟壁向周围渗透而湿润土壤,这种灌溉方法对土壤结构破坏小,表层土壤不易板结,灌水利用率高,但是节水效果不够明显;喷灌和滴灌是近年来发展的新型灌溉方式,优点较多,节水效果明显,其中喷灌具有雾点小、灌溉均匀、灌溉强度可调节等特点,滴灌不仅具有喷灌的优点,还能直接浸润树木根系土壤,适用复杂地形,尤其适用干旱缺水地区,是一种先进的灌溉技术。

2.成林管理

成林管理是通过对林分或林木个体及其营养器官进行调节等措施,以改善其生活和生长条件,从而保证林分更好地生长,持续稳定控制林分的保存率,达到造林的目的。成林管理主要内容包括间苗补植、平茬除蘖、林木修枝以及林木间伐等。

1)间苗补植

(1)间苗。一般来说,植苗造林和分殖造林都会在造林前计算造林初植密度,并根据种植点配置进行控制。因此,多数情况下不需要间苗。对于直播造林来说,每一个种植点苗木发芽生长时,由于个体多,随着苗木生长,会产生光照和营养条件供给不足的现象,引起苗木生长不良,必须进行间苗处理。在间苗时,要遵循"去小留壮,去弱留强"的原则,即拔除弱苗、病苗。通常间苗会进行两次,第一次是在苗木出土后一个生长季节或一年内进行间苗处理,第二次是在苗木稳定存活后至林木未成林时进行,称为定株,即每一个种植点留下1株树干端直、生长健壮的苗木,多余的苗木进行拔除。

(2)补植。补植补造是提高当年造林成活率以及3年后保存率的有效途径和重要措施,根据《造林技术规程》(GB/T 15776—2016)规定,在造林成活率达不到合格标准,也就是说,造林成活率在寒区、干旱区、岩溶区、干热河谷等生态环境脆弱区低于70%,其他地区低于85%,但是成活率又在41%(含)以上时,造林地需要进行补植补造。补植可以在造林后每一年的苗木萌动前或秋季落叶后进行,适用于造林树种相同苗龄的树木,或根据经营方向补植与前期造林树种形成良好生存关系的其他树种,形成混交林。

2)平茬除蘖

(1)平茬。平茬是指将苗木从根颈处截去上面的全部枝条,使其重新发出通直而粗壮的主干。经过平茬的苗木不但通直,而且粗壮。对于乔木来讲,平茬一般不是必需措施,而且在实际工作中,也不提倡平茬乔木,但是对于灌木来说,平茬可以促进灌木生长,而且可以为当地居民提供薪材以及带来经济价值,如柳树平茬可以用于编织材料。一般来说,灌木栽植后 2 年左右最适宜进行平茬,可以使幼林提前郁闭,防止杂草丛生竞争养分,也有利于保持水土资源。

(2)除蘖。萌芽力强的树种或截干处理的苗木,栽植后,往往会在其根部或树干上萌发出大量枝条,造成树干养分胁迫,影响主干的生长,因此需要对主干外的枝条进行剪除,以促进主干的生长和造形,这种方式就是除蘖。初年一般是在夏季初期进行,只留下一个生长健壮、通直圆满的主干,其余分蘖的枝条全部剪除。

3) 林木修枝

林木在自然状况下生长,苗木下部的枝条会随着苗龄的增加而逐渐枯萎老去直至脱落,而苗木中上部的枝条会频频萌发,造成苗木主干养分胁迫现象,人为去除树冠以下的枯枝或者活枝的行为就叫作修枝。一般来说,修枝可以分为干修和绿修两种,干修就是去除枯枝,绿修就是剪除活枝。

需要修枝的苗木一般都是生长健壮,树干与树冠没有明显缺陷,有培育希望的林木。在林分充分郁闭、林木下部出现枯枝时最适宜采取修枝措施,阔叶林一般为造林后 3 年左右,针叶林一般为造林后 8 年左右。修枝强度一般以树冠长度与树高的比例或整枝长度与树木高度之比表示,通常来说,幼树一般保留树冠长度相当于树高的 2/3 或 1/2,切忌过分修枝。修枝季节一般应在初冬和早春树木休眠期进行,这个季节树液停止流动或者还未流动,不影响树木生长,而且能减少木材变色现象。

4) 林木间伐

一般情况下,人工造林的初植密度都比较大,这主要是为了在造林初期,林分能提早郁闭,从而形成一个群体,增强对外界气候灾害等不良环境的抵抗能力。但随着苗龄的增加,苗木个体所需要的营养空间也相应增大,林木种间竞争和种内竞争都趋向尖锐,而且林分密度过大,特别是在干旱区,林木耗水过多,会造成土壤干化,林木生长衰退,形成"小老树"现象。另外,高密度的林分会遮挡阳光照射,造成林下光照过弱,林下植被生长受到抑制,土壤表面水土流失加强。现在许多研究表明,高密度林分导致的地表水土流失量要远远高于草地和低密度林分,因此必要的林木间伐就尤为重要。

林木的间伐问题一般应在造林设计时就充分考虑,考虑间伐次数和强度,间伐强度一般不宜过大,而应该采用轻度多次的间伐方式,间伐原则上是采用随机方式选取间伐对象,但是在实际工作中,往往会采用隔两株间伐方式,不过无论采用何种间伐方式,实施间伐作业时,都应将病株或营养不良苗木伐除,间伐强度一般控制在 20% 左右。

5.2.5.2 人工草地与草坪管理

纯人工草地和草坪在种植草种以及铺设草坪之后需要加强管理,才能提高草地本身的成活率,增加其覆盖度。

1.人工草地

人工草地田间管理主要针对幼苗期和 2 年生以上的草地,管理措施主要包括松土补种、中耕培土、松土除草、灌溉排水和病虫害防治等,具体操作基本与林地相同,但是人工草地管理中需要注意的是刈割。

为了人工草地更好地利用养分,充分生长,一般来说,草地需要采取刈割措施。人工草地一般在种植的第一年不采用刈割,主要为了草本植物充分积累养分。如果是春播草种,在草本长势良好的情况下,可以在种植的第一年进行刈割处理,刈割留茬高度一般控制在 12 cm 以下。通过多年实践证明,豆科草种一般在开花前期或开花中期刈割比较有优势,利于草本继续生长,每年可刈割 3~5 次,如红三叶、紫花苜蓿等。禾本科草种一般在抽穗期刈割为好,每年可刈割 4~6 次,如黑麦草、苏丹草等。刈割留茬高度一般为 8~10 cm,最后一次刈割留茬高度在 12 cm 以上,以利于草本植物越冬,并且应在冬季结冻前 30 d 左右结束。

2.草坪培育管理

新建草坪,在生产建设项目中主要为铺设草坪,当幼苗开始生长发育时,就应该开始草坪培育改良。草坪的养护、管理、培育主要措施包括刈割、施肥、灌溉、松土、滚压、补播、除草和防治病虫害等,这些措施与常规的田间管理基本相似或相同,但是质量和细度上要求更高。

5.3　园林植物种植设计

园林植物种植设计也是植被恢复与建设工程的一个方面,当今社会的主要矛盾是人民日益增长的美好生活需要与不平衡不充分发展之间的矛盾。生产建设项目在前期设计阶段就要考虑植被恢复与建设工程在满足生态防护和环境要求的基础上,还要满足工程管理人员以及当地居民对于游憩、景观的需求,提高植被恢复与建设工程的人文性、景观性和生态性,进而为人们的生活营造一个良好的生存环境。

园林植物种植设计也可以简称为绿化工程,或者种植设计,简单地说,就是在考虑植物自身生长发育的特性、植物与生境以及其他植物间生态关系的基础上,通过营造、创建适宜的植物种植类型,满足景观功能需要,符合艺术审美及视觉要求,最终营造优美舒适的园林景观和植物空间环境的过程。

5.3.1　植物材料选择

选择合适的植物材料在种植设计过程中是相当重要的,植物材料有其他造园材料无法比拟的特性,其变化更为丰富,所构成的景观更加多样,也更能满足使用者多方面和多层次的需求。植物材料的选择要求把具体环境的土壤、光照以及植物所占的空间和必要的修剪同艺术要求结合起来,这是种植设计取得成果的关键性因素。

5.3.1.1　选择原则

景观植物材料从植株的高度以及外观形态可以分为乔木、灌木和地被三大类。园林植物种植设计的主要目的是服务于人类,因此其植物材料选择涉及多方面的知识,如生态学、心理学、经济学和美学等,但从根本上说,植物材料要首先满足生态学原理,所选择的植物材料要能适应当地环境,植物种能健康地生长,在此基础上,再考虑不同比例的组合,不同功能区的种类,不同年龄、不同职业人们的喜好等因素。

1.乡土为主,适当驯化

园林植物材料选择的首要原则就是"适地适树(种)",也就是根据设计地的立地条件选择相应的植物材料,首先保证植物能够存活,然后才能创造景观,美化环境。乡土植物种,顾名思义就是当地存在的,并且可以健康生长的植物种,千百年来,这些植物种在这里茁壮成长,已经对当地的气候、土壤以及自然灾害,甚至病虫害都非常适应,而且乡土植物种来源丰富,容易购买,可以节省种植成本。另外,乡土植物种的合理栽植,也会体现当地民俗风格,给当地居民一种亲近感,利于当地居民接受,因此在植物种选择上,首先就要考虑乡土树种。

适地适树(种)其实存在3个层面的意思:一是选树(种)适地,选择合适的植物材料适应设计地的立地条件;二是改地适树(种),就是通过人为手段,采取一定的工程措施,改变设计地的光照、水分、养分、热量,甚至局地小气候,以此来适应植物材料生长;三是引树(种)适地,是指为了丰富植物种类,弥补当地乡土植物材料的不足,驯化引种外来及野生植物种,但是这种驯化引种必须建立在长期试验的基础上,必须保证引种的外来及野生植物种不会对当地造成生物入侵,或带来外部的病虫害。近年来从国外引种并应用于园林绿地的金叶女贞、红王子锦带、西洋接骨木、金山绣线菊等一批观叶、观花、观果的种类表现出优良的品质。至于野生植物种类,更有待于人类去有目的地引种,增加园林种植设计的自然性,使人工生态系统与自然生态系统更有效地契合。

2. 注重人文,满足性质

一个国家,一个地区,一个民族都有其不同的民俗文化和历史传承,我国幅员辽阔,人口众多,各地历史文化底蕴和民俗风俗各不相同,园林种植设计在历史典故、文化底蕴与人文情怀上都存在一定差别,拥有悠久历史的孔家文化、道家文化、佛教文化、近代的红色文化等文化宗教底蕴,江南水乡风俗、中原农耕风俗、漠北游牧习俗、东北雪原文化、西北秦唐遗风、西南客家习俗等人文情怀,以及先进的科技等,可以在当地的园林种植设计中体现这些地域特征。园林植物材料是充满生机的,其主要以园林自然环境为依托建设,园林整体上不仅是历史文化的传承,也是现代文化的发展。在设计时,设计者要充分利用当地文化古迹、风土民情,要能够反映当地历史文化等,要熟悉当地的地域特点,了解当地的风俗民情,才能设计出极具当地特色的园林景观。

植物材料选择还有满足所在城市的性质和绿地性质的要求,比如历史底蕴深厚的城市就应多选择原产中国的珍贵长寿植物种,体现历史的沧桑与悠久;工业发达的城市就要选择抗性比较强的植物种,确保植物的生长发育;以风景旅游为主的城市就要选择观赏价值高的植物种,彰显美丽的风景而吸引游人。绿地性质的不同,选择的植物种也有所差异。如道路两侧行道树,就应选择树冠大而荫浓、主干挺直、抗性强、耐修剪、耐移植、无毒、无刺的慢生植物种;居住区绿地就应选择色彩淡雅、冠大荫浓的乔木构成疏林以供居民游憩,还需有草坪、灌木、花卉等植物搭配,尤以观花、观果植物最适宜,切忌栽植带刺或有飞毛、有毒、有异味的植物;办公园区绿地就应选择观叶植物为主,可以选择蕨类植物、攀缘植物、绿篱灌木、冠大荫浓的具有净化空气作用的乔木,还要有草坪以及一定的花卉点缀,以供办公人员减缓疲劳,增强身体健康。

3. 乔灌为骨,重视地被

木本植物,尤其是乔木是园林种植设计中的骨架,构成园林风景的前景,乔木以庞大的树冠形成景观的上层。高大雄伟的乔木会带给人们挺拔向上、奋勇向前的感受,是人们视线的焦点。

多种多样的灌木、花卉和地被植物就是园林种植设计中的肌肤,构成风景园林的背景,丰富的色彩搭配和绿色高大的乔木相得益彰,组成平面上成丛成群,立面上高低错落的季相多变、色彩绚丽的植物栽培群落。当乔灌草结合形成复层混交群落,叶面积指数极大地增加,此时释放氧气、吸收二氧化碳、降温、增湿、滞尘、减菌、防风等生态效益就能更好地得到发挥。

至于乔灌草的比例,一直以来就是园林植物种植设计的焦点,多年实践工作证明,乔灌比例以 1:1 或 1:2 较为适宜,即 1 份乔木数量要搭配 1~2 份灌木数量,而草坪的面积不能超过总栽植面积的 20%。

4.快慢结合,青落交织

生产建设项目园林植物种植设计,一般来说,为了尽早发挥植被的绿化效益,会多选择以生长快速的速生植物种为主,短时间内能够形成花团锦簇、绿树成荫的效果,但是速生植物种虽然生长快速、见效早,但是其寿命一般比较短,而且容易衰老,通常来说 30 年左右就需要重新栽植再造,这对于园林景观及生态效益的发挥都不是很适宜,因此从长远的、持续的眼光看,绿化植物种,特别是乔木,应选择慢生树种,虽然说慢生树种见效慢,但是寿命较长,避免经常更新改造造成的诸多不利,使园林绿化和生态效益得以有一个相对稳定的时期。在实际工作中,乔木要注重快慢结合,过多的速生树种或慢生树种都是不可取的,都会造成资源的浪费,合理搭配比例应为速生:慢生 = 7:3,这样一方面可以短期见效,应对工程验收,另一方面也可以达到发挥植物生态效益的目的;至于灌木和地被植物,多选择耐阴速生植物种,与乔木形成近期与远期相结合的方式,而且可以很好地发挥地被植物的生态保护效益,并有利于满足景观游憩的需求,达到植物建设的目的。

我国地域广泛,幅员辽阔,南方和北方气候差异显著,北方冬季寒冷漫长,多数植物会休眠或枯萎,造成冬季景观单调枯燥,所以在选择植物种时,要注意把本地或者驯化引进的常绿树种考虑列入其中,这样可以增加冬季景观的多层次和多样性,提高冬季景观的观赏性;南方各地区植被多为常绿阔叶林,四季常青,虽然可以满足遮阴、降温的功能,但是缺少季相的变化,造成景观观赏性降低,因此在园林种植设计中,也需要考虑适当比例的落叶树进行搭配,达到丰富季相景观的作用和目的。通常来说,常绿树和落叶树的搭配比例很难进行标准化,经过多位学者调查,华北地区常以 1:3~1:4 为宜,长江中下游地区常采用 1:1~2:1,华南地区一般采用 3:1~4:1。当然这些比例只能作为种植设计的参考,在实际工作中,需要根据设计地的实际情况以及其他因素进行具体分析设计。

5.3.1.2　园林植物观赏特性

园林种植设计的目的是为人类景观游憩需求服务,人类在欣赏漂亮的植物景观过程中,将人所具有的 5 种感官媒介审美感知进行良性调动,从而产生愉悦心理,达到平衡情绪的作用。也就是说,人类的视觉、嗅觉、触觉、听觉和味觉在观赏植物景观时,会充分发挥作用而影响观察者本身的心理和情绪,其中视觉、嗅觉、触觉在观赏过程中起到主导作用,感知植物景观的形状、颜色、质地和气味;而味觉和听觉在某种程度上起到不可忽视的辅助作用,比如可口的果实,风吹树林的沙沙声,潺潺流水声,击打在树叶上淅淅沥沥的雨声等,所以在植物材料选择上还要考虑植物的观赏特性,这是植物向人类表达情感的语言。园林植物观赏特性主要包括4个方面,即姿态、色彩、质感和芳香。

1.姿态

植物的姿态是千姿百态的,或亭亭玉立,通直挺拔;或倒悬下垂,柔和摇摆;或横亘曲折,古朴优雅。植物的姿态是园林植物的观赏特性之一,在植物的构图和布局上影响着统一性和多样性。植物的姿态主要由遗传特性而定,但是也受到外界环境因子的影响,在园林种植设计中,人工养护对植物姿态起到决定性作用。植物的形态美,在植物观赏特性中具有极其重要的地位。植物的姿态大体可以从两个方面进行选择,即整体姿态和各部姿态。

1)植物整体姿态

植物的整体姿态就是植株本身展现出的整体外形轮廓,就木本植物而言,整体姿态由主干、主枝、侧枝和叶幕几部分组成。大体上讲,园林植物的姿态多介于自然形与几何形之间,几何形就是植物姿态按照其外部轮廓应用几何线条来指示,一般分为垂直方向形、水平方向形和无方向形;自然形就是植物自然生长产生的外部轮廓形态,一般可分为圆锥形、圆柱形、垂枝形、尖塔形、伞形、球形等。植物的姿态不同,给观赏者的主观感受也不同:

(1)垂直方向形,包括圆柱形、尖塔形、圆锥形和扫帚形等。这类姿态的植物具有明显的垂直向上性,一般来说,常绿针叶类乔木多数具有这种特性。这种姿态具有高洁、庄严、肃穆、权威、伟大和崇高的表情,突出空间的垂直面,能为一个植物群和空间提供一种垂直感和高度感,同时这种姿态会给人一种紧张和压迫的感觉,因此在选择这种姿态的植物种时,要谨慎小心,如果用得过多,会造成视线焦点分散,使构图跳跃破碎。

(2)水平方向形,包括偃卧形、匍匐形等。这类姿态的植物具有显著的水平延展性,但是需要注意的是,如果多种植物组合在一起,虽然各个个体姿态不同,但是当植物群落总长度明显大于宽度时,植物本身的姿态特性会消失,整体形成水平方向的特点。这种姿态具有平静、平和、舒展、放松和永久的表情,可以增加景观的宽阔感,使构图具有一种辽阔和延展感,引导视线沿水平方向移动。但是这种姿态植物种过多,也会给人造成一种疲劳、死亡、空旷和荒凉的感觉,一般来说,需要与垂直方向形植物互相搭配,中和景观带来的视觉冲击。

(3)无方向形,包括球形、卵形、伞形、丛形等。这类姿态在构图中既没有方向性也没有倾向性,可以成为人类视线的重点,但由于等距放射,同周围任何姿态都能很好地融合。这种姿态具有圆润柔和、浑厚朴实,可以起到景观润滑剂的作用,配合平缓的地形,产生安静平衡的气氛。

2)植物各部姿态

植物各个组成部分,包括叶、花、果和枝都具有不同的姿态,这也为景观本身的细节提供观赏特性,从而丰富了景观的层次感。

叶的姿态主要为观叶植物提供丰富的表情,达到观赏的目的。花的姿态更多的是体现在花朵或花序本身的形态,从而展现出花相的不同,有的花开于叶前,呈现纯式花相,有的花叶相衬,以叶衬花,以花现叶,呈现衬式花相。果实的姿态一般以奇、巨和丰为标准,果实奇特,形状多样,为观赏者提供新奇的表情;果实巨大,外形震撼,为观赏者提供惊讶的表情;果实繁多,密集鲜艳,为观赏者提供繁茂的表情。枝干的姿态美常常体现在落叶的乔灌木枝干的线条结构上,如在中国的北方地区,脱去绿装的园林树木,枝条展现不同的姿态,在秋季和冬季,在霜、雾以及白雪的加持下,形成"雾挂"或"雪挂",呈现其与逆境抗争的坚强表情;南方枝干的形态美,以奇为主要标准,如纺锤形枝干、曲折弯曲形枝干、通直无旁支的枝干等,可以增加景趣,使园林景观呈现活泼多变的特色。

2.色彩

如果说植物的姿态给人展现的是表情,那么植物的色彩就是给人诉说的语言。色彩或单纯明丽,或浓烈艳丽,或清新淡雅,给人传递着时间的信息,也传递着空间的逻辑。植物色彩可以从叶、花、果和枝来呈现,提高景观的可观赏性。

1)叶的色彩

在植物的生长周期过程中,叶片的存在时间最久。叶色的变化丰富多样,难以一一枚举,根据叶色的特点可以分为以下几类植物:

(1)绿叶植物。绿色是自然界的基色,代表着生命、青春、和平和希望,给人以宁静、安详的感觉。一般来说,大多数植物叶片都呈现绿色,只是深浅有所差别,而且一般与生长发育阶段有直接关系。常绿针叶树和阔叶树叶片绿色较深,落叶树绿色较浅;落叶树的叶片春季一般为嫩绿色,夏季一般为暗绿色,秋季一般为灰绿色。

(2)色叶植物。也称为彩叶植物,具有较高的观赏价值,一般是以叶色为主要观赏要素的植物。其叶色的表现主要与植物叶片中叶绿素、胡萝卜素、叶黄素以及叶青素的含量和比例相关。中国诗词中关于叶色也有过相当多的描述,如"停车坐爱枫林晚,霜叶红于二月花","看万山红遍,层林尽染","修睦雨过闲田地,重重落叶一片红"等。根据叶色的变化特点,又可以将色叶植物分为春色叶植物、秋色叶植物、常色叶植物和斑色叶植物等几类。

2)花的色彩

就整个植株来说,花朵是色彩审美的重点,不同的花卉种类具有不同的色彩,即使是同一花种,甚至同一朵花,其花色的变化也不同,所谓"万紫千红总是春"就是这个道理。花朵的色彩是自然色彩的来源之一,几乎可以囊括色相环节每一种色彩。几乎所有的花色,从古到今,从中到外,都有赞美和描写,如"接天莲叶无穷碧,映日荷花别样红","林花谢了春红,太匆匆。无奈朝来寒雨,晚来风","绿竹含新粉,红莲落故衣","桃红李白皆夸好,须得垂杨相发挥","浓绿万枝红一点,动人春色不须多"等。

花的色彩根本就无法用语言描述,人类只能将花色分为红色、黄色、蓝色、紫色和白色几种基本色系。一般来说,红色属于暖色调,视觉刺激强烈,令人振奋鼓舞,热情奔放,对观赏者的心理易产生强烈刺激,具有极强的注目性、诱视性和美感;黄色也是暖色调,给人以明快、纯洁、明亮、灿烂、华丽的视觉刺激,其明度高,诱视性强,带给观赏者温暖明亮的感觉;蓝色属于冷色调,给人以冷静、沉着、深远、宁静、清凉、阴郁的感觉,可以用来营造安静舒适的空间,适宜于公园的安静休息区、疗养院和老人活动区域的景观设计;紫色属于中间色调,具有雍容华贵、傲气高雅的气度,而且带有神秘、低沉、压迫的感觉,一般来说,紫色花卉不宜过多,要配合黄色和红色进行设计;白色给人以素雅、明亮、清洁、纯净、神圣、高尚等感觉,但是使用过多会有冷清、孤独、肃然的感觉,一般来说,要配合其他花色进行配置设计。

3）果的色彩

果实多姿多彩、晶莹剔透，在植物景观中发挥很重要的观果效果，就果色而言，一般红、紫首选，黄色辅助。古代很多文学家、诗（词）人对果实也有描述，如"满园春色关不住，一枝红杏出墙来"，"一年好景君须记，正是橙黄橘绿时"，"红豆生南国，春来发几枝"等。

4）枝的色彩

树木的枝条主要作用是塑形，但其色彩也可以使景观活泼灵动，对于具有美丽色彩的枝干，也可以进行观干，增加景观多样性。干的色彩可以分为红色系枝干，如碧桃、红瑞木、山茱萸等；黄色系枝干，如金枝梅、黄桦、金竹等；绿色系枝条，如梧桐、迎春、竹类等；白色系枝条，如白桦、白皮松、胡桃等；斑驳色系树干、枝条，如悬铃木、木瓜、白皮松等。

3.质感

质感是植物材料可视或可触的表面性质，也是植物观赏特性之一，由于不如姿态、色彩那么引人注目，往往被人们所忽视，但是却是能引起观赏者（接触者）心理共鸣，对景观多样性、协调性和空间感有很重要影响的因素。植物的质感可以分为粗质型、中质型和细质型3种类型。

1）粗质型

粗质型质感的植被常常给人一种粗犷、豪放、糙砺的感觉，主要表现在宽大多毛的叶片、粗壮稀疏的枝干、疏松不散的姿态。粗质型质感植物通常呈现刚健、强壮的含义，"天行健，君子以自强不息"，从而引人注目，但适宜合理配置和搭配使用，免得喧宾夺主，造成主次不分、景观凌乱。

2）中质型

中质型质感植物与粗质型质感植物相比，叶片、枝干、姿态都相对柔和，多数植物也是此类。该类型植物透光性略差，轮廓较为明显，在景观种植设计中，中质型质感植物往往是粗质型向细质型过渡成分，架连两种质感植物的桥梁，从而使景观整体达到统一、协调的目的。

3）细质型

细质型质感植物往往具有小而狭长的叶片、脆弱细小的枝条以及整齐密集而紧凑的姿态，给人以柔软、纤细、优雅细腻的感觉，有扩大视野的作用，适用于狭窄紧凑的空间，是组成花坛或道路分车带的主要植物材料。

4.芳香

植物芳香可以刺激人的嗅觉，一般来说，园林种植设计会更多重视视觉、听觉和触觉，对于嗅觉往往会忽略。但是嗅觉产生的独特审美效果是其他感官无法比拟的，植物的芳香所产生的绵绵柔情，引发的无穷回味，给观赏者带来心旷神怡、情绪欢愉。

自然界大量植物具有芬芳气味，草有清香，花有花香，且香味有浓有淡，有甜有咸，给人以不同的心理感受，清香可以沁人心肺，让人安宁舒适，浓香可以沉醉神经，让人兴奋忘我。更有很多植物的香味本身就有安神健体、驱蚊驱虫的功效，能充分发挥嗅觉的感觉美。

5.3.2　基本法则及原则

完美的景观植物种植设计必须具备科学性、经济性、生态性以及艺术性,既要满足植物生长发育的基本需要,还要满足植物与周边环境或其他生态系统的协调性;既要满足经济合理、节约资源的要求,还要符合艺术构图原理,体现艺术的可观赏性和人类的审美标准。

5.3.2.1　基本法则

园林植物种植设计的基本法则就是形式美法则,就是指人类在创造美的过程中,对美形式规律的总结和抽象概括。形式美主要通过景观的色彩和艺术构图形式来表现,形式美法则主要包括以下几点。

1.统一与变化

统一与变化实际上是矛盾相对论的原则,就如同写散文一样,要做到形散而神聚,所谓的形散就是变化,所谓的神聚就是统一。统一是多样性统一,这是形式美的基本规律。统一的布局往往会给人产生整齐、庄严和肃穆的感觉,但是过度的统一,会形成呆板、单调、迟钝的感觉。任何景观都是由点、线、面、体构成的虚实相结合的整体。统一就是追求这些构图元素的共同点及其内在联系和共同特征。变化则是在统一的格局下寻求差异,植物的姿态、色彩、质感和味道都有所不同,在互相组合配置中寻求变化,以显示景观的差异性,给人以活泼、灵动、多样的感觉。

以不变应万变,园林种植设计中最能体现统一原则的就是重复设计,同种的苗木、同龄的花草、季相的协调、色彩的基调等都可以体现整体的统一感;以万变应不变,就需要在园林设计中通过细节构造,搭建合理的艺术构图,错落有致的植物姿态、虚实结合的景观空间、色彩斑斓的颜色搭配、四季变化的观赏感受等都可以作为变化丰富景观设计。

2.对比与调和

对比与调和相较于统一与变化对于矛盾状态的影响更为强烈,体现出实物存在的差异性,所谓"求同存异",对比是在差异中寻求"存异",通过强烈差异性,突显景观设计的异,调和是在差异中寻求"求同",也就是说,本身就差异明显,但是在各种差异中寻求平缓和谐的整体效果。

对比是指在正反对立或者差异显著的形式因素之间排列组合,对比能使景观设计效果生动活泼,富有活力,使人兴奋,提高视觉力度。对比可以分为形式对比和感觉对比两个方面,形式对比以大小、明暗、粗细、多寡等对照加强视觉效果,形成鲜明、刺激、响亮、深刻的感官差异;感觉对比是指心理或生理上的感受,多以动静、轻重、软硬、刚柔、快慢等方面给人以各种深刻印象。

调和是从差异中达到统一的重要方法,调和强调近似、相似、类似等模糊光滑的统一,使两个以上的要素相互间寻求共性,形成景观上的整体性。调和是综合了平衡、匀称、协调、均衡、比例等艺术要素,从变化中求得统一,强调和满足人类对秩序的潜意识和追求,这样的景观种植设计才能体现既丰富多彩而又主题突出的特点。

3.对称与平衡

对称一般是指形式上的平衡,体现了人类对秩序的追求,通常是以条线为中轴,使相同或相似的物体分别处于相对的方向和位置上的排列组合,对称其实主要体现景观的整体性,给人以稳定、均衡、有序的感觉,还可以突出重点和中心,表现出向心力和凝聚力。对称可分为左右对称、上下对称和中心对称3种形式,一般在寺庙、陵墓、广场等景观设计中采用,突显权力和秩序。平衡一般是指观察者心理上的感觉平衡,动态和静态,厚重与轻灵,庄重与活泼等,使景观诸多要素,如姿态、色彩、面积、质感和味道等,在人为调动和设计下,达成审美艺术上的均衡。

对称和平衡一般相辅相成,成对出现。如中国传统的八卦图就是一种对称和平衡完美结合的典范。天地8个方位,分布8个卦象,即震东、离南、兑西、坎北、巽东南、坤西南、乾西北、艮东北,这些卦象的位置相对之间以及整体布局就体现了对称性,而各个卦象本身形状和内涵又体现了平衡性,如乾表天,显示轻灵;兑表泽,显示压抑;离表火,显示干燥;震表雷,显示欢愉;巽表风,显示动态;坎表水,显示湿润;艮表山,显示静态;坤表地,显示厚重。在实际景观种植设计中,要综合运用平衡和对称,达到景观的和谐统一。

4.韵律与节奏

节奏是构成的一种主要形式感,是一种条理性、重复性、连续性的艺术表现形式。所谓“节奏”,指的是在一个空间中各种元素通过安排产生明显的秩序,而且让各种元素在不断的有规律的变化中产生秩序感。所谓“韵律”,是以节奏为前提的一种有规律的重复、有组织的变化,在艺术内容上,以情调赋予节奏,它是节奏感的艺术深化。节奏美含有较多理性美的因素,而韵律美则更多地着重于情感美的表现。所以,节奏是韵律的基础和前提,韵律是节奏的升华和深化。节奏与韵律往往互相依存、互为因果。韵律在节奏基础上丰富,节奏是在韵律基础上的发展。一般认为,节奏带有一定程度的机械美,而韵律又在节奏变化中产生无穷的情趣并具有抒情的意境。

韵律美按形式特点可以分为连续的韵律、渐变韵律、起伏韵律、交错韵律、旋转韵律和自由韵律等几种形式。所有的韵律都体现出一种共性,即具有极其明显的条理性、重复性、连续性。借助于这一点,既可以加强整体统一感,又可获得丰富多样的变化。

在园林种植设计中,运用音乐的节奏和旋律,采用乔木、灌木、花卉和地被植物进行配置,掌握不同叶色、花色、姿态等园林要素的多层次、多季相搭配,以求植物景观的丰富多彩,这就类似音乐中的节奏与旋律,有急有缓,有快有慢,有高有低,有长有短,满足人类的精神享受。

5.比例与尺度

比例是指一个事物的整体与局部或者局部与局部之间的关系,一直以来都是建筑学和艺术学中形式美的重要法则;尺度是事物的整体与局部,或人类的生理或人类喜闻乐见的某些特定标准之间的大小关系,即一切设计要从视觉上符合人类的视觉心理。比例与尺度之间关系密切,相互依存,没有尺度就无法判断比例,而任何尺度总会在一定条件下反映出某种比例关系。

植物景观的尺度是由功能、审美和环境特点决定的,严格来说,景观尺度并没有一个统一的标准,根据不同性质的园林景观以及使用者的目的来决定景观尺度的大小。一般来说,小尺度的景观会传递给人类一种平和、亲切、安全的感觉,如三五株树木组成的树丛,或者一小块空地造成的景观小品等;大尺度的景观会传递给人类一种崇高、庄严、博大的感觉,如平坦大范围的草坪,或者一片茂密的森林等。

比例是获得美感的重要手段,比如黄金分割比例就常常应用于景观设计中,当然黄金分割比例也不是造景的唯一标准。在种植设计中,孤植树木一般就设在空旷的草地上,适合视线的距离要达到树高的 4 倍左右,才能体现孤植树木的景观效果;丛植树木一般采用随机方式,3 株或 5 株一丛,乔木和灌木比例一般为 1∶2 左右,灌木苗高一般为乔木树高的 1/3 或 1/2,这样才能通过植物的高低和疏密层次体现自然美;群植是指大量的乔木和灌木混合栽植,主要表现植物的群体之美,种植地的长宽比例一般不大于 3∶1,树木高度也需要控制,或前后错落,或高低起伏,或纵横有致,形成优美的天际线。

6.焦点与辅助

任何景观设计都是人为意志的体现,其布局中就要有焦点和辅助,也可以理解为主要部分和一般部分,这主要是由功能使用要求决定的。焦点往往是景观布局的中心,辅助一般为次要布局中心,次要布局中心既有相对独立性,又有服务焦点,彼此互相联系、互相呼应。这就如同中药里面的"君臣佐使"作用一样,中药君臣佐使是指中药处方中各味药的作用不同,成方剂的药物中可按其在方剂中所起的作用分为君药、臣药、佐药、使药。君药是指方剂中针对主症起主要治疗作用的药物;臣药是指辅助君药治疗主症,或主要治疗兼症的药物;佐药是指配合君、臣药物治疗兼症,或抑制君、臣药物的毒性;使药是指引导各种药物直达病变部位,或调合诸药的药物。一方之中,君药不可缺少,臣药、佐药、使药三药可酌情配置或删除。

景观设计原理与此类似,君药是景观布局的焦点,臣药是景观布局次要部分的焦点,佐药是联系焦点与辅助的桥梁,使药是引导观赏者能够到达,或完成观赏的路径和渠道。在处理焦点与辅助时,一般采用两种方法:一种是将主要部分布局在主轴线上,将辅助部分布局在两侧或副轴线上,形成主次分明的局势;另一种方法是通过对比,突出主要部分的体量、高低、面积等因素,利用对比差异,做到主次分明,突出主体的效果。

5.3.2.2　基本原则

1.功能性原则

园林种植设计要考虑不同的功能需要进行布局和设计,在进行植物配置时,要根据绿地的性质明确园林植物所要发挥的主要功能,做到目的明确,根据不同的功能选择不同的植物种,才能创造出千变万化、丰富多彩又与周边环境相辅相成的植物景观。

园林绿地具有景观、生态、防护、经济、防灾避险等功能,种植设计过程中,根据功能需求不同,建植不同的植物景观类型。如景观功能就要求植物的姿态、色彩、质感和味道能体现不同季节的变化,具有可观赏性,并注重自然美;生态功能就要求植物与周边生态系统相互融合,符合生态演替规律,通过仿自然手段,最终达到真自然的效果;防护功能就要求植物抗逆性强,可以适应恶劣的环境条件,并且具有固持土壤、净化空气、防尘杀菌等特性;经济功能要求植物生长迅速,植物本身的植株、花朵或果实等部分具有一定的经济价值;防灾避险功能就要求地形平坦宽阔,避免栽植一些高大乔木,一般以绿色灌木和地被植物为主,给人类创造适宜的场地。

2.生态性原则

随着社会的发展,园林景观种植设计应由传统的游憩、观赏功能发展到维持生态平衡、保护生物多样性和再现自然的高层次阶段。生态园林建设中,要强调园林种植设计的结构和布局与自然地形地貌以及河湖水系相协调,着眼于整个区域生态系统的平衡;要遵从生态位原则,合理选配植物种类,避免物种的直接竞争,利用不同物种在空间、时间和营养生态位上的差异来配置植物,形成结构合理、功能健全、种群稳定的复合群落结构;要遵从互惠共生的原则,协调植物之间的关系,植物种之间要互相促进生长,彼此相互依存,双方获利;要保持生物多样性,模拟自然群落结构,构建复杂多样的群落层次,避免纯林或单一物种比例过高的现象;要强调植物分布的地带性,坚持适地适种、适地适树,适当引进外来植物种,避免过分追求景观效果,置生态规律于不顾。

3.艺术性原则

园林种植设计本身就是一种艺术创造的过程,设计者主观的审美和艺术素养必然会存在其间。但是由于每个人的生活环境、成长经历、知识层次不同,每个人对于艺术的理解也不同,因此园林种植设计的艺术性很难有一个统一的标准进行衡量。

园林植物种植设计中的艺术性,首先体现在立意。在中国传统文化里,植物都具有一定的象征意义。这些被拟人化的植物最能寄托丰富的情思、哲理,常常成为入诗入画入园的好题材,其中最为典型的是竹、菊、梅、荷。竹子"未出土时先有节,及凌云处尚虚心",以其挺拔秀丽、高风亮节、岁寒不凋的特质,自古以来,受到人们的普遍喜爱,苏东坡有诗:"宁可食无肉,不可居无竹;无肉使人瘦,无竹使人俗",用竹来比喻人的气节;菊花因陶渊明的"采菊东篱下,悠然见南山"而成为隐逸的代言人;梅花也因林逋的"疏影横斜水清浅,暗香浮动月黄昏"成为雅洁清高、幽独闲静的象征;周敦颐之名篇《爱莲说》称荷花"出淤泥而不染",赞美荷花的高贵品格,将其视为清白、高洁的象征。不同的园林,不同的设计,会用相同的情怀和手段表达设计者的立意,种植设计是心与物、情与景、意与境的交融结合,是造化与心源的合一,是客观的自然景象与主观生命情调的交融渗化。其次,园林植物种植设计还要创立保持各自的特色,没有特色的种植设计给人的感觉就是味同嚼蜡,乏味而单调。园林的特色主要表现在布局上面,中国园林艺术创造的来源是中国人内心深处与自然合为一体的"天人合一"的原始观念和宇宙意识,在中国的传统观念中,自然和人是不可分割的,这种思想反映在园林建造中则是以崇尚自然为主旨和目标的造园理念。明末计成在《园冶》中提出"虽由人作,宛自天开",中国古典园林在整体布局时一般采用自然的、没有整体中轴线的、不对称式的布局形式,做到景到随机,极具自然之致,尽可能与自然融为一体,使人工美和自然美汇合,形成更为自由开阔的有机整体的美。

4.经济性原则

生产建设项目中涉及的园林种植设计,主要布置在永久征收土地范围内的场地内,对于投资方来说,很多园林景观并不对外开放,只是提供给本工程管理人员游憩、休息使用,所以种植设计的经济性就是必须要考虑的原则。

经济性原则就是在种植设计和施工环节能够从开源和节流两个方面对成本和费用尽量节省,尽量扩大收益,提高园林种植设计的经济效益。节流方面无外乎就是在材料选择上尽量降低成本,选择抗性强,适应当地环境的植物种,合理确定苗木规格,利用原有的古树名树,对永久征收土地范围内的树种进行移栽移植,合理配置养护措施,从而降低园林景观的成本费用;开源方面主要就是结合生产目的,开发植物种的副产品,如开发凌霄、杜仲、银杏、牡丹等植物药用价值,出售茶叶,出售核桃、龙眼、荔枝等植物果实,甚至可以出售部分苗木和木材,另外,开放部分园区景观,或者配置一定的儿童游乐设施,从而提高其园林景观本身收益。其实,在当今重视环境的局势下,植物本身所具有的改善环境的功能就是一种经济收益,这也是经济原则的体现。

5.3.3　园林植物种植

园林植物种植是将设计转变为现实的过程,这是种植设计中最有价值的环节。成功的园林植物种植取决于以下几个因素。

5.3.3.1　现场踏勘

在园林植物种植之前,设计单位应组织专业的人员对种植地进行现场踏勘,对现场的土质状况、交通状况、电源情况、水源情况、地上物状况以及施工期间生产生活设施进行了解,确定施工方案和施工进度,核对园林植物种植施工图,并将生产生活设施位置标注在平面图上。

5.3.3.2　场地准备

场地准备一般包括场地清理、场地整理、土壤改良以及水系设置等几个方面。场地清理就是建设单位在主体工程完工后,清理施工场地垃圾等杂物,对场地进行初步整平,为种植施工创造条件。不过在场地清理时要注意,对于场地内原有的植物,特别是树木要尽量保留,尽可能纳入种植设计;场地整理就是按照施工图纸要求,对种植地依据功能分区的不同,按照高程进行整理,或平坦,或起伏,如果有土方工程,要注意先开挖后堆垫的施工工序,低洼处要合理安排排水系统,垫高区域要与水源相结合,安排灌溉系统;土壤改良主要依据种植地土质状况,即土层厚度、土壤结构、土壤酸碱度以及土壤水分等因素,判断土壤是否需要改良,一般来说,土层厚度要深于根长或土球高度 1/3 以上,土壤结构要疏松,以壤土为主,土壤酸碱度控制在 pH 值6.7~7.5,土壤水分不足的地方铺设灌溉设施,地势低洼、积水较重或地下水位较高的区域,要铺设排水设施,并适当提高树穴标高,以利于植物根系延展,保证植物种成活率。

5.3.3.3　苗木质量

苗木质量标准一般分为外观及生长质量以及苗木包装质量两个方面。外观及生长质量就是苗木的株型和规格,乔木一般要求树干挺直,不应有明显弯曲,小弯曲也不得超出两处,无蛀干害虫和未愈合的机械损伤。胸径一般 5 cm 以上,速生苗木胸径要 7 cm 以上,分枝点高度2.5~2.8 m。树冠丰满,枝条分布均匀,无严重病虫危害,常绿树叶色正常。苗龄在 3 年以上,根系发育良好,带有较多的须根和侧根,无严重病虫危害,移植时根系或土球大小应为苗木胸径的8~10倍。灌木一般要求根系发达,生长苗壮,无严重病虫危害及机械损伤,灌丛匀称,枝条分布合理,高度不得低于1.5 m,地径不小于 2 cm,丛生灌木枝条至少在 4~5 根以上,有主干的灌木主干应明显,主枝不少于 5 个,平均高度不低于 1 m,且分布均匀。绿篱苗不低于 0.5 cm,苗木应树型丰满,枝叶茂密,发育正常,根系发达,无严重病虫危害及机械损伤;苗木包装质量要按照规范要求掘苗,保证根冠幅长度或土球大小。裸根苗尽可能多带护心土,土球要求球形规整,包装牢固。裸根小苗要蘸浆均匀、饱满,保护完好。

5.3.3.4 种植时间

园林植物种植是一个季节性很强的工作,选择合理的种植时间可以有效地提高植物种的成活率,尽早发挥园林绿化效果。合理的种植时间首先就是要选择苗木地上部分活动缓慢或处于休眠状态,而地下部分根系活动仍然较旺盛的时期,此时植物根系再生能力强,吸收水分多,能维持植株基本生长,而地上部分蒸腾小,耗水量低,植物比较容易达到水分平衡;其次就是要选择有利于根系生长发育的温度、湿度、水分等气候条件时段,并尽可能避免恶劣气候条件下种植,如霜冻、高温以及干旱等;再次要选择避开病虫害高发或者猖獗的季节种植。

我国地域广阔,从东到西、从南到北自然条件差异明显,而且植物种类也名目繁多,特性各异,一般来说,只要措施得当,一年四季都可以种,具体的种植时间可以参照本章水土保持植被恢复与建设工程中相关内容进行选择。

5.3.3.5 种植方法

园林种植工序应包括种植穴准备,苗木起苗、包装、运输、种植,栽后管理以及现场清理等几个部分。

1.种植穴准备

种植穴准备工作是改良种植地立地条件的一项基础工作,一般可以分为定点放线、开挖穴坑和土壤改良 3 项工序。

1)定点放线

定点放线与水土保持植被恢复与建设工程种植点配置有相同的作用,就是将施工图上设计的有关项目按照方位和比例在地面上进行放线,确定栽植植物的种植点位置。但是由于园林栽植的苗木按照艺术性原则设计,因此比水土保持植物栽植的方法更贴近自然,更具有美感,放线方法也就有所不同。一般来说,定点放线可以分为规则式和自然式两种。规则式一般应用于行道树、景观外围防护苗木等规则整齐、行列明确的植物种植;自然式一般应用于园区内具有特色的设计,定点放线比较复杂,以景观焦点为中心,通常采用网格法、交会法以及测量法进行定点放线。

2)开挖穴坑

开挖穴坑与水土保持植被恢复与建设工程施工方法基本一致,开挖穴坑时,要注意上下口垂直一致,开挖的坑土要上下层分开,回填时表层土先回填底部,便于植物生长,生土可以回填至表层。具体开挖坑穴规格及施工方法可以参考本章水土保持植被恢复与建设工程部分内容。

3)土壤改良

对于土壤有机质含量较少,或者气候干旱,或者 pH 值不适合植物生长等区域,在种植穴准备阶段,应采用客土改良、添加保水剂或施用有机肥等措施对土壤进行改良。

2.栽植苗木

园林种植中栽植苗木以及建植草坪的施工方法可以参考本章水土保持植被恢复与建设工程的相关内容。需要注意的是,为了提高园林植物的观赏价值,一般来说,在栽植苗木时,将观赏价值高的一面朝向主观赏方向。

3.苗木支撑

较大苗木为了防止被风吹倒,或浇水后发生倾斜,影响植物的观赏性,应在栽植苗木之后至苗木浇水之前立支柱进行固定支撑,特别是北方春季多风或南方有台风影响的区域,更要注意苗木的支撑。苗木支撑一般可以分为单柱支撑、双柱支撑、三柱支撑和支架支撑几种方式。

1)单柱支撑

用坚固的木棍或竹竿,斜立埋于当地主害风下方向,埋深 30~50 cm,支柱与苗干之间用麻绳或草绳隔开,然后将支柱和苗干用麻绳捆紧。

2)双柱支撑

用两根支柱,等距垂直埋于树干两侧,并与苗干平行,支柱长度一般为树高的 1/3 左右,埋深 30~50 cm,支柱距离苗干 15~30 cm,支柱顶部捆一横担,用草绳将横担与苗干捆紧,并采用草绳将树干与横担隔开,以免擦伤树皮,造成损伤。

3)三柱支撑

将三根支柱组成三角形,支柱长 1.2~2 m,将苗干围在三角形中间位置,支柱与苗干之间用麻绳或草绳隔开,然后将支柱和苗干用麻绳捆紧。

4)支架支撑

用固定套固定苗木,固定套一般设置于树高 1/2 处,然后用 1~4 根(一般为 3 根)缆绳拉住固定套,其下端固定在角铁或木桩上,缆绳与地面夹角约为 45°。需要注意的是,固定套与树木接触既要达到保护树木的作用,又要使树木更好地存活,而且缆绳容易给行人或游客带来潜在危险,特别是夜间,容易绊倒行人,因此应对牵索加以防护或设立明显的简单标志。

4.裹干覆盖

1)裹干

新栽植的苗木,特别是树皮薄、嫩、光滑的幼树,应用粗麻布、粗帆布等材料包裹,防治日灼、干燥以及极少蛀虫侵染。包被物用细绳安全而牢固地捆在固定位置上,或从地面开始,一层一层相互重叠向上裹至第一分枝处,裹干材料应保存 2 年或让其自然脱落。

2)覆盖

苗木栽植后,一般会在其树池覆盖一层材料,促进苗木生长。覆盖可以为植物生长创造一个健康的环境,不仅可以降低土温,保持水分,还可以向土壤中释放必要的有机物,提供养分,同时可以控制苗木周围杂草生长,避免不必要的竞争。覆盖物的材料可以为木屑、沙土、草坪修剪的碎屑、稻草、枯枝落叶或充分腐熟的有机肥料。覆盖厚度取决于覆盖材料,一般来说 5~7 cm 为宜,过厚容易减少土壤中氧气和水分渗透,造成浅根系植物死亡;厚度低于 5 cm,阳光容易穿透覆盖层,造成土壤水分流失。

5.3.4　园林养护

种植设计过程的最后一步是保证对新建景观的合理养护,正确的养护是任何植物种植成功的关键。园林树木的养护就是根据植物的生长习性和生态习性,对植物采取抚育与管理措施,一般可以分为初期养护和生长养护两个方面内容。

5.3.4.1 初期养护

植物定植后第一年是一个非常敏感而且至关重要的过渡阶段,此时苗木正处于恢复和适应阶段,在栽植过程中,苗木不可避免会受到不同程度的损伤,根系吸收水分以及养分的能力较弱,抗逆性还没有得到充分发挥,如果不加以养护管理,极容易造成苗木死亡。这个时期采用的养护管理措施就叫初期养护,这个时期重点就是对苗木进行水分管理,保持适当的水分平衡。

1.浇水

苗木定植后,必须连续浇灌 3 次水,第 1 次浇水是在苗木定植后 24 h 之内,水量不宜过大,浸入种植穴穴土 30 cm 即可,主要目的是通过浇水使土壤缝隙填实,保证苗木根须与土壤紧密结合;第二次浇水是在苗木定植后 3~5 d,此次灌水的目的仍是压土填缝,水量不宜过大,与第一次灌水差不多即可;第三次浇水是在第二次灌水后 7 d 左右,此次浇水要浇透浇足,即水分渗透到种植穴全部土壤以及周围土壤内。要注意的是,每次浇水后,都应检查一次苗木是否发生倒歪现象,如果有苗木倒歪,应进行扶正,并整理树池。

除必须浇灌的 3 次水外,在初期养护时间内,还应浇水 5~6 次,特别是高温干旱时,更应注意抗旱。初期养护时浇水方式要有针对性,一般采用树冠喷水或树体滴水两种方式。树冠喷水的主要目的是降低叶面温度,增加叶面湿度,从而减少树体因蒸腾作用失水的现象。喷水宜采用喷雾器或喷枪细致均匀地直接向树冠或树冠上部喷水,让水洒落在叶面上,喷水时间可选择每天 10:00~16:00,每隔 1~2 h 喷水 1 次;树体注水主要利用"打点滴"的原理,将盛满清水的盐水瓶悬挂在树枝上,让瓶内的水慢慢滴在树体上,这种方法省工省钱,但是供水不均匀,水量难以控制。实际工作中,可以两种方法相结合,苗木前期采用树体注水方式,待苗木抽枝发叶后利用喷雾方式进行浇水。

2.扶正培土

对于由于灌水、大风、人为干扰等导致树体发生歪斜,应进行扶正。在扶正过程中,要采用"深撬浅掏"的方法,即栽植较深,应在苗木倒向一侧,根盘外围深挖至根系以下,用木板深入根团以下向上撬起,并填土压实;栽植较浅,应在苗木倒向反侧,掏土超过树干轴线以下,下压苗木,填土压实。扶正避免硬拉强拽,伤害苗木根系。

培土包括两层含义:一是当树盘整体下沉或局部下沉时,应及时覆土填平,控制树池内土壤与原地表相差 5 cm 左右,防止过深引起积水造成苗木烂根;二是当树盘土壤堆积过高时,要铲土耙平,防止苗木根系由上层土壤影响,产生横向生长,造成根系发育不良。

3.病虫害防治

新栽植的苗木,特别是幼苗,很容易受到昆虫和病菌的侵害,一旦发生病虫害,可能会造成整片园林植物毁灭性破坏。防治病虫害一般有 3 种方法,即规避法、涂干法和注射法。

1)规避法

规避法就是在购买苗木或移植苗木时,在原植物生长地点采取措施,购买"四证一签"齐全的苗木。所谓的"四证一签",即苗木检疫证、苗木合格证、苗木出圃证、林木种子许可证、苗木标签。这样就能避免许多潜在的问题,保证苗木的出圃质量。

2）涂干法

涂干法就是将内吸性药剂涂抹在树体的主干或主枝上，随着植物的生长，将药剂向枝梢或叶片输送，达到防治病虫害的目的。这种方法不受天气、地形、地势以及树高的影响，用药量少，不污染环境，还可以节省人力、物力，是当前广泛应用的防治病虫害措施，特别是对于大面积病虫害防治有很好的效果。

3）注射法

这种做法是先用木工钻在树干上向下打孔，孔深约 6 cm，孔与树干夹角为 45°，孔距离地面 20 cm 左右，然后将注药器插入孔中，将药剂缓慢注入树体，让药剂随着树液本身的流动扩散到苗木的干、枝、叶等部分，从而起到防治病虫害的作用。这种方法近年来在我国应用也比较普遍，不仅可以防治病虫害，还可以注射营养液，调节植物营养平衡，促进植物生长。

4. 修剪

当栽植的苗木生理活动趋于正常时，应根据园林种植设计的功能要求、景观要求、植物姿态要求以及景观主从关系等方面对苗木进行修剪整形。首先去除枯死或沾染病虫害的枝条，然后依据枝干着生位置和伸展角度，剪除过密枝和徒长枝，最终形成主侧枝分布均匀、骨架坚固、外形美观的苗木，改善树体通风透光条件，使树体生长健壮，减少病虫害发生。

修剪时要注意对修剪后的创口进行处理，需将创口周围的皮层及木质部削平，再用 1%～2% 硫酸铜或 40% 的福美砷可湿性粉剂消毒，最后涂抹植物伤口涂补剂进行保护，加快愈合。

5. 越冬防寒

我国北方地区冬季寒冷，干燥多风，气温变化幅度大，温度骤降或连续降雪的天气经常出现，而且近些年这些极端低温和强降雪天气有逐步南延的趋势，特别是开春的倒春寒，树木容易受到冻伤，因此为了保护苗木免受冻害，必须在冬季来临之际采用相应的防护措施，帮助植物安全过冬。

1）加强水肥管理

加强水肥管理的目的主要有两个：一是促进苗木在冬季来临前快速生长，储存营养物质，便于植物体本身更好地抗冻；二是实施冬灌措施，保证植物安全越冬。众所周知，植物根系在气温低于 5 ℃时就会停止吸水，因此冬灌必须在气温低于 5 ℃之前浇 1 次透水，保证植物地上部分对水分的吸收，而当气温低于 0 ℃时，也应当浇 1 次透水，保证地下根系不会因为风而抽干水分，并且根部冻水还会释放潜热，可以在一定程度上预防植物根系冻伤，所以冬灌应当进行 2 次，分别在 10 月下旬以及 11 月上旬进行。

2）加强保温措施

冬灌结束后，要对植物体采取一定的保温措施，帮助植物体抵御寒冷，安全过冬。保温措施主要有培土、覆土、架设风障、涂白以及覆盖塑料薄膜等。培土主要是在植物体根颈部培起土堆，其直径约 80 cm，高度约 50 cm，保证根颈部位不受到低温伤害；覆土主要针对小灌木或花灌木，在冬季来临之前，将整株苗木埋入土中，保证苗木和土壤维持在一定温度上，进而不受到外界气温变化的影响；架设风障主要针对常绿针叶幼苗及一些引进树种,特别是珍贵树种或者阔叶植物幼苗,在苗木四周架设高度超过树高的防风屏障,要求密闭温暖,可以起到良好的降低大风以及低温对植物的伤害;涂白主要使用石灰和石硫合剂对树干进行涂抹,保护树干皮部免受昼夜温差造成的影响;覆盖塑料薄膜主要针对常绿针叶树幼苗、绿篱植物和花灌木,通过在苗木上方架设支架,然后覆盖塑料薄膜形成坚实的防寒棚对植物进行防寒处理,不过要注意的是,在覆盖薄膜前,需要对植物进行浇水,防止植物因缺水造成死亡。

6.其他养护

园林植物初期养护还包括施肥、松土除草以及补植补造等措施,这些养护措施也对植物生长产生很大影响,措施的具体方法与要求可以参照水土保持植被恢复与建设工程相关内容。

5.3.4.2　生长养护

园林植物在初期养护之后,在其生长期还需要进一步加强养护管理,这是与水土保持植被恢复与建设工程不同的地方。一般来说,水土保持植被多数在幼林抚育管理之后,基本"靠天吃饭",很少再进行人工养护,园林植被种植要想更好地发挥园林景观效果,达到设计者的预期目的,需要经常持续地进行养护管理。对植物采取浇水、施肥、修枝整形、病虫害防治以及越冬防寒等措施,这些措施的具体操作方法都可以参考初期养护中的相关内容。

一般来说,随着社会的发展,现在社会上有很多绿化公司,甚至建设单位本身就拥有园林植物养护团队,选择一个有资质、有经验的养护团队,对景观绿化工程具有重要的意义,不仅能减少养护成本,而且能使园林景观尽快发挥效益功能,达到种植设计的目的。

6　南水北调东线一期工程水土保持

南水北调东线工程基本任务是从长江下游调水,向黄淮海平原东部和山东半岛补充水源,与南水北调中线、西线工程一起,共同解决我国北方地区水资源紧缺问题。主要供水目标是解决调水线路沿线和山东半岛的城市及工业用水,改善淮北部分地区的农业供水条件,并在北方需要时,提供农业和部分生态环境用水。

6.1　工程概况

6.1.1　工程建设的必要性

南水北调东线一期工程供水范围内经济发达、矿产资源丰富、交通便利,是我国重要的粮棉油料产区。但区内水资源短缺,普遍面临地表水过度开发、地下水严重超采、水体污染、环境恶化的严峻局面;现状缺水已很严重,被迫以牺牲环境为代价来维持城市和工农业发展对水的需求,甚至牺牲农业用水满足城市生活和工业用水,经济、社会、环境的正常运行、保障和维持已经受到缺水的严重制约。在积极采取节水措施和相继建设引黄、引江等供水工程情况下,局部地区水资源不足虽得到缓解,但总体上没有扭转缺水的严峻局面。

通过对供水范围内水资源开发利用潜力的分析,南水北调东线一期工程供水范围内大部分地区地下水超采严重,地表水除山东半岛片尚有一些潜力外,其他基本已无潜力可挖,引黄水量受到分水指标、黄河持续断流和泥沙淤积等问题限制,增加引水量十分困难。随着经济的发展和南水北调东线工程治污规划的实施,海水利用和再生水的利用量可进一步提高,山东半岛亦可通过兴建蓄水工程进一步提高地表径流的利用率。但这些远远不能满足日益发展的经济社会对水的需求。

因此,为改善水资源供需条件,支撑经济和社会的可持续发展,在进一步节约用水,合理利用现有水资源基础上,建设南水北调东线一期工程是十分必要和紧迫的。

6.1.2　工程任务

南水北调东线工程从长江下游调水,向黄淮海平原东部和山东半岛补充水源,与南水北调中线、西线工程一起,共同解决我国北方地区水资源紧缺问题。根据《南水北调东线工程规划》(2001 年修订),第一期工程首先调水到山东半岛和鲁北地区,补充山东半岛和山东、江苏、安徽等输水沿线城市的生活、环境和工业用水,并适当兼顾农业和其他用水,并为向天津、河北应急供水创造条件。

6.1.2.1 供水范围

根据南水北调总体规划的安排和水资源合理配置的要求,结合输水沿线各省(市)对水量、水质的要求,南水北调东线一期工程的供水范围大体分为3片:①江苏省里下河地区以外的苏北地区和里运河东西两侧地区,安徽省蚌埠市、淮北市以东沿淮、沿新汴河地区,山东省南四湖、东平湖地区;②山东半岛;③黄河以北山东省徒骇马颊河平原(简称为黄河以南片、山东半岛片和黄河以北片)。第一期工程供水区有分布在淮河、海河、黄河流域的21座地市级以上城市,包括济南、青岛、徐州等特大城市和聊城、德州、滨州、烟台、威海、淄博、潍坊、东营、枣庄、济宁、菏泽、扬州、淮安、宿迁、连云港、蚌埠、淮北、宿州等大中城市。

6.1.2.2 供水目标

根据南水北调东线工程总体规划,第一期工程的规划水平年为2010年。

供水目标是补充山东半岛和山东、江苏、安徽等输水沿线城市的生活、环境和工业用水,并适当兼顾农业和其他用水。主要为:济南、青岛、徐州等重要中心城市及调水沿线和山东半岛的大中城市的城市用水和重要电厂、煤矿用水;济宁—扬州段京杭运河航运用水;江苏省现有江水北调工程供水区和安徽省洪泽湖用水区的农村用水。

在满足上述供水目标的前提下,利用工程供水能力,在需要时向河北和天津应急供水。

6.1.3 工程建设规模及设计标准

6.1.3.1 输水工程规模

1.输水过黄河的工程规模

根据鲁北地区需调水量和调水过黄河的时间,穿黄隧洞出口规模42.2 m³/s,即可满足鲁北地区供水要求。由于第一期工程除向鲁北地区供水外,还具有向河北、天津应急供水的任务,因此调水过黄河的工程规模应在满足鲁北地区供水要求的前提下,适当增加规模,留有余地,使其具备向河北、天津应急供水的能力。结合近几年实施的引黄济津应急调水(穿卫立交设计流量65 m³/s)的情况分析,确定穿黄河工程输水规模为50 m³/s。鲁北地区多年平均需调水量为3.79亿m³。考虑输水干线输水损失,穿黄隧洞出口的水量为4.42亿m³。

2.输水到山东半岛的工程规模

胶东输水干线利用10月至翌年5月的非汛期243 d调水,东平湖渠首引水流量54.3~46.3 m³/s时,可满足胶东供水区95%保证率时调引江水的需求;在此基础上,将输水时间延长至汛末的9月下旬共253 d作为校核引水天数,经复核,满足胶东供水区95%保证率时调引江水的需求时,东平湖渠首引水流量为51.8~47.3 m³/s。据此确定济南—引黄济青段输水工程设计流量为50 m³/s,加大流量为60 m³/s。

第一期工程山东半岛多年平均需调江水量为7.46亿m³,加上干线沿途输水损失,东平湖渠首引水闸多年平均需调江水量为8.83亿m³。

3.其他各级工程规模

第一期工程各段设计输水规模如下:抽江500 m³/s、进洪泽湖450 m³/s、出洪泽湖350 m³/s;进骆马湖275 m³/s、出骆马湖250 m³/s;入下级湖200 m³/s、出下级湖

125 m³/s;入上级湖 125 m³/s、出上级湖 100 m³/s;入东平湖 100 m³/s;胶东输水干线 50 m³/s;位山—临清段 50 m³/s;临清—大屯段 25.5~13.7 m³/s。

6.1.3.2　新增工程规模

根据南水北调东线一期工程的建设规模,长江—下级湖段需在江水北调工程基础上扩大调水规模,抽江规模需在现有工程的基础上增加 100 m³/s,并调整里下河地区水源,把现有江都站 400 m³/s 的抽江水能力全部用于北调;入下级湖的抽水能力需扩大到 200 m³/s。下级湖—东平湖需按 125~100 m³/s、鲁北和胶东需分别按 50 m³/s 的规模新建调水工程。

6.1.3.3　调蓄工程规模

第一期工程规划全线调节库容为 47.29 亿 m³,其中黄河以南 45.82 亿 m³,黄河以北 0.45 亿 m³,山东半岛 1.02 亿 m³。总调蓄库容比现状增加 13.35 亿 m³,其中黄河以南 11.88 亿 m³,黄河以北 0.45 亿 m³,山东半岛 1.02 亿 m³。

南水北调东线一期工程除充分利用洪泽湖、骆马湖、南四湖下级湖调蓄及东平湖蓄水外,规划在胶东输水干线拟新建东湖、双王城水库,在黄河以北拟新建大屯水库调蓄江水,以满足供水目标要求。调蓄工程规模分别为:

洪泽湖现状蓄水位 13.0 m(废黄河高程)。南水北调东线一期工程洪泽湖非汛期蓄水位拟从 13.0 m 抬高到 13.5 m,可增加调蓄库容 8.25 亿 m³。

南四湖下级湖现状蓄水位 32.3 m(1985 国家高程基准)。第一期工程拟将下级湖非汛期蓄水位抬高至 32.8 m,增加调蓄库容 3.06 亿 m³。

东平湖为黄河的滞洪水库,现状没有蓄水任务,南水北调东线一期工程利用东平湖老湖区蓄水,蓄水位为 39.3 m。

大屯水库最高蓄水位 29.05 m,总库容 5 256 万 m³,调节库容 4 499 万 m³。

东湖水库设计蓄水位 30.0 m,总库容 5 549 万 m³,调节库容 4 871 万 m³。

双王城水库设计蓄水位 12.5 m,总库容 6 150 万 m³,调节库容 5 321 万 m³。

6.1.3.4　工程等别与设计标准

1.工程等别和级别

南水北调东线工程为国家重要调水工程,按照《水利水电工程等级划分及洪水标准》(SL 252—2000)、《灌溉与排水工程设计标准》(GB 50288—99),并参照《南水北调东线一期工程项目建议书》及有关审查意见,南水北调东线一期工程工程等别为Ⅰ等,工程规模为大(1)型。

输水河道工程级别根据供水对象的重要性、供水流量、原河道级别、输水位高于原河道水位所造成的影响、原河道综合利用的要求等诸多因素而定。高水河东堤及邵仙闸以北的西堤、济平干渠、济南—引黄济青段河道和鲁北小运河自桩号 24+000—58+000 长约 34 km 的输水河道的主要建筑物级别为 1 级,其余输水河道的主要建筑物级别为 2 级,次要建筑物级别均为 3 级。

泵站除淮安二站主要建筑物按 2 级加固改造外,其他泵站主要建筑物均按 1 级新建或加固改造,次要建筑物级别均为 3 级。

大屯水库、东湖水库和双王城水库主要建筑物级别为 2 级,次要建筑物级别均为 3 级。

洪泽湖、南四湖下级湖和东平湖影响处理工程建筑物级别,根据具体工程位置和工程规模等综合考虑确定。

穿黄工程主要建筑物级别为1级,次要建筑物级别为3级。

南四湖水资源控制工程位于上级湖湖西大堤上的主要建筑物为1级,次要建筑物为3级;位于下级湖湖东大堤上的主要建筑物为2级,次要建筑物为3级。

骆马湖水资源控制工程主要建筑物为3级,次要建筑物为4级。

2.设计标准

南水北调东线一期工程的输水河道大都利用现有河道,输水河道和调蓄湖泊堤防上的建筑物,以及输水河道交叉建筑物,其正常运用的洪水标准,采用所在河道现有或规划的防洪标准。防洪标准为100~20年一遇,除涝标准为5~10年一遇。

新建泵站主要建筑物的防洪标准按100年一遇设计,300年一遇校核;改造泵站主要建筑物的防洪标准按其级别参照《泵站设计规范》(GB 50265)确定;其他建筑物按不低于所处河段或湖泊堤坝的现有和规划防洪标准设计。

大屯水库防洪防洪标准采用20年一遇;东湖水库、双王城水库无防洪任务,排水、除涝标准采用5年一遇。洪泽湖、南四湖下级湖和东平湖影响处理工程的防洪标准根据具体工程位置和工程规模等综合考虑确定。

穿黄河工程的防洪标准为防御黄河下泄11 000 m³/s,相当于1 000年一遇。

南四湖水资源控制工程位于上级湖湖西大堤上的建筑物防洪标准按防御1957年洪水标准设计,相当于90年一遇;位于下级湖湖东大堤上的建筑物防洪标准为50年一遇。

骆马湖水资源控制工程控制闸不挡洪,按泄洪标准50年一遇设计。

3.抗震设计

南水北调东线输水干线处于我国东部强烈地震活动区,工程区内地震基本烈度为Ⅵ~Ⅷ度。根据《水工建筑物抗震设计规范》(SL 203)的规定要求,Ⅶ、Ⅷ度区内的建筑物和输水河道抗震设计采用地震基本烈度。

6.1.4 北调水量与水量分配

按预测当地来水、需水和工程规模进行计算,多年平均抽江水量87.68亿 m³,最大的一年已达157.48亿 m³;入南四湖下级湖水量为21.82亿~37.88亿 m³,多年平均29.73亿 m³,入南四湖上级湖水量为14.48亿~21.39亿 m³,多年平均17.56亿 m³;调过黄河的水量为4.42亿 m³;到山东半岛水量为8.83亿 m³。

第一期工程完成后,多年平均供水量187.55亿 m³,其中抽江水量87.68亿 m³,扣除损失水量后,多年平均净供水量162.81亿 m³,其中江苏133.70亿 m³,安徽15.58亿 m³,山东13.53亿 m³。

多年平均增供水量46.43亿 m³,其中增抽江水38.07亿 m³。扣除各项损失后全区多年平均净增供水量36.01亿 m³,其中江苏19.25亿 m³,安徽3.23亿 m³,山东13.53亿 m³。

6.1.5 工程建设内容

南水北调东线第一期工程建设内容主要包括河道工程、泵站工程、蓄水工程、水资源控制工程、穿黄工程、截污导流工程及水资源调度管理工程。

6.1.5.1 河道工程

(1)高水河整治工程主要内容包括:高水河自江都抽水站至邵伯轮船码头,全长15.2 km,设计输水流量为400 m³/s。高水河整治工程主要内容包括河道疏浚、堤防除险加固、护坡、穿堤建筑物、沿线影响处理、管理道路等。高水河堤防护砌采用浆砌块石进行。高水河沿线建筑物共7座,其中东堤4座,邗江县3座。

(2)三阳河、潼河工程起点为三垛镇向北经杜巷,沿潼河至终点宝应站下,疏浚及开挖河道全长44.254 km,沿线共需新建、拆建桥梁23座,其中公路桥8座,跨河生产桥15座;影响工程等。

(3)金宝航道工程主要内容:金宝航道工程全长66.88 km,以淮河入江水道三河拦河坝为界分为两段:金宝航道段长30.88 km(裁弯后长28.4 km),三河段长36 km。设计输水流量150 m³/s。三河现状输水能力150 m³/s,河道不需疏浚。金宝航道段输水能力不能满足设计要求,需进行疏浚。金宝航道工程河道开挖疏浚长18.7 km;河坡及堤坡护砌长64.91 km。沿线共需新建配套建筑物7座、跨河桥梁7座、沿线影响工程36座。

(4)淮安四站输水河道:淮安四站输水河道推荐新河中水位输水线方案。新河输水线利用现有河湖送水,从里运河北运西闸至淮安四站站下,全长29.8 km,分为运西河、白马湖湖区及新河3段。该段设计规模100 m³/s。运西河段全长7.47 km,设计河底高程为1.0 m,底宽25 m;白马湖湖区段抽槽长度2.3 km,设计河底高程1.0 m,底宽25 m;新河段长20.03 km,设计河底高程0.0 m,底宽30~35 m。设计边坡均为1:3。

配套建筑物包括新建、配建、拆建桥梁公路桥和生产桥11座;加固北运西闸,拆建镇湖闸,在新建的隔堤上建排涝滚水堰和补水闸。影响处理工程共35座建筑物,包括建节制闸17座、涵洞9座、泵站8座和倒虹吸1座。

(5)徐洪河影响处理工程:湖口段2.6 km抽槽,堤防险工处理,干河粉质砂壤土段河坡防护,拆除重建2座桥梁,抬高水位带来的沿线影响工程共23座泵站,其他配套建筑物4座。

(6)骆马湖以南中运河影响处理工程:堤防复堤2.2 km;8段堤防防渗段险工处理,防渗长16.7 km;堤防护砌工程长35.6 km,其中新建护坡17.5 km,加高15.6 km,对现状护坡损毁严重的2.5 km进行拆除重建;建筑物工程共35座,穿堤建筑物17座,影响处理排涝和灌溉泵站18座;堤防管理道路62.5 km,维修道路5.84 km。

(7)韩庄运河支流控制工程:韩庄运河在南水北调东线第一期工程设计水位及流量下,省界(陶沟河口)至韩庄老运河口段可以满足向北调水要求,韩庄运河不需要开挖疏浚。存在的主要问题是两岸较大支流较多,河口地势低洼且无控制,为便于输水期间对水资源的控制,需在支流汇入口建魏家沟、三支沟和峄城大沙河3座橡胶坝。

(8)南四湖上级湖南阳镇至梁济运河河口的疏浚工程,疏浚长度34 km,设计河底高程29.3 m,设计底宽68 m。

(9)梁济运河工程:梁济运河输水全长87.8 km,设计输水流量100 m³/s。梁济运河是山东引黄灌溉的一条重要河道,南水北调工程利用梁济运河输水,需要对灌区引水进行调整。

输水河道工程:输水线路从南四湖湖口至邓楼泵站站下长57.89 km。其中:湖口—长沟泵站段,设计河底高程29.3 m,底宽70 m,边坡1:4;长沟泵站—邓楼泵站段,设计河底高程 29.8~30.3 m,底宽 32 m,边坡 1:4。

建筑物工程:新建支流口连接段工程 6 处。重建交通桥 13 座,加固公路桥 1 座,提排站 41 座,涵闸 33 座。

灌区影响处理工程:输水干渠全长 54.8 km,其中陈垓灌区干渠长 8.3 km,国那里灌区干渠长 46.50 km,共需新建、改建各类建筑物 139 座。

(10)柳长河工程:柳长河输水工程长 21.28 km,设计河底高程 32.8 m,底宽 30 m,边坡 1:3,采用混凝土板衬坡不衬底方案。沿线需新建、改建、加固各类建筑物 63 座,其中公路桥 5 座,交通桥 11 座,支流口控制闸 3 座,提排站 29 座,涵闸 12 座,连接段 1 处,倒虹吸 1 座,渡槽 1 座。

(11)鲁北输水工程:鲁北输水线路全长 173.49 km,主要沿小运河、七一河、六五河布置,利用现有河道长 135.11 km,新开渠道(7 段)长 38.38 km。

位山—临清段设计流量为 50 m³/s,邱屯—大屯水库段设计流量为 25.5~13.7 m³/s。

小运河 0+000—10+000 段,采用复式土渠断面,两侧戗台高度为设计水位上 0.5 m,戗台宽度为 5 m;15+800—17+000 段,采用直立式浆砌石挡土墙复式断面;24+000—58+000 段,采用混凝土预制板全断面型式衬砌;其他渠段,均采用单式梯形断面土渠。小运河土渠段开挖断面边坡采用 1:4,24+000—58+000 衬砌渠段边坡采用 1:2.5。

六分干采用土渠方案,开挖边坡采用 1:3。七一河、六五河段,利用现有河道输水,需对河底污泥进行清淤。

河道工程全线共需新建、改建、重建和加固各类建筑物共 448 座,其中位山—临清段 327 座,临清—大屯水库段 121 座及灌区影响处理工程。

(12)胶东输水干线西段济平干渠工程。济平干渠段全长 89.787 km,设计输水流量 50 m³/s。利用原济平干渠扩挖 42.106 km,新辟输水线路 46.928 km,扩挖小清河 0.753 km。

济平干渠全线采用梯形断面,并进行全断面衬砌。济平干渠沿线各类建筑物 184 座,其中水闸 18 座,倒虹 31 座,渡槽 13 座、各类桥梁 120 座、排涝泵站 2 座。

(13)胶东输水干线西段济南—引黄济青段工程。济南—引黄济青段输水线路全长 149.99 km,设计输水流量 50 m³/s。

该段自睦里庄跌水至京福高速公路下游的节制闸利用小清河输水,长 4.578 km,设计底宽 20 m,边坡 1:2.5;京福高速公路节制闸至小清河洪家园桥下,利用小清河左岸的无压箱涵输水,输水暗渠长 23.277 km,3 孔 3.9 m×4.0 m 长 2.622 km,3 孔 4.9 m×4.4 m 长 20.655 km;自小清河洪家园桥下至小清河分洪道分洪闸下进入分洪道子,于左堤外新辟明渠 87.526 km,底宽 9.1~13.5 m;自分洪道分洪闸至引黄济青上节制闸沿分洪道扩挖,长 34.609 km,底宽 14~38 m。

新辟输水河道采用全断面衬砌,衬砌边坡 1:2.25;小清河分洪道子槽段边坡采用 1:3.0,局部护砌边坡采用 1:2.0。

输水河道工程沿线需新建各类交叉建筑物 287 座。其中各类水闸 26 座,输水渠穿河沟(渠)倒虹吸 5 座,河、沟、渠穿输水渠倒虹吸 82 座,河沟穿输水暗渠倒虹吸 20 座;输水渠跨沟、渠生产桥 3 座,跨输水渠公路桥 47 座,跨输水渠生产桥 98 座,人行桥 6 座。

调水线路总长 1 466.5 km,需扩挖河段长 632.57 km。其中长江至东平湖 1 045.36 km,

需扩挖河段长 219.3 km。黄河以北 173.49 km,需扩挖河段长 173.49 km。胶东输水干线 239.78 km,需扩挖河段长 239.78 km。穿黄河段 7.87 km。东线第一期工程输水河道指标见表 6-1。

表 6-1　东线第一期工程输水河道指标

区段	河道工程名称	起始地点	河道长度（km）	输水规模（m³/s）		开挖长度（km）
				现状	规划	
黄河以南	高水河	江都站—邵伯	15.2	250	400	3.3
	三阳河	宜陵—杜巷	66.6	0~300	100	29.5
	潼河	杜巷—宝应站	14.7	0	100	14.3
	金宝航道	南运西闸—金湖站	30.88	24~250	150	18.7
	淮安四站输水河道	北运西闸—淮安四站	29.8	50~80	100	29.8
	徐洪河影响处理	顾勒河口—土山站	120	200~220	100~120	—
	骆马湖以南中运河影响处理	淮阴闸—皂河站	113.6	150~350	150~250	—
	韩庄运河支流回水影响处理	苏鲁省界—老运河口	42.81	150~260	150	—
	南四湖湖内疏浚	韩庄湖口—二级坝站	48.21	300~150	200~125	—
		二级坝—梁济运河口	67	260~100	125~100	34
	梁济运河	河口—邓楼站	57	40~75	100	57.89
	柳长河	邓楼站—八里湾站	22.31	0	100	21.28
胶东	济平干渠	东平湖—济南	87.79	—	50	89.79
	济南—引黄济青段河道	济南—引黄济青干渠	149.99	—	50	149.99
黄河以北	小运河	位山—邱屯闸	96.92	—	50	96.92
	七一河、六五河	邱屯闸—大屯水库	76.57	—	30	76.57

6.1.5.2　泵站工程

东线工程供水区以黄河为脊背,分别向南北两侧倾斜。东平湖是东线工程最高点,与长江引水口水位差约 40 m。第一期工程从长江至东平湖设 13 个调水梯级,22 处泵站枢纽,34 座泵站,其中利用江苏省江水北调工程现有 6 处 13 座泵站,新建 21 座泵站。

新建泵站枢纽工程主要内容为:泵站主厂房、副厂房、前池、出水池、清污闸(桥)、引水渠、引水闸、出水渠、出口防洪闸、引水渠交通桥等工程。东线第一期工程新建泵站装机情况见表 6-2。

表 6-2 东线第一期工程新建泵站装机情况

序号	梯级	泵站名称	设计规模（m³/s）	水泵型式	设计扬程（m）	单机流量（m³/s）	配套功率（kW）	装机台数	总装机容量（kW）	总装机流量（m³/s）
1	1	宝应站	100	立式混流泵	7.6	33.4	3 400	4	13 600	133.6
2	2	淮安四站	100	立式轴流泵	4.18	33.4	2 500	4	10 000	133.6
3		金湖站	150	灯泡贯流泵	2.35	37.5	2 500	5	12 500	187.5
4	3	淮阴三站	100	灯泡贯流泵	4.28	34	2 240	4	8 960	136
5		洪泽站	150	立式轴流泵	6	37.5	3 550	5	17 750	187.5
6	4	泗阳站	164	立式轴流泵	6.3	33	3 000	6	18 000	198
7		泗洪站	120	灯泡贯流泵	3.74	30	2 240	5	11 200	150
8	5	刘老涧二站	80	立式轴流泵	3.7	29.4	2 000	4	8 000	117.6
9		睢宁二站	60	立式混流泵	9.2	23	3 200	4	12 800	92
10	6	皂河二站	75	立式轴流泵	4.7	25	2 000	3	6 000	75
11		邳州站	100	灯泡贯流泵	3.2	33.4	2 240	4	8 960	133.6
12	7	刘山泵站	125	立式轴流泵	5.73	31.5	2 800	5	14 000	157.5
13		台儿庄站	125	立式轴流泵	4.53	31.25	2 400	5	12 000	156.3
14	8	解台站	125	立式轴流泵	5.84	31.5	2 800	5	14 000	157.5
15		万年闸站	125	立式轴流泵	5.49	31.5	2 650	5	13 250	157.5
16	9	蔺家坝站	75	灯泡贯流泵	2.4	25	1 250	4	5 000	100
17		韩庄站	125	灯泡贯流泵	4.15	31.5	2 000	5	10 000	157.5
18	10	二级坝站	125	灯泡贯流泵	3.21	31.5	1 850	5	9 250	157.5
19	11	长沟站	100	立式轴流泵	4.06	33.5	2 240	4	8 960	134
20	12	邓楼站	100	立式轴流泵	3.97	33.5	2 240	4	8 960	134
21	13	八里湾站	100	立式轴流泵	5.4	25	2 400	5	12 000	125
合计								95	235 190	2 961.2

6.1.5.3 蓄水工程

新建或扩建蓄水工程主要有东湖水库、双王城水库、大屯水库。新建或扩建水库包括坝、进水泵站、出水泵站、进水闸、出水闸、泄洪洞、供水洞、排水洞等建筑物,以及相应的管理单位、影响处理工程和移民安置。另外,还有南四湖、骆马湖、洪泽洪等需做影响处理的水库,由于调水使得南四湖、洪泽洪正常蓄水位抬高,对周边地区的防洪除涝产生不利影响,需增建扩建沿湖周边的控制闸、站,以及相应对湖区居民给予适当补偿。

1.洪泽湖抬高蓄水位影响处理工程

1)滨湖圩堤防护工程

为解决风浪冲刷问题,拟在重点危险堤段做护坡对堤防进行加固。本次规划做护坡21处,长52.54 km,其中淮安24.4 km,宿迁28.14 km。

2)通湖河道影响处理工程

拟在洪泽湖通湖河道张福河、赵公河、老场沟建闸控制,对原高松河闸、黄码河闸、五河闸拆除重建。

3)江苏影响处理区圩区排涝工程

江苏影响处理圩区共新建泵站14座,设计流量共计7.59 m³/s;拆除重建泵站71座,设计流量共计85.62 m³/s;维修加固泵站62座,设计流量共计76.7 m³/s;现仍可利用泵站36座,设计流量共计34.54 m³/s。

4)安徽影响处理区洼地排涝工程布置

安徽影响处理规划泵站总计66座,总排涝面积824.98 km²,总设计排涝流量353.26 m³/s。其中新建排涝泵站4座,排涝面积113.2 km²,设计流量31.54 m³/s;拆除重建、扩建及合并重建排涝泵站10座,排涝面积185.7 km²,设计流量76.44 m³/s;加固维修泵站42座,排涝面积491.28 km²,设计流量228.08 m³/s;利用现有泵站10座,排涝面积34.8 km²,设计流量17.2 m³/s。

拟疏浚开挖张家沟、石梁河下段河道、五河站部湖排涝大沟和护岗河等4条骨干排涝河沟,岳庙、张姚、郭嘴、黑鱼沟、彭圩、大路等6片洼地中的6条排涝大沟和7条新建(重建)泵站配套排涝河沟。洪泽湖抬高蓄水位影响处理工程综合特性见表6-3。

2.南四湖下级湖抬高蓄水位影响处理工程

南四湖现状下级湖蓄水位32.3 m,相应蓄水面积582 km²,调节库容4.94亿m³。东线第一期工程拟将下级湖蓄水位由现状32.3 m抬高到32.8 m,增加调节库容3.06亿m³。蓄水位抬高后,南四湖湖区蓄水条件发生了变化,对当地渔湖民的生产、生活会产生部分负面影响,带来一些生产、生活上的困难。

湖区部分生产、生活设施因蓄水位的升高而受到影响,需要进行补偿。

由于湖内蓄水条件的改变,部分渔(湖)民生存的环境相应发生变化,需要调整生产结构,才能维持正常的生产和生活,而生产结构的调整,需要一定的资金和适当的过渡周期,由于近年来湖区连续干旱,渔(湖)民的经济来源已受到影响,进行产业结构调整所需的资金十分有限。

为了保持湖区及滨湖区的经济发展,不因抬高蓄水位而降低当地群众的生活水平,需要对因抬高蓄水位造成的生产、生活设施的损失进行适当补偿;对因抬高蓄水位影响造成当地群众的生产结构调整进行合理补贴。

3.东平湖蓄水影响处理工程

1)围堤加固工程

采用水泥土防渗墙措施对卧牛堤两端与山体接触部位和二级湖堤黑虎庙—解河口段堤基进行防渗处理,防渗墙厚30~40 cm、深15~19 m,总长3 350 m,总面积68 140 m²,搅拌桩总进尺170 476延米。

表 6-3 洪泽湖抬高蓄水位影响处理工程综合特性

项 目			单位	数量
一、洪泽湖特征水位及库容				
1	特征水位	正常蓄水位(抬高前/抬高后)	m	12.81/13.31
		死水位	m	11.11
		宾湖围堤破圩水位	m	14.31
		设计洪水位	m	15.81
2	正常蓄水位水库水面积(抬高前/抬高后)		km²	1 698.7/1 770
3	水库库容	正常蓄水位以下库容(抬高前/抬高后)	亿 m³	30.11/38.35
		调节库容(抬高前/抬高后)	亿 m³	23.11/31.35
		死库容	亿 m³	7.00
二、影响处理面积			km²	1 369.89
三、主要建筑物				
1	通湖河道闸工程	新建	座	3
			m³/s	250
		拆除重建	座	3
			m³/s	331.8
2	滨湖圩堤防护工程	长度	km	52.54
		设计水位	m	13.31
		护坡上限高程	m	14.81
		护坡下限高程	m	12.31
3	骨干排水河沟治理工程	排涝模数	m³/(s·km²)	0.6~0.9
		设计排涝标准(非汛期)	年一遇	10
		治理长度	km	89.16
		开挖土方	万 m³	420.26
4	排涝泵站装机容量		kW	46 312
四、主体工程量				
1	土方开挖		万 m³	571.7
2	土方回填		万 m³	109.1
3	砌石		万 m³	24.95
4	浇筑混凝土		万 m³	7.26
5	钢筋制安		t	4 193
五、工程永久占地			hm²	36.1
六、施工工期			月	30
七、工程总投资			万元	59 808

翻修二级湖堤 9+000—22+000 段干砌料石护坡 3 000 m,二级湖堤八里湾处护坡表面喷 10 cm 厚混凝土 1 000 m。

2) 堂子泵站改建工程

堂子泵站排捞设计流量为 3.6 m³/s,排渗设计流量为 1.2 m³/s,总提排设计流量为4.8 m³/s。

3) 济平干渠东平湖湖内清淤工程

从东平湖深湖区引水至济平干渠渠首引水闸,需进行清淤。清淤长度约 9.91 km,分为两段。从深湖区至青龙山山脚段,长 6.56 km,与穿黄河工程共用,此段引渠在穿黄河工程所清淤的基础上再加大断面,清淤底宽加大到 60 m;剩余的 3.35 km,清淤底宽为 30 m。清淤量 108.88 万 m³。

4.大屯水库

1) 围坝工程

水库围坝长约 9.405 km,水库占地面积 7.403 km²。围坝顶高程 31.40m,防浪墙顶高程 32.40 m,最大坝高 12.0 m,坝顶宽度 7.5 m。围坝上游边坡为 1:3.0,下游边坡为 1:2.75。在围坝下游设弃土平台压重,弃土平台顶高程为 26.80 m,顶宽 30.50 m,弃土平台下游坡坡比为 1:3.5。围坝坝型为复合土工膜防渗体斜墙土坝。

2) 六五河节制闸

六五河节制闸位于围坝东南角南水北调鲁北干线的六五河上,为开敞式 5 五孔闸,每孔净宽 5.0 m,钢筋混凝土整体结构。

3) 引水闸

引水闸位于引水渠进口六五河左大堤处,引水闸设计流量为 12.65 m³/s,该闸采用箱涵式,共设两孔,每孔净宽 2.0 m。

4) 引水渠

引水渠全长 280 m,设计流量为 12.65 m³/s,起始水位为 20.85 m,设计渠底比降 1/8 000,水深 2.0 m,底宽 4.0 m,边坡均为 1:2。

5) 入库泵站

入库泵站位于围坝桩号 0+268.54 处,设 5 台机组,其中 1 台备用,设计流量12.65 m³/s。

6) 泄水洞

泄水洞位于围坝桩号 5+774.65 处,主要建筑物包括进口连接段、竖井、出库暗涵、出口连接段等。

7) 供水洞

供水洞位于围坝桩号 5+934.65 处,主要包括进口连接段、竖井、出库暗涵等。

8) 六五河、利民河改道工程

在六五河节制闸下游 600 m 处,河道向西有 1 个弯道,影响筑坝,因此对六五河进行改道,改道长度为 1 300 m。河道开挖底宽 36 m,边坡为 1:3.5。

由于水库占用了利民河东支的河道,影响上游地区的排涝,因此将利民河东支改道,改道段长 3 523 m。利民河设计流量 26.80 m³/s,改道段底宽 18.4 m。大屯水库工程综合特性见表6-4。

表 6-4　大屯水库综合特性

序号	项目名称	单位	数量	备注
一	工程规模			
1	水库占地总面积	km²	7.403	
2	最高蓄水位	m	29.05	
3	死水位	m	21.50	
4	水库总库容	万 m³	5 256	
5	死库容	万 m³	757	
6	调节库容	万 m³	4 499	
7	年引水量	万 m³	13 334	
8	年供水量	万 m³	12 185	
二	主要建筑物及设备			
1	围坝			
	主坝类型		复合土工膜防渗体斜墙土坝	
	地基特性		土　基	
	地震基本烈度	度	Ⅵ	
	主坝长度	km	9.405	
	坝高	m	12.0	
	设计坝顶高程	m	31.4	
2	入库泵站			
	最大设计流量	m³/s	12.65	
	设计扬程	m	6.99	
	总装机容量	kW	1 775	
三	主体工程量			
1	土方开挖	万 m³	1 296.37	
2	土方回填	万 m³	1 018.52	
3	砌石	万 m³	21.92	
4	浇筑混凝土	万 m³	0.90	
四	总工期	年	2.5	
五	永久占地	hm²	740.3	
六	静态总投资	万元	79 202	

5.东湖水库

围坝轴线总长 8.393 km,坝高约 13.0 m,总库容 5 549.39 万 m³。东湖水库建筑物主要包括围坝、分水闸、穿小清河入库倒虹吸、入库泵站、穿小清河出库倒虹吸及泄水闸、出库闸等部分。

1）水库围坝

水库总库容为 5 549.39 万 m³，相应水库水位为 30.0 m，坝顶高程统一为 32.20 m，在坝顶设置 1.0 m 高防浪墙，则防浪墙顶高程 33.20 m。选择复合土工膜防渗体斜墙砂壤土坝，坝顶宽 7.5 m，最大坝高 13.0 m，上游坝坡 1:3.0，下游坝坡 1:2.5，在下游 26.0 m 高程处设 2.0 m 宽戗台，上游坝肩设防浪墙。

2）入库泵站设计

本站选用 1200HD-9(0°) 型立式混流泵 2 台和 900HD-9(+2°) 型立式混流泵 3 台。泵站总装机容量 2 610 kW。最大设计流量 11.60 m³/s。

3）分水闸及穿小清河入库倒虹吸

分水闸位于南水北调输水干渠右岸，作用是东湖水库充库时，开启闸门引水；不充库时，关闭闸门，便于南水北调输水。闸后与穿小清河入库倒虹吸衔接，倒虹吸总长 350 m 左右，钢筋混凝土结构，双孔。

4）出库涵闸及穿小清河出库倒虹吸

引江水通过水库调蓄后，再经出库涵闸、穿堤（坝）涵洞、穿小清河出库倒虹吸，进入南水北调干渠，向滨州、淄博等市供水。

5）出库闸

为向济南及章丘两市供水，在水库围坝设计桩号 3+517.58 和 6+303.0 处设出库闸 2 座，设计流量分别为 1.29 m³/s 和 0.54 m³/s。出库闸为单孔，净宽 1.5 m。

6.双王城水库

双王城水库主要建筑物包括泵站、水闸、桥梁、涵洞等各类建筑物 11 座。

1）输水工程

引水渠全长 2 067 m，设计流量为 8.61 m³/s，设计渠底比降 1/10 000，水深 2.0 m，底宽 2.5 m，渠首渠底高程 0.6 m，内边坡为 1:2.5，外边坡为 1:2。

供水渠全长 5 271 m，设计流量为 28.0 m³/s，设计渠底比降 1/10 000，水深 2.5 m，底宽 7.0 m，渠首渠底高程 0.79 m，内边坡为 1:2.5，外边坡为 1:2。

2）围坝工程

围坝采用以砂壤土、壤土为主的均质坝。坝顶高程：南、北、东、西坝坝顶高程皆为 14.75 m，防浪墙顶高程 15.75 m；东南角坝（桩号 7+650—8+550）坝顶高程为 15.10 m，防浪墙顶高程 16.10 m。最大坝高 12.5 m，坝顶宽度 7.5 m，坝顶路面为沥青混凝土路面，下游坝肩设路缘石，设向下游 2% 的单向斜坡，以利于雨水排泄。围坝上下游坝坡均采用 1:3，下游在 9.0 m 高程设 2.0 m 宽的戗台。

3）入库泵站工程

双王城水库在桩号 0+000 处设入库泵站 1 座，设计流量 8.61 m³/s。前池设计水位 2.39 m，水库设计蓄水位 12.5 m，死水位 3.9 m。主厂房内设有 3 台 1000HD-9 型水泵和 2 台 800HD-12.5 型水泵，一字形排列。泵站总装机容量 1 695 kW。

4)穿坝建筑物工程设计

穿坝建筑物工程设计包括供水洞、东灌溉洞、西放水洞3项工程设计,分别位于围坝桩号8+108、7+459、2+435处。

6.1.5.4　水资源控制工程

1.骆马湖水资源控制工程

对临时性水资源控制设施具体加固改造内容为:对毁坏的挡水墙和水位井按原设计恢复;浮箱箱体和上、下游通航标志重新刷油漆;在浮箱顶部增设封闭舱,封闭舱内布置卷扬机和现地控制柜;增设1套自动控制设施;为防止水流冲刷,将东侧岸坡的上、下游护坡延长与支河控制闸护坡连接,护坡采用模袋混凝土护坡。

在临时性水资源控制设施东侧滩地上新开挖支河河道,河道全长819 m,底宽30.0 m,边坡1:3,河底高程16.832 m,中心线与中运河主河槽中心线间距为120 m,两河之间隔堤顶宽约30 m。该河道与中运河主河槽共同满足调水125.0 m³/s和泄洪5 600 m³/s的要求。在支河河道上新建控制闸,共4孔,单孔净宽8.0 m,两孔一联,整体式底板,闸室采用钢筋混凝土开敞式结构,顺水流方向长15 m,垂直水流方向总宽40 m。

2.南四湖水资源控制和水质监测工程

1)杨官屯河闸

杨官屯河闸位于上级湖湖西杨官屯河的入湖口处,闸轴线距湖西大堤约100 m,闸两侧通过杨官屯河堤与湖西大堤连接。本工程布置1座2孔节制闸和1座Ⅶ-(3)级航道船闸。

杨官屯河闸共两孔,南侧闸孔布置为船闸(Ⅶ级航道)的上闸首,单孔净宽10 m,钢筋混凝土涵闸式结构,底板顶面高程为29.8 m。闸室顺水流方向长度为17 m,垂直水流方向宽度为23.2 m。

2)大沙河闸

大沙河闸位于上级湖湖西大沙河的入湖口处,闸轴线距湖西大堤约100 m,闸两侧通过大沙河河堤与湖西大堤连接。本工程布置1座13孔节制闸和1座Ⅵ-(4)级航道船闸。

大沙河节制闸每孔净宽10 m,闸室采用钢筋混凝土开敞式结构,整体筏式底板,5跨两孔一联加1跨三孔一联,底板顶面高程30.8 m。闸室顺水流向长18.0 m,垂直水流向宽150.6 m,包括船闸上闸首总宽165.62 m。

3)姚楼河闸

姚楼河闸位于上级湖湖西姚楼河的入湖口处,闸轴线距湖西大堤约150 m,闸两侧通过姚楼河堤与湖西大堤连接。本工程布置1座2孔节制闸,单孔净宽10 m,钢筋混凝土涵闸式结构,底板顶面高程31.30 m。闸室顺水流向长16.0 m,垂直水流向宽23.20 m。

4)潘庄引河闸

潘庄引河闸位于下级湖规划新建湖东大堤上,闸上公路桥中心线与大堤中心线一致,共1孔,净宽10 m。闸室采用钢筋混凝土涵闸式结构,整体筏式底板,底板顶面高程29.30 m。闸室顺水流向长17.0 m。南四湖水资源控制工程特性见表6-5。

表 6-5　南四湖水资源控制工程特性

名称		单位	大沙河闸	姚楼河闸	杨官屯河闸	潘庄引河闸	备注
流量	设计排涝流量	m³/s	901	76.2	104	51.6	10年一遇
	设计泄洪流量	m³/s	1 360	114	156	130	20年一遇
	引水	m³/s	12.0	4.0	30.0	17.1	
主要建筑物	闸室形式		钢筋混凝土开敞式	钢筋混凝土涵闸式	钢筋混凝土涵闸式	钢筋混凝土涵闸式	
	闸孔尺寸　节制闸(含船闸)　孔—m×m		15—10×9.2	2—10×8.7	2—10×10.2	1—10×9.5	宽×高
	闸孔尺寸　下闸首		1—10×5.0		1—10×6.0		
	设计泄洪单宽流量	m³/s	10.5	5.7	7.8	13.0	
主要工程量	开挖土方	万 m³	45.8	16.8	15.0	10.15	
	填筑土方	万 m³	5.05	6.37	5.88	3.1	
	浆砌块(抛)石	万 m³	1.51	0.08	0.08	0.12	
	混凝土及钢筋混凝土	万 m³	3.52	0.64	1.11	0.46	
	金属结构安装	t	677.5	82	113.5	49.0	
工程永久占地		hm²	36.9	13.2	17.4	8.6	
施工工期		月	24	12	12	12	
静态总投资		万元	17 083				

5)南四湖水资源监测工程

南四湖水量监测工程主要包括新建专用水文站 13 个、水位站 11 个、水量计量点 49 个、巡测基地 2 个、数据传输网络中继站 4 个,其中专用水文站、水位站分布在南四湖周边的 24 个出入湖河口处,水量计量点布置于沿湖 49 个取水泵站处,巡测基地分别建于沛县、微山县城,新建鱼台县、微山县两个中继站,改建沛县、大洞山两个中继站,并扩建淮河水利委员会、沂沭泗水利管理局传输网络。

南四湖水质监测工程主要包括地表水水质监测站 31 个(其中 2 个为水质自动监测站)、车载移动实验室 1 个,完善济宁、枣庄、徐州地方水环境监测中心的监测设备。其中 21 个站点布置于南四湖周边主要河口,10 个站点分布于湖区。

6.1.5.5　穿黄工程

穿黄工程主要由南岸输水段、穿黄枢纽段及北岸穿引黄渠埋涵段组成。

1.南岸输水渠段

从东平湖至黄河子路堤为南岸输水渠段。主要由东平湖出湖闸、南干渠等建筑物组成,全长 2.71 km。

2.穿黄枢纽段

穿黄枢纽工程段包括滩地埋管进口检修闸、滩地埋管、穿黄隧洞,该段全长 4.44 km。

3.北岸穿引黄渠埋涵段

穿引黄渠埋涵段包括连接段、穿引黄渠埋涵、出口闸及明渠连接段,该段全长 0.72 km。穿黄河工程综合特性见表 6-6。

表 6-6 穿黄河工程综合特性指标

	工程项目名称	单位	指标	备注
一	工程规模			
1	总长	km	7.87	
2	流量	m³/s	50/100	一期/二期
3	起止点水位	m	39.30,35.61	
二	主要建筑物			
1	南干渠		纵坡 1/28 500	
	长度	m	2560	底宽 20 m,边坡 1:3
2	涵闸工程			
(1)	东平湖出湖闸			涵闸
	孔数—孔宽×孔高		4—5.0×5.5	平板钢闸门
	闸涵及连接段长度	m	150	
(2)	埋管进口检修闸			涵闸
	孔数—孔宽×孔高	m	1—7.2×7.2	平板钢闸门
	闸段及连接段长度	m	86.518	
(3)	出口闸			涵闸
	孔口尺寸(宽×高)	m	2—5.0×5.0	平板钢闸门
	闸室及渐变段长	m	75	
3	穿黄枢纽工程			
(1)	滩地埋管		内圆外城门洞压力埋管	
	断面内径	m	7.5	
	长度	m	3 768	$i=1/2\,500$
(2)	穿黄隧洞		圆形压力隧洞	
	断面内径	m	7.5	
	长度	m	585.38	
4	穿引黄渠埋涵		钢筋混凝土压力箱涵	
	孔数—孔宽×孔高	m	2—5.0×5.0	
	埋涵长度	m	480	其中连接段长 20 m
三	主体工程量			
土方	淤泥开挖	万 m³	209.0	
	土方明挖	万 m³	516.26	
	土方回填	万 m³	377.21	
	石方洞挖	万 m³	3.55	
	钢筋混凝土	万 m³	23.77	
四	永久占地	hm²	99.9	
五	施工期	年	3	

6.1.5.6　里下河水源调整补偿工程

里下河水源调整工程包括卤汀河、大三王河长 69 km 河道拓浚及配建沿线影响工程、灌区调整工程等。南水北调东线第一期工程主要工程量见表 6-7。

表 6-7　东线第一期工程主要工程量汇总表　　　　　单位:万 m³

序号	项目	土方开挖	土方回填	石方开挖	混凝土及钢筋混凝土	砌石
一	河道工程	10 815.17	4 298.35	89.24	251.68	166.56
二	泵站工程	2 633.94	1 551.80	5.92	103.12	67.22
三	蓄水工程	3 995.48	2 579.38		14.02	88.76
四	穿黄工程	725.25	377.20	8.01	25.66	4.48
五	南四湖、骆马湖水资源控制工程	98.30	23.04	1.00	6.73	1.86
六	江苏里下河水源调整工程	2 539.88	936.11		8.22	12.77
七	合计	20 808.02	9 765.88	104.17	409.48	341.66

第一期工程共计新增装机 23.52 万 kW,土石方开挖 2.09 亿 m³,土方填筑 0.98 亿 m³,混凝土及钢筋混凝土 409.48 万 m³,砌石 341.66 万 m³。

6.1.6　水面线设计

6.1.6.1　三江营引水口长江潮位

长江三江营是南水北调东线工程引水口门,引水方式分抽水和自流引水两种情况。江都站须保证全年抽水 400 m³/s 的设计要求;与江都泵站同为第一级泵站的宝应站则要求通过三阳河、潼河自流引水 100 m³/s 至站下。

根据三江营旬平均潮位资料分析,取相应全年 95% 保证率的潮位 0.88 m 作为确定江都泵站站下设计水位的设计潮位;取 1966 年 6 月下旬三江营平均潮位 2.19 m 作为灌溉期自流引水的设计潮位。

6.1.6.2　湖泊蓄水位和北调控制水位

1.湖泊蓄水位

南水北调东线一期工程用洪泽湖、骆马湖、南四湖下级湖进行调蓄,各湖泊水位如下:

洪泽湖现状死水位 11.3 m,汛期蓄水位 12.5 m,非汛期蓄水位 13.0 m,规划将洪泽湖非汛期蓄水位抬高到 13.5 m。

骆马湖现状死水位 21.0 m,汛期蓄水位 22.5 m,非汛期蓄水位 23.0 m,规划蓄水位保持现状不变。

南四湖下级湖现状死水位 31.3 m,汛期蓄水位和非汛期蓄水位均为 32.3 m,规划将下级湖非汛期蓄水位抬高到 32.8 m。

2.北调控制水位

为了使当地用水利益不致因调水而受损害,保证各区现有的用水利益不受破坏,同时,为提高全线供水保证率,调度中规定了湖泊不同时段的北调控制水位,当湖泊水位低于此水位时即停止从湖泊内抽水北调,使湖内在死水位以上保持一定的水量。在湖泊停止向北供水时,新增装机的抽江水量优先满足北方的城市供水,然后再向农业供水。参照现有江水北调工程的调度运用原则,经过调算拟定各湖泊北调控制水位按不同季节变化。

6.1.6.3 航运渠化水位

京杭运河扬州至济宁已形成 10 个梯级,各河段已全部渠化。在调水工况下,不应影响渠化水位(最低通航水位)的要求。

6.1.6.4 东平湖引水水位

南水北调东线一期工程在低于东平湖目前汛限水位 40.8 m 以下运用,汛期服从黄河防洪调度,非汛期首先调蓄大汶河来水,然后视东平湖水位情况决定调水入湖过程,不会对防汛造成影响。因此,穿黄工程和胶东输水干线从东平湖老湖区引水,深湖区设计水位取 39.3 m。

6.1.6.5 设计水面线

东线工程从长江引水,向北依次送到洪泽湖、骆马湖、南四湖、东平湖,长江潮位和各湖泊蓄水位是确定调水河道设计水面线的控制性水位。南水北调东线一期工程输水河(渠)道水面线根据上述控制水位设计。

6.1.7 水土保持方案

南水北调东线第一期工程是一项"点"多、"线"长、"面"广的系统工程,项目区黄河以南位于黄淮冲积平原微丘风沙区,现状无明显水土流失,土壤侵蚀强度为微度;山东半岛位于鲁中南中低山丘陵强度侵蚀区,黄河以北位于黄泛沙荒轻度风蚀区,均属山东省水土流失重点治理区。由于工程占地、施工期间土石方开挖、填筑、堆弃、调配运输等,可能会造成严重的人为水土流失和周边生态环境的恶化,工程水土流失重点防治区域为弃土场区。

6.1.7.1 水土流失防治分区

1.淮河平原微度流失区包括的单项工程

1)三阳河、潼河、宝应站工程建设区

● 河道工程区:包括圩堤防治分区、河道防治分区、青坎防治分区、弃土防治分区、道路防治分区和潼河三中沟防治分区、丰收北干渠防治分区。

● 泵站工程区:上下游引河防治分区、站身防治分区、管理区防治分区和施工场地防治分区。

2)长江—骆马湖段其他工程建设区(包括 2003 年度工程)

● 河道工程区:包括高水河工程区、金宝航道工程区、淮安四站输水河道工程区、徐洪河影响处理工程区、骆马湖以南中运河影响处理工程区、沿运闸洞漏水处理工程区等。

● 泵站工程区:主要包括金湖站、淮阴三站、泗洪站、邳州站、睢宁二站、泗阳三站、刘老涧二站、洪泽站、皂河二站工程区。

● 洪泽湖抬高蓄水位影响处理工程区。

● 里下河水源调整补偿工程区。

● 扬州、淮安、宿迁 3 个截污导流工程区。

3）江苏骆马湖—南四湖段工程建设区

● 泵站工程区：刘山站工程区、解台站工程区、蔺家坝站工程区。根据施工工艺和特点，划分为泵站建筑物、引河和导流河、弃土区、施工临时占地区、管理所等不同水土流失防治区。

● 扬州、徐州、宿迁、江都截污导流工程区。

4）南四湖水资源控制和水质监测、骆马湖水资源控制工程建设区

根据工程特征、工程位置划分为大沙河闸工程区、姚楼河闸工程区、杨官屯河闸工程区、潘庄引河闸工程区、二级坝泵站工程区和骆马湖水资源控制工程区，以及南四湖水资源监测中心建设区。

根据施工工艺、扰动和破损地面的方式、造成的水土流失特点等，将大沙河闸防治区、姚楼河闸防治区、杨官屯河闸防治区、潘庄引河闸防治区、二级坝泵站防治区和骆马湖水资源控制工程防治区再划分为闸室和泵站主体工程防治区、弃土弃渣防治区、取土场防治区、施工管理及施工临建扰动防治区等。

5）山东韩庄运河段工程建设区

● 泵站工程区：台儿庄站工程区、万年闸站工程区、韩庄站工程区。根据施工工艺、造成的水土流失特点等，划分为建筑物及厂区防治区、引出水渠道建设防治区、弃土弃渣场防治区、生产生活及其他临时占地防治区等。

● 韩庄运河支流回水影响处理工程区：一支沟、四支沟、大沙河分洪道的三河口交通桥工程区，二支沟、阴平沙河、魏家沟、三支沟河口闸桥工程区，峄城大沙河河口控制闸工程区。

● 山东省临沂邳州分洪道截污导流工程区和枣庄小季河等截污导流工程区。

2.黄泛平原水风复合侵蚀区包括的单项工程

1）山东南四湖至东平湖段工程建设区

● 蓄水工程区：南四湖疏浚工程区、南四湖抬高蓄水位影响处理工程区。

● 河道工程区：梁济运河工程区、柳长河工程区。

● 泵站工程区：长沟站工程区、邓楼站工程区、八里湾站工程区。

● 截污导流工程区：济宁、枣庄、泰安、菏泽 4 市的 10 项截污导流工程区。

2）穿黄工程建设区

● 主体工程区：湖内引渠工程区、南干渠工程区、穿黄隧洞工程区。

● 弃土弃渣区：包括 2 个排泥场和 3 个弃渣场、2 个临时弃渣区。

● 施工生产生活区和临时道路区。

● 移民安置和局部工程影响区。

3）东平湖蓄水影响处理工程建设区

主要包括围堤加固工程区、堤外截渗排渗工程区、济平干渠东平湖湖内清淤工程区。

4）济平干渠工程建设区

根据项目区的自然条件、地形地貌、工程建设时序、工程造成的水土流失特点及项目主体工程布局等，结合防治责任范围，该工程水土流失防治区划分为输水渠防治区、建筑

物防治区、堆土场防治区、管理机构防治区、临时工程防治区、移民安置防治区等6个防治区。

　　5)胶东济南至引黄济青段工程建设区

　　●河道工程区:包括济南—引黄济青工程段河道工程区、交叉建筑物工程区。

　　●东湖水库工程区和双王城水库工程区:围坝工程区、输水工程区、泵站工程区。

　　●济南截污导流工程区。

　　3.黄河以北黄泛水风复合侵蚀区包括的单项工程

　　●河道工程区:小运河河道工程区,七一、六五河道工程区。

　　●蓄水工程区:大屯水库建设工程区。

　　●截污导流工程区:德州、聊城5个截污导流工程区。

　　根据施工工艺、扰动和破损地面的方式、造成的水土流失特点等,可进一步划分水土流失防治区。

6.1.7.2　水土保持措施总体布局

　　本方案根据南水北调东线一期工程主体工程施工总体布置方案和施工特点,以及项目建设区和直接影响区新增水土流失预测结果和防治目标,结合各影响区域的地形、地质、地貌类型、土壤条件以及工程涉及地区的水土保持生态建设规划,在对主体工程中具有水土保持功能措施全面评价的基础上,拟定本工程水土保持措施的总体布局。

　　针对南水北调东线一期工程建设"点"多、"线"长、"面"广的特点,新增水土流失防治,以主体工程建设区的弃土(渣)场、堤防堆垫区、临时堆土区、施工附企区、施工临时道路区等为重点防治区域,临时措施与永久措施相结合、工程措施与植物措施相结合,"点、线、面"相结合,以形成完整的防护体系。

　　在措施实施进度安排上,实行水土保持"三同时"制度。根据不同部位的施工特点,建立分区防治措施体系。

　　在专设的弃土(渣)场、取土场、泵站主体工程区、闸主体工程区等"点"状位置,以工程措施(拦挡工程、护坡工程、排水工程、围堰工程)为先导,土地整治措施和植物措施相结合,通过建立综合的防治体系,使弃土(渣)场、取土场、泵站主体工程区、闸主体工程区等的水土流失得到有效控制。

　　在河道堤防区、沿堤防背水坡堆放的弃土区、施工道路建设区、水库主坝区、穿黄工程的输水涵洞施工区等"线"状位置,结合主体工程的施工特点进行分段防护,根据各个工程段的不同情况布设工程和植物防护措施,如河道堤防在城区时按城区防洪标准和园林标准来布设措施;施工道路如永临结合的,对路面和两侧排水设施及绿化措施比临时道路标准适当提高;水库主坝区主要根据水库区功能和地理位置及绿化美化标准来确定相应的工程和植物防护措施。穿黄工程的输水涵洞由于在黄河滩地上,主要注重将弃土(渣)在地表摊平、碾压,不阻碍滩地行洪和产生水土流失。

　　在整个工程施工区的"面"上,工程措施、土地整治和植物措施相互配合,按照系统工程原则,合理利用土地资源,处理好局部与整体、单项与综合、眼前与长远的关系,提高水土流失的防治效果,减少工程投资,改善生态环境。

6.1.8 投资估算

南水北调东线第一期工程总体可研投资估算,根据 2004 年 7 月 2 日水利部南水北调前期工作会议提出的项目划分分段进行编制汇总。南水北调东线第一期工程共分为 16 个单项,其分别为三阳河、潼河、宝应站工程,江苏省长江—骆马湖段(2003)年度工程,长江—骆马湖段其他工程,江苏骆马湖—南四湖段工程,山东韩庄运河段工程,山东南四湖至东平湖段工程,穿黄河工程,东平湖蓄水影响处理工程,鲁北段工程,济平干渠工程,胶东济南至引黄济青段工程,南四湖水资源管理及水质监测工程,洪泽湖、南四湖下级湖抬高蓄水位影响处理工程,第一期工程调度运行管理系统,江苏省截污导流工程,山东省截污导流工程。

6.1.8.1 已审批工程投资编制

已审批工程投资编制,按最终审批阶段工程静态投资计列,并计入设备调差及材料调差。材料价格调至 2004 年四季度价格水平,贯流泵价格按进口设备价格进行调整。

6.1.8.2 未审批工程投资编制

未审批工程投资按 2004 年下半年价格水平进行编制,其中:主材进入工程单价部分按 2003 年二季度末价格水平,超过部分计取税金后放入第五部分独立费用之后。

6.1.8.3 工程投资估算汇总

南水北调东线第一期工程总体可研工程静态总投资 2 688 114 万元。投资分已审批工程和未审批工程进行编制汇总,其中已审批工程静态总投资 804 966 万元,未审批工程静态总投资 1 655 597 万元。

6.2 水土保持工程实施

6.2.1 穿黄工程

穿黄河工程于 2008 年 3 月 1 日开工建设,2013 年 6 月 21 日试通水完成,主体工程全部完工,2013 年 8 月底水土保持工程完工。

6.2.1.1 工程措施

穿黄河工程水土保持工程措施包括两部分:主体中具有水土保持功能的工程措施和新增水土保持工程措施。完成主要工程量:浆砌石 0.20 万 m^3,混凝土 1.38 万 m^3,复耕 139 hm^2,土地整治 16.37 hm^2,植草砖 0.36 hm^2,填方 4.43 万 m^3,挖方 0.41 万 m^3。

1.主体中具有水土保持功能的工程措施

主体中具有水土保持功能的工程措施主要有出湖闸前疏浚段混凝土护坡和南干渠混凝土护坡,滩地埋管复耕,1#和 2#排泥场围堰填筑,施工临时弃渣场复耕,施工生活区和施工道路区复耕工程。

完成主要工程量为复耕 139 hm^2,围堰填筑 4.43 万 m^3,混凝土 1.38 万 m^3。

2.新增水土保持工程措施

工程内容及实施时间:2010 年 3 月至 2012 年 5 月,对新增水土保持工程措施实施了出湖闸上游边坡草砖护坡工程,南干渠浆砌石排水沟和草砖护坡工程,埋管进口检修闸土质排水沟工程,1#和2#排泥场土质排水沟工程(将排泥场沉淀排出的水再排回东平湖),主体工程区绿化场地(南干渠左岸弃渣场)土地整治工程和管理基地土地整治工程。

完成主要工程量:土地整治16.37 hm²,喷灌设施长2 483 m,浆砌石2 016 m³,挖方4 066 m³,植草砖3 590 m²。

6.2.1.2　植物措施

穿黄河工程植物措施共划分为5个单位工程,9个分部工程,41个单元工程。5个单位工程全部为新增水土保持植物措施。

根据提供的资料及专家组统计,截至2013年8月,穿黄河工程植物措施共完成绿化面积16.37 hm²,完成工程量:乔木12 657株,花灌木26 983株,绿篱1 971 m²,种草7.81 hm²。

6.2.1.3　临时措施

穿黄河工程水土保持临时工程主要是主体工程建设过程中修建土质排水沟和临时弃渣场密目网苫盖。完成工程量:排水沟7 400 m,密目网3.02万 m²。

6.2.2　济平干渠

济平干渠工程于2002年12月27日举行了开工典礼仪式,2003年5月20日取得主体工程开工报告的批复,2005年12月底主体工程建成并一次试通水成功,总工期2.5年。这是全国南水北调工程第一个建成并发挥效益的单项工程。

6.2.2.1　工程措施

济平干渠水土保持工程措施涉及26个单位工程,169个分部工程,6 526个单元工程,其中新增水土保持工程措施涉及3个单位工程,14个分部工程,3 714个单元工程。主要采取了混凝土衬砌、道路硬化、土地整治、排水及恢复耕地等工程措施。完成主要工程量:土地整治165.41 hm²,土方开挖142.19万 m³,土方回填71.05万 m³,混凝土35.2万 m³,浆砌石0.25万 m³。其中新增水土保持工程措施完成主要工程量:土方开挖0.35万 m³,土方回填66.53万 m³,土地整治165.41 hm²,浆砌块石0.25万 m³。

6.2.2.2　植物措施

济平干渠工程植物措施共划分为4个单位工程,38个分部工程。4个单位工程全部为新增水土保持工程植物措施。主体中具有水土保持功能的干根网工程没有进行单位工程的划分,是工程在建设过程中进行的一项试验工程。

工程建设内容主要为输水渠区、堆土区及管理区的绿化。完成主要工程量:乔木83.51万株,灌木17.61万株,种草300.32 hm²。其中水土保持新增植物措施完成工程量:乔木65.68万株,灌木17.61万株,种草300.32 hm²。由于植物措施项目划分是根据合同进行的,故植物措施完成情况也相应按单位工程分别进行评价。

6.2.2.3　临时措施

济平干渠工程在施工过程中,根据水土保持方案批复要求,对施工临时料厂、仓库等临时施工场地堆放的砂石料进行苫盖,使用篷布2.31万 m²。

由于本工程为线形工程,施工过程中穿越较大型的天然河道时需要修建施工导流围堰,工程建设共有 8 座倒虹吸以及跨河建筑物需要修建导流围堰,一般按河槽内纵向或顺河流方向布置,围堰宽度一般为 3 m,边坡比为 1∶2.5,共需土方 3.850 0 万 m³,工程结束后,将拆除围堰的土方就近运至进修堆土区,及时整平压实,防治水土流失。

6.2.3　江苏三潼宝

南水北调东线第一期工程三阳河、潼河、宝应站工程于 2002 年 12 月 27 日开工建设,2005 年 6 月 30 日基本完工,工程建设历时 2 年半,比计划工期提前半年。

6.2.3.1　工程措施

南水北调东线第一期工程三阳河、潼河、宝应站工程完成的水土保持工程措施主要包括工程护坡、排水沟工程、直立墙等(水土保持工程措施均纳入主体工程中)。完成主要工程量:混凝土 33 969.51 m³,浆砌石 9 277.93 m³。

6.2.3.2　植物措施

南水北调东线第一期工程三阳河、潼河、宝应站共实施水土保持措施面积459.91 hm²,其中种植乔木 190 353 株,灌木 802 067 株,水生植物 1 711 500 株,宿根花卉94 237m²,色块类 29 598 m²,地被植物 1 409 732 m²,草坪 65 779 m²。

栽植的乔木有意杨、合欢、栾树等;主要灌木有桃、木槿、紫薇、杞柳、云南黄馨等;宿根花卉有鸢尾、萱草等;色块植物有杜鹃、龟甲冬青、大叶黄杨;水生植物为花菖蒲;地被植物为白三叶;植草种类为麦冬和马尼拉。

6.2.4　胶东输水干线

胶东输水干线工程由济南市区段工程、济东明渠段工程、陈庄段工程、东湖水库工程和双王城水库工程组成,于 2008 年 11 月开工建设,2015 年 4 月基本完工。

6.2.4.1　工程措施

胶东输水段工程措施共涉及 6 个单位工程,10 个分部工程,15 个单元工程。工程措施主要为土地整治、排水沟和植草砖护坡工程。工程措施完成主要工程量:土地整治17.47 hm²,覆土 17 276 m³,植草砖 3.34 hm²。胶东输水段工程完成水土保持工程措施情况如下。

1.济南市区段水土保持工程措施

工程内容及实施时间:2014 年 7 月,完成了睦里庄节制闸混凝土排水沟。

2.济东明渠段水土保持工程措施

工程内容及实施时间:2011 年 8 月至 2012 年 9 月,对输水渠混凝土护坡以上较陡的边坡完成了植草砖工程。

3.陈庄段水土保持工程措施

工程内容及实施时间:2011 年 8 月至 2012 年 6 月,对输水渠混凝土护坡以上较陡的边坡完成了植草砖工程。

4.东湖水库水土保持工程措施

工程内容及实施时间:2013 年 10 月至 2014 年 3 月,完成了管理区绿化场地的土地整治、微地形整治及覆盖绿化土。

5.双王城水库水土保持工程措施

工程内容及实施时间:2013年8月至2014年5月,完成围坝工程区、引水渠及泄水渠、交通道路复建区和管理区绿化场地的土地整治工程。主要为管理区绿化场地改变微地形、换土及整治(深度达30 cm)。

6.2.4.2　植物措施

胶东输水段工程植物措施划分为17个单位工程,41个分部工程,510个单元工程。根据提供的资料统计,胶东输水段工程植物措施完成主要工程量:乔木36.73万株,灌木41.63万株,种草511.09 hm²。胶东输水段工程植物措施完成情况如下。

1.济南市区段水土保持植物措施

济南市区段划分为1个单位工程,即南水北调东线一期工程睦里庄节制闸与京福高速节制闸水土保持工程。工程内容及实施时间:2014年5—10月,完成京福高速节制闸内空地园林式绿化;2014年6—10月,完成睦里庄节制闸内空地园林式绿化。

2.济东明渠段水土保持植物措施

济东明渠段划分为10个单位工程,输水渠区(包括弃土区)划分为9个单位工程,名称全部为渠道土方及附属工程;管理区划分为1个单位工程,即管理设施场区绿化工程。

9个单位工程(渠道土方及附属工程)的内容及实施时间:2013年4月至2015年5月,完成了输水渠两岸征地红线范围内空地(弃土区包括在内)乔灌草绿化。乔木为垂柳、馒头柳、国槐、竹柳、椿树和白蜡,灌木为木槿,草为狗牙根和紫羊茅。渠道混凝土护坡以上较陡的地段完成了植草砖,草籽为狗牙根和紫羊茅。

管理设施场区绿化工程包括济南市区段、明渠段和陈庄段工程境内的管理区绿化,共15个管理区,划分为15个分部工程。工程内容及实施时间:2014年4—6月,完成济南市区管理处、入清沟枢纽管理所和淄博管理处园林式绿化;完成遥墙闸管理所、南寺闸管理所、傅家闸管理所、大沙溜枢纽管理所、田家闸管理所、堂子闸管理所、胡楼干渠枢纽管理所、滨州管理处、博兴分水口管理所、箕张闸管理所、陈庄闸管理所、入小清河分洪道管理所、大张闸管理区、东营分水口管理所和赵家闸管理所乔灌草绿化,防治水土流失。

3.陈庄段工程水土保持植物措施

输水渠区植物措施划分为1个单位工程,即渠道土方及附属工程。

工程内容及实施时间:2013年4月至2015年5月,完成输水渠两岸征地红线范围内空地(弃土区包括在内)乔灌草绿化。乔木为馒头柳、国槐和竹柳,灌木为木槿,草为狗牙根和紫羊茅。渠道混凝土护坡以上较陡的地段完成了植草砖,草籽为狗牙根和紫羊茅。

4.东湖水库工程水土保持植物措施

东湖水库划分为1个单位工程,即南水北调东湖水库水土保持单位工程。

工程内容及实施时间:2013年10月至2014年7月,完成了管理区园林式绿化。栽植雪松、白皮松、黑松、银杏、黄山栾、垂柳、国槐、紫叶李、冬枣、白玉兰、五角枫、帝王红枫、金银木、丛生紫薇、日本晚樱、紫顶香等乔灌木,种植高羊茅草。2013年4—6月,在围坝边坡种植了狗牙根草;2013年3月至2014年7月,对围坝区平台栽种了樱花、竹柳、白蜡、国槐和速生柳,撒播狗牙根草。

5.双王城水库工程水土保持植物措施

双王城水库划分为 4 个单位工程,即双王城水库一标围坝工程、双王城水库二标围坝工程、双王城水库三标围坝工程和双王城水库工程水土保持工程。

双王城水库一标围坝单位工程、双王城水库二标围坝单位工程和双王城水库三标围坝单位工程,主要完成了下游坝坡撒播狗牙根草籽。

双王城水库工程水土保持工程内容及实施时间:2013 年 8 月至 2014 年 4 月,完成了围坝工程坡面及平台种草;2013 年 10 月至 2014 年 4 月,完成了引水渠及泄水渠两侧绿化;2013 年 12 月至 2014 年 4 月,完成了交通道路复建区绿化;2014 年 3 月至 2014 年 5 月,完成了管理区园林式绿化。栽植了沙地板柏、盐柳、碧桃、红景天、黑松、国槐、紫叶李、冬枣、白玉兰、柿树、月季和山楂树等乔灌木,混播苜蓿、高羊茅和中华结缕草。

6.2.4.3　临时措施

胶东输水段工程水土保持临时工程主要是施工期间对临时堆土采取拦挡和设临时排水工程。各设计单元临时措施主要包括以下内容:

济南市区段工程临时防治措施包括输水渠施工过程中设置彩钢板和防尘网对临时堆土进行拦挡。

济东明渠段和陈庄段工程临时防治措施包括输水渠工程区设防尘网和编织袋装土防护;弃土区设临时土质排水沟,断面尺寸为底宽 0.5 m,深度 0.5 m,坡比 1:1。

临时措施完成工程量:排水沟长 22 493 m,挖方 10 734 m³,彩钢板 10 159 m,防尘网 207 775 m²,编织袋装土 4 855 m³。

6.2.5　鲁北段工程

南水北调东线一期工程由小运河输水工程,七一、六五河输水工程,大屯水库工程,灌区影响处理工程 4 部分组成,可概括为"三河、一库、一影响"。工程于 2011 年 3 月开始施工,2015 年 8 月基本完工。南水北调东线第一期工程鲁北段工程建设期间采取了工程措施与植物措施相结合方式进行施工。

6.2.5.1　工程措施

通过查阅单位工程验收鉴定书、分部工程验收签证、单元工程质量评定表、结算工程量等资料,经现场查勘、抽样调查核实,将已经实施的工程措施工程量进行分析统计,其中工程措施主要采取土地整治,铺设植草砖、透水砖等措施。完成主要工程量:土地整治 118.25 hm²,铺设植草砖 8 201.6 m²,铺设透水砖 726.07 m²。

6.2.5.2　植物措施

水土保持植物措施为栽植乔、灌、花、草,植草品种为狗牙根、紫羊茅、紫花苜蓿、苇状羊茅,乔灌木种类有 107 杨、白蜡、银杏、雪松、垂柳、白玉兰、法桐、白皮松、淡竹、国槐、毛白杨、悬铃木、五角枫、北京栾、冬枣、黄金梨、桑葚、柿子树、栾树、千头椿、紫叶李、榆叶梅、金叶女贞、金叶小贞、小叶黄杨、大叶黄杨、紫穗槐、丁香、红叶小檗、连翘、杞柳、金银花、木槿,花卉品种为玫瑰、月季。实际完成绿化面积 514.62 hm²,种植乔木 259 185 株,灌木 527 500 株,花卉 23 317 株,植草面积 464.12 hm²。

6.2.6　南四湖—东平湖段

南水北调东线第一期工程南四湖—东平湖段输水与航运结合工程是南水北调东线工程和京杭运河建设工程的重要组成部分,是连接胶东输水干线、鲁北输水干线并进而向天津和河北送水的纽带,同时打通南四湖—东平湖的航道,实现南四湖—东平湖的通航目标。工程由梁济运河段工程、柳长河段工程、八里湾泵站工程、邓楼泵站工程、长沟泵站工程、湖内疏浚工程、引黄灌区灌溉影响处理工程等 7 个设计单元组成。截至 2015 年 9 月,南四湖—东平湖段输水与航运结合工程主体工程和水土保持工程全部完工。

6.2.6.1　工程措施

南四湖—东平湖段输水与航运结合工程措施共包括 7 个设计单元工程,其中八里湾泵站与灌区影响处理工程未涉及工程措施,其他 5 个设计单元工程共涉及 5 个单位工程,18 个分部工程,212 个单元工程。工程措施主要为土地整治、排水沟和生态袋装土护坡工程。7 个设计单元工程完成水土保持工程措施情况如下。

1.梁济运河段水土保持工程措施

工程内容及实施时间:2013 年 9 月至 2014 年 5 月,完成了输水渠两岸绿化场地土地整治工程;2013 年 12 月至 2015 年 6 月,完成了永久弃土区绿化场地土地整治工程,管理区浆砌石排水沟及挡墙工程,为了加强植物措施的养护工作,在管理区内配套设置了灌溉设施;2011 年 3 月至 2012 年 5 月,完成了弃土区及排泥场土质排水沟,边坡种草前的土地整治;2015 年 4—7 月,完成了管理区浆砌石排水沟及挡墙、灌溉设施。

2.柳长河段水土保持工程措施

工程内容及实施时间:2012 年 10 月至 2014 年 3 月,完成了 1# 弃土区绿化场地土地整治及土质排水沟;2012 年 10 月至 2014 年 4 月,完成了 2# 弃土区绿化场地土地整治及土质排水沟;2012 年 10 月至 2014 年 3 月,完成了 3# 弃土区绿化场地土地整治及 C20 混凝土预制板衬砌排水沟;2013 年 2 月至 2014 年 4 月,完成了 4# 弃土区绿化场地土地整治及土质排水沟;2013 年 3 月至 2014 年 4 月,完成了 5# 弃土区绿化场地土地整治及土质排水沟;2013 年 9 月至 2014 年 4 月,完成了 6# 弃土区绿化场地土地整治及土质排水沟。

3.长沟泵站水土保持工程措施

工程内容及实施时间:2013 年 3—10 月,完成了弃土区绿化场地土地整治、坡面混凝土排水沟和坡角土质截水沟工程;2014 年 3—10 月,完成了管理区绿化场地土地整治,利用弃土进行微地形改造及排水工程施工;2014 年 5—6 月,为了加强植物措施的养护工作,在管理区内配置了灌溉设施。

4.邓楼泵站水土保持工程措施

工程内容及实施时间:2013 年 4 月至 2013 年 11 月,完成了泵站弃土区绿化场地土地整治、混凝土预制板排水沟及灌溉设施工程;2013 年 4 月至 2014 年 11 月,完成了管理区绿化场微地形改变、土地整治及灌溉设施工程;2013 年 4—11 月,完成了进场道路及引出水渠绿化场地土地整治。

5.湖内疏浚水土保持工程措施

工程内容及实施时间:2012 年 9—10 月,完成了弃土区斜坡生态袋护坡及排水沟工程。

工程措施完成主要工程量:土地整治 207.74 hm²,挖方 5.99 万 m³,填方 0.17 万 m³,混凝土预制块 25 万 m³,浆砌石 796 m³,覆土 2 612 m³,灌溉系统 6 项,生态袋装土 284 m³。

6.2.6.2　植物措施

南四湖—东平湖段输水与航运结合工程 7 个设计单元工程,植物措施共划分为 8 个单位工程,33 个分部工程,1 143 个单元工程。

根据提供的资料统计,南四湖—东平湖段输水与航运结合工程植物措施共完成绿化面积 397.27 hm²,完成的主要工程量:乔木 26.35 万株,灌木 18.89 万株,种草 160.45 hm²。7 个设计单元工程植物措施完成情况如下。

1.梁济运河段工程水土保持植物措施

1)主体工程区

工程内容及实施时间:2013 年 9 月至 2014 年 5 月,完成了输水渠两岸征地红线范围内空地种狗牙根草,栽植马蔺草与辣根。

2)弃土区(包括排泥场)及管理区

梁济运河段工程 39 个弃土区及排泥场,1#~11# 为排泥场,12#~39# 为弃土区,其中南旺永久弃土区包含在 26# 弃土区内,郭楼管理区设置在 34# 弃土区内,东马永久弃土区包含在 39# 弃土区内,孙井管理区设置在 2# 排泥场内,李庙管理区设置在 8# 排泥场内;管理区全部为永久占地。

工程内容及实施时间:2014 年 4—6 月,完成了南旺和东马永久弃土区内栽植紫叶李、无花果、国槐、法桐、五角枫、花椒等乔灌木,种植马蔺草;2014 年 4 月至 2015 年 9 月,完成了管理区内绿化,栽植紫叶李、碧桃、雪松、银杏、垂柳、白蜡、小叶女贞和月季等乔灌木,种植白三叶草;弃土区临时占地于 2012 年 11 月复耕后归还地方,其中 14#、15#、16#、18#、26# 和 37# 弃土区交还后地方作为苗圃。

2.柳长河段工程水土保持植物措施

1)输水渠及交叉建筑物区

工程内容及实施时间:2013 年 7 月至 2014 年 3 月,完成了输水渠两岸征地红线范围内空地栽植垂柳和白蜡,种狗牙根草。

2)弃土区

工程内容及实施时间:2012 年 10 月至 2014 年 4 月,完成了 1# 永久弃土区内栽植垂柳和白蜡;2# 永久弃土区内栽植核桃、白蜡和花椒;3# 永久弃土区内栽植核桃、白蜡和花椒,种植马蔺草;4# 永久弃土区内栽植五角枫、垂柳、白蜡和花椒;5# 永久弃土区内栽植垂柳、白蜡和花椒;6# 永久弃土区内栽植垂柳。

3.八里湾泵站工程水土保持植物措施

1)管理区

工程内容及实施时间:2013 年 12 月至 2014 年 12 月,完成了泵站区内栽植刺柏、雪松、大叶黄杨、金叶女贞和月季等乔灌木,铺植高羊茅草皮和狗牙根草。

2)引水渠区

工程内容及实施时间:2014 年 3—12 月,在引水渠两侧栽植垂柳,种植狗牙根草。

3）外接公路区

工程内容及实施时间：2013年5月至2014年5月，在外接公路两侧栽植杨树，种植狗牙根草。

4.邓楼泵站工程水土保持植物措施

1）管理区

工程内容及实施时间：2013年4月至2014年3月，完成了管理区园林式绿化。栽植雪松、银杏、黄山栾、复叶槭、千头椿、垂柳、国槐、紫叶李、榆叶梅、紫薇、碧桃、木槿、小叶女贞球和红叶石楠球等乔灌木，采取高羊茅、早熟禾、黑麦草混播，比例7∶2∶1。

2）引出水渠工程区（包括防洪围堤和建筑物区）

工程内容及实施时间：2013年10月至2014年11月，完成了戗台、斜坡撒播狗牙根草籽，戗台种植柿子、垂柳等乔木。

3）弃土区

工程内容及实施时间：2013年4月至2014年11月，完成了1#弃土区坡面撒播马蔺草，顶面栽种速生杨，四周种植花椒绿篱；2#弃土区坡面撒播马蔺草，顶面栽植垂柳，四周栽植花椒绿篱；3#弃土区顶面栽植垂柳，坡面撒播马蔺草。

4）进场道路防治区

工程内容及实施时间：2013年4月至2014年11月，完成了道路两侧及周边空地种植垂柳。

5.长沟泵站工程水土保持植物措施

1）管理区

工程内容及实施时间：2013年3月至2014年11月，管理区进行了园林式绿化，栽植葡萄、雪松、黑松、青扦、淡竹、大叶女贞、小叶女贞球、石楠球、小龙柏、扶芳藤球、砂地柏、雄株毛白杨、银杏、金丝柳雄株、五角枫、帝王红枫、复叶槭、白蜡、黄山栾、杂交马褂木、丛生紫薇、紫叶李、紫叶碧桃、白花山碧桃、日本晚樱、紫丁香、榆叶梅、栾枝梅、珍珠梅、木槿、蜡梅、粗壮景天、金银花等乔灌木，种植细叶麦冬、五叶地锦、白三叶草等。

2）引出水渠工程区

工程内容及实施时间：2013年3月至2014年11月，在引出水渠两侧空地栽植垂柳，并种狗牙根草。

3）弃土区

工程内容及实施时间：2013年3月至2014年11月，在弃土区内栽植花椒、桃树、白蜡和马蔺草。

6.湖内疏浚工程水土保持植物措施

工程内容及实施时间：2012年9月至2012年10月，完成了弃土区边坡栽植杞柳，种植狗牙根和紫羊茅。

7.灌区影响处理工程水土保持植物措施

1）输水渠道和交叉建筑物区

工程内容及实施时间：2012年10月，完成了国那里灌区0+000—15+143、15+143—22+634、22+634—41+040、陈垓灌区0+000—8+207段种植狗牙根，交叉建筑物区空地内种白三叶草绿化。

2)取土场区

工程内容及实施时间:2012年10月,完成了取土场内种狗牙根草,地方在取土区内栽植了乔木,验收中未计列乔木量。

3)临时措施

南四湖—东平湖段输水与航运结合工程水土保持临时工程主要是施工期间对临时堆土采取拦挡和其他区域设临时排水工程。各设计单元临时措施主要包括以下内容:

梁济运河段工程临时防治措施包括输水渠工程区设土质排水沟,土质排水沟断面尺寸为上底宽1.5 m,下底宽0.5 m,深1 m;交叉建筑物区对临时堆土用草袋装土拦挡,并苫盖防尘网;施工场地周围设置土质排水沟,土质排水沟断面尺寸为底宽0.8 m,深度0.8 m,坡比1:1。

柳长河段工程临时防治措施主要是对交叉建筑物临时堆土用草袋装土拦挡,并苫盖防尘网。

八里湾泵站工程临时防治措施主要是在弃土区和施工临时用地区设梯形土质排水沟,断面尺寸为底宽0.8 m,深0.8 m,坡比1:1。

邓楼泵站工程临时防治措施主要是管理区、弃土区和进厂道路区在施工过程中设临时土质排水沟,断面尺寸为底宽0.8 m,深0.8 m,坡比1:1。

长沟泵站工程临时防治措施主要包括引出水渠工程区、管理区和施工临时用地区设土质矩形排水沟,排水沟断面尺寸为宽1 m,高1 m。

临时措施完成工程量:排水沟长36 927 m,挖方41 215 m³,防尘网73 435 m²,草包装土2 560 m³。

6.2.7　长江—骆马湖段

长江—骆马湖段工程项目建设内容包括江都站改造、淮阴三站、淮安四站及输水河道工程。2003年主体工程和水土保持工程全部完工。

6.2.7.1　工程措施

南水北调东线第一期工程长江—骆马湖段水土保持工程措施基本上都是主体中具有水土保持功能的工程措施,工程措施共涉及6个单位工程,10个分部工程,207个单元工程,其中新增水土保持工程措施涉及1个单位工程,1个分部工程,7个单元工程。

1.主体中具有水土保持功能的工程措施

江都站改造、淮阴三站和淮安四站工程主体中具有水土保持功能的措施完成上下引河工程护坡、护底,变电区排水,新河东闸护坡等工程;输水河道主体工程完成了青坎排水、圩堤坡面整治、管理所及闸室上下游护坡等工程。

完成主要工程量:浆砌石8.66万m³,混凝土2.96万m³,土方开挖6.70万m³。

2.新增水土保持工程措施

1)江都站改造工程水土保持工程措施

工程名称:弃土区整治及排水系统(由江都市政府负责实施)。

工程内容及实施时间:2009年8月至2010年5月,实施了土地整治、排水和卵石道路工程。排水线路总长 1 000 m。

完成主要工程量：土地整治面积 13.89 hm³，排水管线长 1 000 m，卵石道路面积 330 m²。

2）输水河道工程水土保持工程措施

单位工程名称：弃土区道路及排水系统。

工程内容及实施时间：2008 年 10 月至 2009 年 5 月，修建了弃土区道路及排水系统，道路为碎石路面，道路长 840 m，宽 3 m 左右；供排水线路总长 16 000 m，其中混凝土供水渠长 300 m，土质简易排水沟长 13 000 m。完成主要工程量：混凝土 0.07 万 m³，挖方0.33 万 m³。

6.2.7.2 植物措施

长江—骆马湖段工程植物措施共划分为 9 个单位工程，13 个分部工程，229 个单元工程。9 个单位工程全部为新增水土保持植物措施。

截至 2010 年 11 月，长江—骆马湖段工程植物措施共完成绿化面积 175.65 hm²，完成主要工程量：乔木 32.13 万株，灌木 62.55 万株，种草 98.93 hm²。其中，江都站改造工程绿化面积 18.89 hm²，完成工程量：栽植乔木 1.73 万株，种植花灌木 6.84 万株，种草 1.44 hm²；淮阴三站工程绿化面积 27.21 hm²，完成工程量：栽植乔木 0.45 万株，种植花灌木 13.96 万株，种草 21.47 hm²；淮安四站工程绿化面积 19.63 hm²，完成工程量：栽植乔木 3.42 万株，种植花灌木 16.30 万株，种草 11.10 hm²；输水河道工程绿化面积 109.92 hm²，完成工程量：栽植乔木 26.53 万株，种植花灌木 25.46 万株，种草 64.92 hm²。

6.2.7.3 临时措施

长江—骆马湖段工程水土保持临时工程主要是弃土区的土地整治工程和其他区域临时排水工程。

江都站改造工程临时防治措施包括在料场周围设彩钢板挡墙，防止沙石渣料流失影响施工；施工场地周围设置临时排水沟，满足临时排水需要；施工开挖形成的边坡用毡布苫盖，防止边坡因大风扬尘或雨水冲刷造成水土流失；临时施工场地道路进行硬化及扰动地表植被移植到裸露地表等临时措施，有效地防治了水土流失。

淮阴三站在施工过程中将施工场地进行了硬化，并在周边修建混凝土排水沟等临时措施。

淮安四站弃土区土地整治纳入到植物措施的合同中，将绿化、供排水及道路工程一起实施，施工过程中，项目区在新河东闸、管理区及施工生产生活区修建了简易土质排水沟和沉沙池，施工完毕，随着土地整治全部拆除。

输水河道工程主要是弃土区在工程建设完工后，征迁部门及时进行土地整治，根据弃土区弃土后的实际情况，改建鱼塘或复耕。施工场地硬化，修建临时排水设施等水土保持措施。

完成工程量：彩钢板挡墙 385 m，边坡毡布苫盖 5 000 m²，临时硬化 1 400 m²，表土剥离 1 050 m³，土地整治 171.20 hm²，排水沟 4 480 m，沉沙池 8 个。

6.2.7.4 移民安置区

长江—骆马湖段工程移民安置主要集中在输水河道工程，安置面积 17.68 hm²，在安置过程中,当地政府根据安置区位置特点修建了排水、护坡的工程措施,同时为了景观协调,在周边采取乔灌草相结合的绿化美化措施。经实地调查,绿化面积达 1.85 hm²,其中栽植乔木 280 株,灌木 1 348 株,种草 0.55 hm²。

6.2.8　江苏省其他工程

南水北调东线一期工程江苏省其他工程主要由洪泽站、泗洪站、金宝航道和里下河水源调整工程 4 个设计单元工程组成。其中洪泽站工程位于淮安市洪泽县;泗洪站工程位于宿迁市泗洪县;金宝航道工程位于扬州市宝应县,淮安市金湖县、洪泽县、盱眙县,以及省宝应湖农场境内;里下河水源调整工程卤汀河工程位于泰州市的海陵区、姜堰市、兴化市及扬州市的江都市,大三王河工程位于扬州市宝应县。灌区调整工程位于扬州市的高邮县和宝应县、盐城市的阜宁县和滨海及淮安市的淮安区。工程于 2009 年 11 月开工,2014 年 9 月完工。

6.2.8.1　工程措施

4 个设计单元工程措施共涉及 4 个单位工程,5 个分部工程,41 个单元工程。工程措施主要为绿化场地土地整治、六棱砖生态草皮护坡和混凝土斜格栅生态护坡工程。

工程措施完成主要工程量:绿化场地土地整治 252.67 hm²,生态护坡 6.22 hm²,混凝土预制块 3.98 万 m²,混凝土 0.62 万 m³,挖方 8.98 万 m³。

1.泗洪站工程水土保持工程措施

工程内容及实施时间:2011 年 6 月至 2012 年 12 月,完成了船闸闸室六棱砖生态草皮护坡整治工程,船闸上下游混凝土斜格栅生态护坡整治工程;2013 年 4 月至 2014 年 7 月,完成了河道堤防边坡、建筑物周边和管理区绿化场地土地整治。

2.洪泽站工程水土保持工程措施

工程内容及实施时间:2013 年 3—9 月,完成了建筑物周边空心砖护坡、排水及绿化场地的土地整治工程;2014 年 2 月至 2015 年 4 月,完成了管理区绿化场地的土地整治工程;2012 年 5 月,至 2014 年 5 月完成了河道六棱砖生态草皮护坡整治工程、排水及绿化场地土地整治;2014 年 4 月至 2015 年 4 月,完成了弃土区绿化场地土地整治。

3.金宝航道站工程水土保持工程措施

工程内容及实施时间:2012 年 7 月至 2014 年 10 月,完成了河道堤防工程堤后排水与绿化场地土地整治工程。

4.里下河水源调整工程水土保持工程措施

1)卤汀河工程

工程内容及实施时间:2011 年 1 月至 2013 年 12 月,完成了卤汀河河道堤防工程边坡绿化场地土地整治工程。

2)盐城灌区调整工程

工程内容及实施时间:2013 年 4—6 月,完成了管理区绿化场地土地整治工程。

3)高邮灌区调整工程

工程内容及实施时间:2012 年 3 月至 2012 年 9 月,完成了排泥场土地整治工程。

4) 宝应灌区调整工程

工程内容及实施时间:2011年2—6月,完成了河道边坡、建筑物周边绿化场地及弃土区土地整治工程。

5) 淮安灌区调整工程

工程内容及实施时间:2011年8月至2012年4月,完成了河道边坡、建筑物周边绿化场地及弃土区土地整治工程。

6.2.8.2 植物措施

4个设计单元工程植物措施共划分为13个单位工程,30个分部工程,310个单元工程。

根据提供的资料统计,截至2016年5月,4个设计单元工程植物措施共完成绿化面积300.09 hm²,完成的主要工程量:乔木17.54万株,灌木216.44万株,种草244.78 hm²。各设计单元工程植物措施完成情况如下。

1.泗洪站工程水土保持植物措施

1) 河道堤防工程区

工程内容及实施时间:2013年4月至2014年6月,完成了河道堤防顶面、坡面、青坎绿化。河道堤防及边坡草坪砖内种植百慕大、黑麦草和白三叶草,满铺百慕大草皮,堤顶栽植垂柳、金桂、朴树、紫薇、栾树和香樟和棕榈等乔木;上下游引河边坡上片植瓜子黄杨、红叶小檗、金森女贞、红叶石楠、金边黄杨、小龙柏等灌木。

2) 闸站主体工程区

工程内容及实施时间:2013年4月至2014年9月,完成了闸站站身翼墙后平台绿化,分别采取组团绿化,种植海桐球和青枫等乔灌木。

3) 管理区

工程内容及实施时间:2013年4月至2014年9月,对管理区采取园林式绿化,建筑物周边、道路两侧修建绿化带,绿化带内种植具有观赏价值的花草。乔木选用雪松、香樟、女贞、石楠、直生银杏、榉树、栾树、垂柳、枣树、红叶李等,灌木选用花石榴、紫荆、紫薇、海桐球、红叶石楠球、铺地柏、金边黄杨、瓜子黄杨、大花月季、春娟、大吴风草等,草坪选用百慕大草。

泗洪站工程完成绿化面积18.16 hm²。完成工程量:种草及铺草皮10.01 hm²,乔木3.99万株,灌木92.17万株。

2.洪泽站工程水土保持植物措施

1) 河道堤防工程区及闸站主体工程区

工程内容及实施时间:2014年2月至2015年4月,完成了河道堤防上下游引河边坡上种狗牙根草和结缕草,站身建筑物翼墙满铺结缕草草皮,栽植紫玉兰、香樟、银杏、杞柳、高干女贞、四季桂和合欢等乔木,春鹃、紫荆、苏铁、木槿、八角金盘、鸢尾、海桐、红叶石楠、紫叶小檗、金边黄杨、金叶女贞球等灌木。

2) 管理区

工程内容及实施时间:2014年2月至2015年4月,对管理区采取园林式绿化,乔木选用香樟、高干女贞、广玉兰、日本五针松、美国红枫、马尾松、中山杉、合欢、垂柳、栾树、银杏、枇杷、白玉兰、水杉、垂丝海棠、法桐、金桂和榉树等,灌木选用金丝桃、瓜子黄杨、小龙柏、红叶石楠、紫叶小檗、金边黄杨、金叶女贞球等。

3) 弃土区

工程内容及实施时间:2014 年 2 月至 2015 年 4 月,将弃土区作为苗圃,栽植了香樟、栾树、榉树、红叶石楠、金森女贞和大叶黄杨等乔灌木。

洪泽站工程完成绿化面积 66.22 hm²。完成工程量:种草 51.47 hm²,乔木 0.97 万株,灌木 26.19 株。

3. 金宝航道工程水土保持植物措施

工程内容及实施时间:2012 年 10 月至 2014 年 5 月,河道堤防边坡和建筑物周边空地上采取园林式绿化,根据不同地段的边坡铺狗天堂草草坪或撒播白三叶与天堂草,并在堤坡栽植柳树、栾树、银杏、三角枫、合欢、臭椿、西府海棠和高杆女贞等乔木,木槿、紫薇和红叶石楠等灌木,在排泥场围堰上撒播白三叶草。

金宝航道工程完成绿化面积 95.94 hm²。完成工程量:种草 80.59 hm²,乔木 9.75 万株,灌木 38.79 株。

4. 里下河水源调整工程水土保持植物措施

工程内容及实施时间:2011 年 1 月至 2013 年 12 月,完成了卤汀河河道堤防边坡上乔灌草相结合绿化;2013 年 4 月至 2014 年 5 月,完成了大三王河河道堤防边坡和建筑物周边空地上乔灌草相结合绿化,并对部分排泥场撒播狗牙根草;2013 年 4 月至 2013 年 6 月,完成了盐城灌区北坍与阜宁泵站内空地绿化;2011 年 8 月至 2012 年 4 月,完成了淮安灌区头溪河北站引河周边及建筑物周边空地绿化;2011 年 10—11 月,完成了宝应灌区河道边坡及建筑物周边空地绿化;2012 年 3—9 月,完成了高邮灌区河道边坡及建筑物周边空地绿化。

里下河水源调整工程完成绿化面积 119.78 hm²。完成工程量:种草 102.72 hm²,乔木 2.83 株,灌木 59.29 株。

6.2.8.3 临时措施

4 个设计单元工程水土保持临时工程主要是施工期间在施工场、弃土及排泥场区、建筑物工程区设临时排水工程。临时措施完成工程量:土方开挖 15.04 万 m³,混凝土 192 m³。

6.3 水土保持工程投资

6.3.1 穿黄工程

截至 2013 年 6 月,穿黄河工程新增水土保持措施的合同或协议共 9 项,合同金额共计 875.62 万元,结算金额 781.50 万元。结算金额为:工程措施费用 87.41 万元,植物措施费用 528.60 万元,临时措施费用 12.70 万元,独立费用 152.79 万元。与水土保持方案批复的估算投资 465.00 万元相比较,增加了 316.50 万元。

6.3.2 济平干渠

截至 2009 年 7 月,新增水土保持工程合同或协议共 35 项,合同金额共计 2 832.08 万元,结算金额 2 641.79 万元。结算金额为工程措施投资 244.59 万元,植物措施投资 2 219.00万元,水土流失监测、水土保持监理、水土保持验收评估费等独立费用 78.20 万元,缴纳水土保持设施补偿费 100 万元。完成投资与水土保持方案批复的估算投资(批复估算投资 2 298.15 万元)相比较,增加了 343.64 万元。

6.3.3 江苏三潼宝

南水北调东线第一期工程三阳河、潼河、宝应站水土保持工程实际完成水土保持投资 2 455.26 万元,其中植物措施投资 2 054.92 万元,独立费用 350.34 万元。水土保持工程措施、临时措施均纳入主体工程中实施。从实施情况看,方案确定的各项防治措施都得到了实施,由于水土保持方案处于可行性研究阶段,部分项目因实际情况的变化和需要,按变更设计的程序局部地段做出调整。根据水土保持工程实际情况,实际完成投资 2 455.26 万元,较水土保持方案投资增加了 888.26 万元。

6.3.4 胶东输水干线

胶东输水段工程涉及水土保持工程的合同或协议共 43 项,完成水土保持设施合同结算金额 5 217.95 万元。结算金额为工程措施投资 225.82 万元,植物措施投资 4 419.43 万元,临时措施投资 171.53 万元,独立费用 401.17 万元。胶东输水段工程水土保持工程共涉及 18 个单位工程,43 个分部工程,525 个单元工程。各单元工程均已完成。较初步设计批复水土保持专章中概算投资增加了 3 169.65 万元。其中,工程措施增加了 206.96 万元,植物措施增加了 3 112.54 万元,临时措施减少了 63.87 万元,独立费减少了 26.59 万元。

6.3.5 鲁北段工程

本工程实际完成水土保持投资 2 901.90 万元,其中工程措施投资 267.48 万元,植物措施投资 2 051.43 万元,临时措施投资 43.59 万元,水土保持监测、水土保持监理、水土保持验收技术评估费等独立费用 539.40 万元。本工程水土保持措施划分为 7 个单位工程,21 个分部工程,946 个单元工程,均已经完成,实际完成水土保持工程投资较初步设计核定水土保持投资增加了 240.88 万元。

6.3.6 南四湖—东平湖段

根据水土保持方案、初步设计及施工图设计等资料,南四湖—东平湖段输水与航运结合工程水土保持工程共涉及 8 个单位工程,36 个分部工程,1 367 个单元工程。各单元工程均已完成,实际资金投入 2 627.28 万元。较初步设计批复水土保持专章中概算投资 2 571.95万元增加了 55.33 万元。其中,工程措施减少了 293.96 万元,植物措施增加了 742.51万元,临时措施减少了 135.03 万元,独立费减少了 159.23 万元。

6.3.7 长江—骆马湖段

截至 2010 年 11 月,长江—骆马湖段工程新增水土保持措施的合同或协议共 21 项,合同金额共计为 989.20 万元,结算金额 900.39 万元。结算金额为工程措施投资 15.63 万元,植物措施投资 795.51 万元,独立费用 89.25 万元。结算投资与水土保持方案批复的估算投资(批复估算投资 697.00 万元)相比较,增加了 203.39 万元。

6.3.8 江苏省其他工程

截至 2016 年 5 月,4 个设计单元工程水土保持工程的合同或协议共 31 项,合同金额共计为 4 709.40 万元,结算金额 5 215.32 万元。结算金额为工程措施投资 666.36 万元,植物措施投资 4 031.33 万元,临时措施投资 81.73 万元,独立费用 435.90 万元。较水土保持方案批复估算投资 4 736.46 万元增加了 478.86 万元,较初步设计批复水土保持概算投资 3 559.00 万元增加了 1 656.31 万元。

6.4 水土保持工程管理

6.4.1 管理体系和管理制度

南水北调东线一期工程质量管理实行项目法人负责、监理控制、企业保证与政府监督相结合的质量管理体系。

(1)及时办理了工程质量监督手续。企业法人与政府质量监督人员共同监督管理工程质量,政府质量监督人员的参与,对进一步规范工程建设秩序和工程参建各方的行为,保证工程质量起到了积极的促进作用。

(2)建立完善了质量管理制度。制定了"南水北调工程质量管理暂行办法""南水北调工程验收管理暂行办法""南水北调工程质量检测实施细则"等。针对不同项目的具体特点,制定了"土方工程施工技术要求""建筑物工程施工技术要求""衬砌工程施工技术要求"等规章。

(3)现场指挥部作为项目法人的现场建设管理机构,设立了质检部并配备了至少 3 名质检人员,与此同时,为保证工程质量,项目法人还委托有相应资质的质量检测单位对项目进行从原材料开始的全过程质量检测。

(4)各监理单位分别成立了监理项目部,制定了监理大纲和监理实施细则,按合同要求,对工程进行全过程、全方位、全天候的质量跟踪监控,主要采用了平行、巡视、旁站等检查方式,以单元工程质量检查评定为基础,以质量检测结果为依据,从事标准化、程序化、系统化和定量化的质量管理工作。

(5)施工单位严格实行"三检制",严把"三关":一是严把材料进场关,不合格材料不准进场,不准卸车;二是严把技术关,对每道工序挂牌公示,施工要求张贴现场,工作人员一看就明白,减少了材料浪费及返工率;三是严把工序关,对每个环节都有专人负责自检,监理验收合格后,再进行下道工序和下个环节的施工。施工单位、监理单位均配备了工地试验室,跟踪检验质量指标,各现场报表、文字记录、试验资料齐全,坚持试验数据指导工程施工。

为了更好地组织和协调工程建设期间的水土保持工作,与主体工程实行统一管理,贯彻《水土保持法》,建设单位安排专人负责水土保持工作,具体负责项目建设范围内的水土保持工程组织、实施、监督管理,考核各参建单位的水土保持工作落实情况。

6.4.2　建设单位质量保证

6.4.2.1　建设单位质量保证体系

各省南水北调工程建设指挥部在工程建设期间成立了各个单元工程建设现场指挥部,下设质量检查部,与工程部密切配合,全面负责工程建设质量管理工作。

建设过程中实行项目法人责任制、建设监理制、招标投标制和合同管理,在合同中明确了工程质量责任。

强调政府质量监督部门、设计技术单位、项目法人、监理、施工等单位各自的工程质量管理与保证体系建设。

制定了工程建设管理、招标投标管理、财务管理、投资计划管理、工程质量管理、安全生产管理、工程质量监测管理、验收管理和档案管理等一系列规定与管理办法,为质量管理提供了制度上的保证。

建立了文明建设工地评选制度,把工程质量作为其中重要的、具有一票否决权的内容。

建立了工程质量巡回检查制度。在工程建设过程中,项目法人多次组成专家组开展以工程质量为主要内容的检查活动,同时,省局主要领导定期利用星期天休息时间进行突击检查,及时发现和彻底解决工程建设中存在的问题。

6.4.2.2　建设单位质量保证措施

(1)为强化工程质量的控制,在充分利用现场指挥部技术力量的同时,省南水北调工程建设指挥部委托质量检测单位,对各个单元工程质量进行巡回检查、监督、随机抽样检测等工作,并有权责令施工单位对有质量问题的工程暂停施工,以及随时抽调各单位施工资料、原始记录等进行检查。采用现场控制和临时抽检相结合的质量控制方式,既保证了质量控制与检测工作的质量,又弥补了质检人员数量的不足。检测项目站定期向省南水北调工程建设管理局上报《工程质量检测简报》,报告工程进度、施工质量等情况。对工程中出现的问题,向施工项目经理部下达《施工质量整改意见的通知》并抄送现场监理和工程建设现场指挥部,从而进一步加强了各参建单位之间的相互沟通,确保及时解决工程施工中出现的各种问题。

(2)随着工程建设的进展,在施工期间利用施工间隙对本工程参建人员进行相关专项培训。先后组织了"南水北调工程质量控制技术"培训班、"南水北调衬砌工程施工技术要求"培训班、高性能混凝土施工技术讲座、高性能混凝土衬砌工程施工现场会等。结合工程实际,对各参建单位技术人员进行了培训,为各单位内部质量控制奠定了坚实的基础。

(3)开展监理、施工、设计质量大检查活动。建设单位多次采取抽查、常规检查、全面检查等方式对南水北调东线一期工程的设计、监理、施工等单位的质量管理工作进行检查。各检查组按照分工,分头深入工地现场,通过听取汇报、现场检查检测、查阅资料、个别质询等方式开展检查工作。对通过检查发现的问题在进行认真分析、研究的基础上,采取了切实可行的解决措施。检查对及时发现问题、解决问题,使项目健康、顺利进行,提高工程质量,降低工程投资,加快工程进度发挥了重要作用。

(4)抓监理、施工单位的质量控制与保证体系,全面提高质量意识。要求各监理单位按照制定的监理大纲、监理实施细则以及合同要求,对工程进行全过程、全方位、全天候的质量跟踪监控,主要采用了平行、巡视、旁站等检查方式,以单元工程质量检查评定为基础,以质量检测结果为依据,进行标准化、程序化、系统化和定量化的质量管理工作。

(5)与省内外多家科研机构、高等院校、设计和施工单位合作,对"混凝土的抗冻、抗裂、高强度、耐久性能"等课题进行了科学试验和技术创新研究,从技术层面上为工程质量的控制和提高提供了技术保证。

6.4.3　设计单位质量保证

(1)严格按照国家、有关行业建设法规、技术规程、标准和合同进行设计,为南水北调东线一期工程的质量管理和质量监督提供技术支持。

(2)建立健全设计质量保证体系,层层落实质量责任制,签订质量责任书,并报建设单位核备。加强设计过程质量控制,按规定履行设计文件及施工图纸的审核、会签批准制度,确保设计成果的正确性。

(3)严格履行施工图设计合同,按批准的供图计划及工程进度要求提供合格的设计文件和施工图纸。

(4)对施工过程中参建各方发现并提出的设计问题及时进行检查和处理,对因设计造成的质量事故提出相应的技术处理方案。

(5)在各阶段验收中,对施工质量是否满足设计要求提出评价。

(6)设计单位应按设计监理需要,提出必要的技术资料、项目设计大纲等,并对资料的准确性负责。

6.4.4　监理单位质量保证

(1)监理部门严格按照业主的授权及合同规定,对施工单位实行全过程监理。

(2)监理单位监督承建单位按技术规范、施工图纸及批准的施工方法和工艺施工,对施工过程中的实际资源配备、工作情况和质量问题等进行核查,并进行详细记录。监理单位从土地整治起至工程完工,从所用材料到工程质量进行全面监理,同时还承担必要的工程技术管理、资料收集和资料整编等工作。

(3)监理单位必须严格执行国家法律、法规和技术标准,严格履行监理合同,代表建设单位对施工质量实施监理,对施工质量负有监督、控制、检查责任,并对施工质量承担监理责任。

(4)根据监理合同,应派出与监理业务相适应的监理机构,监理工程师均持证上岗,一般监理人员都经过岗前培训。

　　(5)监理人员要按规定采取旁站、巡视和平行检验等形式,按作业程序即时跟班到位进行监督检查;对达不到质量要求的工程不签字,并责令返工,向建设单位报告。

　　(6)审查施工单位的质量体系,督促施工单位进行全面质量管理。

　　(7)从保证工程质量及全面履行工程承建合同出发,对工程建设实施过程中的设计质量负有核查、签发施工图纸及文件的责任;审查批准施工单位提交的施工组织设计和施工技术措施;指导监督合同中有关质量标准、要求的实施。

　　(8)组织或参加工程质量事故的调查、事故的处理方案审查,并监督工程质量事故的处理。

　　(9)及时组织进行单元工程的质量签证与质量评定,组织进行分部工程验收与质量评定,做好工程验收工作。

　　(10)用于工程的建筑材料等,未经监理工程师签字,不得在工程上使用或者安装,施工单位不得进行下一道工序的施工。

　　(11)定期向质量监督项目站报告工程质量情况,对工程质量情况进行统计、分析与评价。

6.4.5　施工单位质量保证

6.4.5.1　质量目标

　　(1)建立符合 GB/T 19001—2000 ISO 9001:2000 标准要求的质量体系,并有效地实施,确保产品符合规程、规范、合同及环境的要求。

　　(2)质量为本,规范施工,尊重监理。

　　(3)履行合同,严格管理,信誉至上。

　　(4)南水北调东线一期工程合格率100%,优良品率85%。

6.4.5.2　质量保证体系

　　施工单位根据本工程项目管理的需要,建立了项目管理体系,以合同为制约,严格按照 ISO9001 质量体系要求进行管理,强化施工过程中的质量管理职能。项目经理部全体管理人员及施工队强化质量意识,推行目标管理负责制,对施工全过程工程质量进行全面的管理与控制,使质量保证体系延伸到各施工部位和各项工作中,通过明确的分工,密切协调与配合,使工程质量得到有效的控制。

　　本工程建立项目经理直接领导、项目总工重点控制、施工技术科长和质检科长检查的三级管理系统,形成一套从项目经理到各施工队的质量管理网络,对工程进行全面动态的管理,确保工程质量目标的实现。

　　1.岗位职责

　　1)项目经理(副经理)

　　(1)对工程质量负具体的领导责任。

　　(2)确定项目管理机构的组成及人员配置,明确职责。

　　(3)组织编制施工组织设计。

　　(4)有计划地组织施工队伍及设备、材料进场。

　　(5)确定管理总目标和阶段目标,进行目标分解。

(6)贯彻落实安全生产责任状、施工质量管理责任制等有关规章、规程及制度。

(7)负责进行质量检查工作,消除隐患,制止违章作业。

(8)对职工进行质量意识教育,总结推广质量管理工作中的先进经验。

(9)每天督促做好施工记录整理汇总及施工日志记录工作。

(10)做好工程洽谈及变更工作,为竣工结算提供详细资料。

(11)发生或发现重大技术和质量问题及隐患,应及时汇报公司,妥善处理。

(12)制订竣工计划,组织好竣工验收的各个环节,包括竣工自检、资料汇编、竣工图绘制、质量评定书等,办理移交手续。

(13)工程完毕,所有技术资料及文件按要求向工程技术部办理移交清单,完成归档工作。

2)项目总工

(1)主持项目生产技术业务的管理工作,对本项目质量负技术责任。

(2)主持编制工程施工组织设计、工程竣工报告,负责项目成果资料整理、汇总、编写、归档等工作,参与本项目的生产经营活动。

(3)负责项目组织施工,检查监督项目管理层和操作层的工序质量,确保工程施工安全、质量、进度和文明施工。

(4)负责项目技术交底和施工技术管理,协助项目经理处理内外关系。

(5)负责公司生产技术管理制度和技术质量标准的落实,负责生产技术措施的落实,及时处理施工中出现的技术问题。

(6)收集汇总施工信息,定期汇报施工情况。

3)质检工程师

(1)参与施工组织设计编制和设计图纸会审。

(2)组织国家、行业、企业技术规范、质量标准及作业指导书在工程项目上的应用,推广应用"四新"。

(3)对关键工序和特殊过程的执行情况进行检查、监督。

(4)组织召开定期或不定期的生产调度会。

(5)负责监督检查工程项目质量计划和施工进度计划执行情况,并对分部分项工程状态及最终产品标识进行监督管理。

(6)对工程中出现的质量问题进行调查、分析,协助项目经理做出处理方案,制定纠正和预防措施,并报经有关主管领导批准后,监督实施。

(7)参与对分部分项最终产品按相关标准进行质量评定。

(8)参与标书和合同的评审,解决标书及合同中要求的施工条件和工期不适宜的问题。

(9)负责编制并组织实施工程质量回访计划,并接受用户投诉。

(10)负责审核成品保护措施,参加工程交验,负责监督质量回访和用户投诉质量问题的纠正措施的实施。

4)现场工程师

(1)在项目经理和项目总工的领导下,负责贯彻施工组织设计,对作业班组进行全面交底。

(2)参与图纸会审和技术交底。

(3)按规范及工艺标准组织施工,保证进度、施工质量和施工安全。

(4)组织隐蔽工程验收和分项工程质量评定。

(5)组织做好进场材料的质量、型号、规格的检验工作。

(6)对因设计或其他因素变更而引起工程质量、工期的增减进行签证,并及时调整施工部署。

(7)组织记录、收集和整理各项技术资料和质量保证资料。

(8)按照规范规定的分部分项工程的检验方法和验收评定标准,正确进行自评和实测实量,填报各项检查表格。对不符合工程质量评定标准要求的分部分项工程提出整改和返工意见,并督促实施。

(9)工程的质量问题或事故进行现场检查和分析,提出处理意见,对工程存在的常见质量问题提出防治措施,制定新工艺、新技术的质量保证措施建议。

5)质量检测技术员

(1)在项目经理和项目总工的领导下,负责检查监督施工组织设计的质量保证措施的实施和质量监督工作。

(2)严格监督进场材料的质量、型号和规格。

(3)监督班组按操作规程作业。

(4)按照规范规定的分部分项工程的检验方法和验收评定标准,正确进行自评和实测实量,填报各项检查表格。对不符合工程质量评定标准要求的分部分项工程提出整改和返工意见,并督促实施。

(5)对工程的质量问题或事故进行现场检查和分析,提出处理意见,对工程存在的常见质量问题提出防治措施,制定新工艺、新技术的质量保证措施建议。

6)材料员

(1)根据现场施工生产任务需要,做好材料、工具的采购和运输供应工作。

(2)熟悉各种材料的规格和验收标准,进场材料除应有出厂说明书或材料合格证外,还必须经过对原材料进行试验并且合格,否则禁止使用。

(3)实行定额储备,计划用料。按施工平面布置图堆放材料,加强对现场材料的管理和使用。

(4)掌握施工进度,做好材料的分批采购和进场工作,并按要求向项目经理或项目总工负责汇报材料的储备情况。

(5)调查材料余缺,处理积压料具,做好废旧料具的回收和修理工作。

(6)及时掌握市场信息,搞好成本核算,提高经济效益。

7)安全员

(1)监督检查现场贯彻国家有关安全生产和劳动保护法律、法规情况,实现安全、文明生产。

(2)配合开展安全生产宣传教育工作,总结交流推广先进经验,协助进行安全检查。

(3)开展日常生产中不安全问题的检查,提出改进意见和整改措施。

（4）审查施工组织设计的有关章节,编制安全技术措施,并对贯彻情况进行监督检查。

（5）制止违章指挥和违章作业,遇严重不安全情况时有权暂停生产,并及时进行改正。

（6）进入基层和施工现场,了解掌握安全生产情况,指导开展安全技术工作,定期进行职工健康检查,抓好饮食卫生、防暑、降温、防冻、消防工作。

（7）参加工伤事故的调查处理,提交事故报告。

8）测量员

（1）认真审图,按工程设计和业主提交的工程坐标资料正确放树穴位置。

（2）负责场地测量放样工作,及时提供测量资料。

（3）及时记录和整理测量资料,提供给监理校核签证。

（4）负责督促检查测量标志的保护与利用,发现问题和偏差,及时复测纠正。

（5）协助做好施工场地布置与使用。

9）施工队（班组）长

（1）对机台（班组）施工质量负责。

（2）严格执行技术标准,贯彻工艺纪律,做到精心操作、精心施工。

（3）认真负责,如实做好各项原始记录,做到本道工序质量不符合设计和规范要求不转入下一道工序。

（4）做好各节点的工作,发现隐患或异常情况及时分析原因,采取有效措施予以排除。

（5）认真做好机台（班组）自检、互检工作。

（6）质量管理小组活动与班组建设相结合,依靠机台（班组）全体人员共同努力,切实保证工程施工质量。

2.项目文件质量体系

1）质量记录文件的管理

按照国家现行规定及公司程序文件要求按期进行技术资料的收集、汇总、编目,由技术部资料员负责。

常用的工程质量记录包括:

（1）各单项工程施工记录。

（2）工程质量检验评定。

（3）图纸会审记录、技术交底记录、安全交底记录。

（4）设计变更记录。

（5）计量管理记录。

（6）施工日记、施工总结。

2）向业主和监理提交的图纸和文件及要求

（1）项目部向监理提交的图纸和文件。

项目部向业主和监理提供施工图纸、设计数据、试验成果、施工样品及文字说明等资料文件,并根据监理的指示,提供相应的照片、会议纪要等其他资料。提交的所有文件将严格遵照有关条款和参照标准的规定。

(2)施工图纸文件的提交时间。

为保障监理有足够的时间进行审阅和批准,项目部提交文件应尽早发出,除非另有规定或在提交文件之前已达成协议者外,提交时间最长为 14 d,并在获得批准的设计、文件和试样之后进行施工。

3.施工质量管理制度的实施

(1)项目经理首先将本工程的人员、材料、设备、工艺方法和施工环境等 5 个方面的因素有效地控制进行,确保工程投入的质量,也就是前提条件要确保质量,以此来保证每道工序质量的稳定。

(2)设专职施工员,布置落实有关的施工工序与技术质量要求。

(3)设专职质检员,质检员是工序管理的直接检查与控制者,办理工序质量的具体业务,不得设兼职人员,更不得与施工员混岗,人数的配备与生产规模相适应。

(4)加强质量检验和隐蔽工程签证制度,对每道工序实行操作者、班组长和质检员三者百分之百的检查,技术负责人抽查的制度。

(5)项目总工应及时掌握质量动态,一旦发现问题随即研究处理,隐蔽工程验收必须严格遵循上道工序不合格不能进入下道工序的原则。

(6)关键部位或薄弱环节设置工序质量控制点,质量控制点的检查必须经专职质检员检验合格。

4.质量保证措施

1)会议制度

技术交底:新项目开工前由施工技术科组织,按施工组织设计(施工措施)对作业人员进行技术交底,质量管理部有关人员及全体作业人员参加。大型项目和关键项目,总工程师和质检科长参加。

月度质量总结会:质检科负责编写月度质量总结报告,并组织召开会议。所有主要领导及有关部门人员参加。

质量专题会:由总工程师或质检科视工程施工具体情况安排。

2)作业人员培训制度

进场培训:对所有进入本项目工地的职工进行进场培训。总工程师、质检科负责讲授工程总体概况和质量总体要求、项目的质量目标、质量体系和质量制度,全面加强作业人员的质量意识。

作业前培训:新项目开工前,由项目总工、施工技术科负责,并请业主、监理、设计有关部门和人员参加,项目质量管理部门参加,对新项目进行全面技术交底。讲解图纸、项目特点、作业程度及质量要求,使作业人员熟知作业内容及质量要求。

特殊作业人员培训:特殊作业人员持证上岗,上岗前在现场进行培训考核,经监理和厂家指导人员认可后方能上岗作业。

3)"三检"制度

根据本项目组织机构实际,"三检"具体规定为:专业施工队负责具体项目施工的班组人员,完工后对其工作进行"初检";专业施工队质量员(技术员)负责完工项目的"复检",并向质量管理部提交施工记录;质检科专职工程师负责其分管项目完工的"终检",并向监理单位提交质量检查记录,申请监理验收。

4) 奖罚制度

项目坚持实施施工质量与经济分配挂钩的制度。对重点质量项目实施质量特别奖。

7　水土流失防治效果分析与评价

7.1　研究方法

层次分析法(Analytic Hierarchy Process,AHP 法)是由美国著名运筹学家、匹兹堡大学教授 A.L.Satty 于 20 世纪 70 年代提出的一种系统分析方法,它综合了定量分析与定性分析,模拟人的决策思维过程,具有思路清晰、方法简便、适用面广、系统性强等特点,是分析多目标、多因素、多准则的复杂大系统的有力工具。层次分析法(AHP 法)的基本原理简单说就是针对要解决的问题进行由复杂到简单、由高到低的逐层分解。分解时根据问题的目的和所要达到的目标,按照互相之间的隶属关系自上而下、由高到低排列成有序的递阶层次结构。将每个层次每个因素互相比较,得到相对重要性,利用数学方法综合计算各层因素相对重要性的权值,得到最低层相对于中间层和最高层的相对重要性次序的组合权值,以及特征根和一致性指标等。

在层次分析法的基础上,对南水北调东线一期典型工程相关评价指标建立多级模糊综合评价模型,应用模糊数学理论进行方案评价,建立模糊集合——评语集,并根据各指标权重和隶属度判定不同方案的等级和特点,既可以反映客观因素(水土流失治理度、林草覆盖率、追加投资比例、美景度等定量指标)对防护效果的影响程度,又可以反映主观因素(交通通达性、文化传承、降低水污染能力等定性指标)对防护效果的重要性,这对于南水北调工程水土流失防护模式选择、措施布设和投资比例都具有一定的参考和指导意义,也可以为方案决策提供理论支持和学术依据。

7.1.1　建立递阶层次结构

建立由最高层、中间层、最低层组成的三层递阶层次结构,同一层次的各个元素之间不存在直接的关系,后两层的元素都分别隶属于上一层的某一元素。

7.1.2　构造判断矩阵

当分析研究对象时,确定并建立影响因素集 U,两两比较各个因素的相对重要性,建立判断矩阵 A,每次取两个因素 U_i、U_j 进行比较,用 C_{ij} 表示二者之间的影响比,得到因素判断矩阵 C。

$$C = \begin{bmatrix} c_{11} & c_{12} & \cdots & c_{1n} \\ c_{21} & c_{22} & \cdots & c_{2n} \\ \vdots & \vdots & & \vdots \\ c_{n1} & c_{n2} & \cdots & c_{nn} \end{bmatrix} \tag{7-1}$$

7.1.3　计算最大特征值及特征向量

通常有 3 种计算判断矩阵 C 的特征向量和特征根:方法根(几何平均法)、正规化求和法、求和法。一般可采用正规化求和法计算特征根 λ_m 和特征向量 W,首先进行行列向量标准化。$\overline{C}_{ij} = \dfrac{C_{ij}}{\sum\limits_{i=1}^{n} C_{ij}}$ $(i,j = 1,2,\cdots)$,标准化后,每列的元素之和为 1,然后再按行求和,并对向量正规化:

$$\overline{W}_i = \sum_{i=1}^{n} \overline{C}_{ij} \quad (i,j = 1,2,\cdots), \quad W_I = \frac{\overline{W}_i}{\sum\limits_{i=1}^{n} \overline{W}_i} \quad (i,j = 1,2,\cdots) \tag{7-2}$$

则 $\overline{W}_i = (W_1, W_2, \cdots, W_n)^T$ 为所求的特征向量,由此可得判断矩阵的最大特征根 λ_m:

$$\lambda_m = \frac{1}{n} \sum_{i=1}^{n} \frac{(CW)_i}{W_i} \tag{7-3}$$

7.1.4　判断矩阵的一致性

判断矩阵 C 应该满足 $C_{ij} \cdot C_{jk} = C_{jk}(i,j,k = 1,2,\cdots,n)$。在满足一致性的条件下,矩阵具有唯一非零的最大特征根 λ_m,除此之外的其余特征根均为 0,当判断矩阵制具有完全一致性时,它的最大特征根稍大于矩阵的阶数 n,且其余特征根接近于 0。因此,引入判断矩阵的最大特征根的其余特征根的负平均值作为度量判断矩阵偏离一致性指标:$C_I = \dfrac{\lambda_m - n}{n - 1}$。

一致性指标 C_I 是衡量不一致程度的数量指标。C_I 值越大,C 的不一致性越大,可用权向量 W 表示$(U_1, U_2, \cdots, U_n)$。为了度量不同判断矩阵是否具有完全的一致性,当 $n \geq 3$ 时引入判断矩阵的平均随机一致性指标 R_I 值。一致性比率 C_R 为一致性指标 C_I 和同阶的平均随机一致性指标 R_I 的比值 $C_R = \dfrac{C_I}{R_I}$。C_R 是衡量一致性指标 C_I 的重要参数,当 $C_R <$ 0.10 时,即认为判断矩阵完全一致,认为 C 的不一致性可以接受,确定判断矩阵 C 的最大特征值 λ_m 和特征向量 W,若经过检查,C 的不一致性可接受时,W 即为权重。

7.1.5　评价指标合成权重的确定

当得到中间层 U_j 和最低层分别的权重 A_j 后,中间层某因素下的最低层各元素的权重乘以其隶属的中间层相应权重,即为该指标的最终合成权重 W_j。

7.1.6　多级模糊综合评价模型

7.1.6.1　确定评价对象的评语集

模糊数学是研究和处理模糊现象的一种数学理论和方法,就是用来处理涉及模糊概念的问题,尝试使用某种方法将模糊的概念量化,方便进行处理计算。模糊综合评价,就是模糊数学在评价类问题的应用,也就是处理涉及模糊概念的评价类问题。将评价者对待评对象所做出的可能的评价结果进行汇总,建立模糊集合,得评语集 V：

$$V = (V_1, V_2, \cdots, V_m)$$

式中,V_i 为第 i 个评价结果,$i = 1, 2, \cdots, m$(m 为评价结果的总数,一般划分为 3~5 个等级)。本次研究中根据水土保持措施防护效果的差异,确定的其评价等级为 $V_1 \sim V_5$,即合格、较好、良好、优秀和最佳 5 个等级。

7.1.6.2 隶属度函数

我们使用"隶属度"来表示元素与模糊集合之间的关系,也就是元素隶属于模糊集合的程度。谈到隶属度,就有必要提到隶属函数,这是一个很重要的概念。简单而言,隶属函数就是隶属度对各个元素的函数,定义域是我们所研究的元素,函数值就是隶属度。隶属度值越大,就代表元素越属于这个集合。确定隶属度的过程,本质上是客观的,但是又容许有一定的人为技巧。不过这并不意味着隶属度可以主观臆造,因为一个模糊集合代表一个模糊概念,而概念是人的主观意识对客观事物认识过程的产物。确定一个元素对一个模糊集合的隶属度,就必然会体现人的主观意识对客观事物的一种判定或信度,这就是主观的,但是同时概念又是客观事物在人脑中的反映,受到客观的制约和限定,在这一点上,隶属度又是客观的。因此,在构造隶属度函数时,要注意客观性和主观性的辩证统一,力求能够更好更全面地反映事物的本质。

从单个指标角度进行评价,根据公式可确定待评对象的该项指标值对于评语集 V 的隶属程度,进而可得模糊关系矩阵：

$$R = \begin{bmatrix} r_{11} & r_{12} & \cdots & r_{1m} \\ r_{21} & r_{22} & \cdots & r_{2m} \\ \vdots & \vdots & & \vdots \\ r_{n1} & r_{n2} & \cdots & r_{nm} \end{bmatrix} \tag{7-4}$$

式中,r_{ij} 为待评对象的 C_j 指标值对等级 V_i 的隶属度。

在确定隶属度时,借助相关标准和规范确定的指标进行隶属度计算。本书采用三相线型隶属度函数进行隶属度计算,将规范或标准规定的范围进行五等分,端点的隶属度分别为 $K_1, K_2, K_3, K_4, K_5, K_6$,其值代表相应的隶属度。通过研究发现,本书所采用的指标除景观破碎化程度外,全部为发展型指标,即指标越大,防护效果越好。可以看出,发展型指标在 V_1(较弱)属于偏小型的模糊概念,在 V_5(最佳)属于偏大型的模糊概念,$V_2 \sim V_4$ 属于中间型模糊概念。

发展型指标隶属度函数计算式为：

$$r_{V_1} = \begin{cases} 1 & C_j \leq K_1 \\ \dfrac{C_j - K_1}{K_2 - K_1} & K_1 < C_j \leq K_2 \\ 0 & C_j > K_2 \end{cases} \tag{7-5}$$

$$r_{V_2} = \begin{cases} 0 & C_j < K_1 \\ \dfrac{C_j - K_1}{K_2 - K_1} & K_1 < C_j \leqslant K_2 \\ \dfrac{K_3 - C_j}{K_3 - K_2} & K_2 < C_j \leqslant K_3 \\ 0 & C_j > K_3 \end{cases} \tag{7-6}$$

$$r_{V_3} = \begin{cases} 0 & C_j < K_2 \\ \dfrac{C_j - K_2}{K_3 - K_2} & K_2 < C_j \leqslant K_3 \\ \dfrac{K_4 - C_j}{K_4 - K_3} & K_3 < C_j \leqslant K_4 \\ 0 & C_j > K_4 \end{cases} \tag{7-7}$$

$$r_{V_4} = \begin{cases} 0 & C_j < K_3 \\ \dfrac{C_j - K_3}{K_4 - K_3} & K_3 < C_j \leqslant K_4 \\ \dfrac{K_5 - C_j}{K_5 - K_4} & K_4 < C_j \leqslant K_5 \\ 0 & C_j > K_5 \end{cases} \tag{7-8}$$

$$r_{V_5} = \begin{cases} 0 & C_j < K_4 \\ \dfrac{C_j - K_4}{K_5 - K_4} & K_4 < C_j \leqslant K_5 \\ \dfrac{K_6 - C_j}{K_6 - K_5} & K_5 < C_j < K_6 \\ 1 & C_j \geqslant K_6 \end{cases} \tag{7-9}$$

对于限制性指标,即指标越小,防护效果越好,计算公式只需将上式相反应用后采用同样公式计算。

7.1.6.3 单因素模糊评价

应用指标层权重 A_j 以及模糊关系隶属度矩阵 R 可以求出单个准则层的模糊评价结果 B_n,计算式如下:

$$B_u = A_j R = (a_1, a_2, \cdots, a_j) \begin{bmatrix} r_{11} & r_{12} & \cdots & r_{1m} \\ r_{21} & r_{22} & \cdots & r_{2m} \\ \vdots & \vdots & & \vdots \\ r_{n1} & r_{n2} & \cdots & r_{nm} \end{bmatrix} = (b_{1u}, b_{2u}, \cdots, b_{mu}) \tag{7-10}$$

式中，b_{iu} 表示准则层对于评语集 V_i 的隶属程度。

通过单因素模糊评价，可以分析评价指标 C_j 对于每个准则层的信度和评语，进而分析指标对准则层的模糊评价。

7.1.6.4 多指标综合评价

将综合权重矢量 W 与模糊关系矩阵 R 以加权求和算法合成，可得各待评对象的模糊综合评价结果矩阵 B，计算式为：

$$B = W_j R = (w_1, w_2, \cdots, w_j) \begin{bmatrix} r_{11} & r_{12} & \cdots & r_{1m} \\ r_{21} & r_{22} & \cdots & r_{2m} \\ \vdots & \vdots & & \vdots \\ r_{n1} & r_{n2} & \cdots & r_{nm} \end{bmatrix} = (b_1, b_2, \cdots, b_m) \qquad (7\text{-}11)$$

式中，b_i 表示待评对象对于评语集 V_i 的整体隶属程度。

待评对象对应的评价等级根据最大隶属度原则确定，根据待评对象整体及各评价指标的隶属情况进行模糊评价的综合分析。

7.2 指标体系构建

7.2.1 评价指标选择原则

南水北调东线一期工程水土保持措施防护效果评价指标体系是综合植物生态功能、工程措施效益发挥、项目整体运行状况、工程目的达成性以及社会经济等多方面考虑，由若干指标按照一定的规则，相互联系又相互独立组成的体系组成。指标能够集中反映防护效果在水土保持功能、生态保护功能、景观美化功能以及社会经济等方面的因果关系。其指标体系的设置符合以下原则。

7.2.1.1 客观可靠原则

指标应当真实反映项目区水土保持措施运行状态特征。进行防护效果评价时要收集大量的资料，进行大规模的现场调研，运用无人机以及 RS 等手段，坚持实事求是的工作原则，严格按照相应的标准和要求进行防护效果评估工作。

7.2.1.2 可操作性原则

评价指标应尽可能地反映评价目标与具体评价指标间的相关关系，因此指标要尽量量化、简洁、描述具体、含义明确，统计与应用操作实用性强，在现有资料基础上做必要的调查、测定即可获得，使评价过程可行，结果有效可信；如果选取的指标不重要，且难以获取，则应该舍弃，另取其他代表性指标。

7.2.1.3 广泛涵盖性原则

评价指标体系是一个有机整体，能从不同角度、不同层面反映防护效果，因此要求指标体系具有广泛的涵盖面，尽可能全面、完整、系统地反映水土流失防护对地区社会、经济、自然、人类与生态等方面的影响，提高评估结果的准确性。

7.2.1.4　典型代表性原则

水土流失防护效果评估因子众多,各因子之间相互作用、相互联系,构成了一个极其复杂的综合体。要详细准确地反映整个发展变化过程,也就需要相当多的指标,不仅很困难,也不太符合实际。因此,本书评估指标的设置,应该具有高度的概括性,结合水土保持基础生态功能,能够描述防护效果的主要特征,指标的个数宜少不宜多,有针对性地选择其中最具代表性的指标,不重叠、不交叉,又能够体现出各指标之间相互的内在关系。

7.2.1.5　定性与定量相结合原则

评价指标应尽量量化,但鉴于防护效果的复杂性、多样性、特殊性,存在众多难以量化而只能定性分析的指标,对这些指标应尽可能选取定性描述准确清晰的语言,避免模糊化。

7.2.1.6　独立可行性原则

虽然水土流失防护的指标体系覆盖面很广,而且其防护效果评估要能全面反映地区社会环境、生态环境以及景观环境的改善和改变,但指标的选取还应该排除各指标间的相容性,保持其独立性,避免指标信息重叠、信息包含。

7.2.2　评价指标

南水北调东线一期工程植物绿化及其他水土保持防护效果评估指标主要分为 3 个层次,第一层为目标层(A),即南水北调东线一期工程植物绿化及其他水土保持防护效果;第二层为准则层(U),主要针对植物绿化及其他水土保持防护措施实施后对水土保持功能、景观美化功能、生态保护功能及社会经济产生的效果;第三层为指标层(C),主要选取典型性和代表性的指标对防护效果进行指征。

7.2.2.1　准则层

水土保持功能:主要评价植被绿化及弃渣场防护等水土保持措施实施发挥的增加植被覆盖、减少水土流失、提高涵养水源以及物种多样性等方面的重要性。可将水土流失治理度、林草覆盖率、工程措施完好率、乡土植物种比例以及植物种保存率作为评价的辅助指标。

景观美化功能:主要评价植物绿化发挥的景观美化、净化环境、游憩宜居以及维持生态系统稳定作用的重要性。可将美景度、植物种配置方式、景观多样性指数以及景观破碎化程度作为评价的辅助指标。

生态保护功能:主要评价水土保持措施防护产生的减少水土流失、污染物截留以及净化水质等生态保护方面作用的重要性。可将降低水污染能力以及项目整体运行状况作为评价的辅助指标。

社会经济效果:主要评价植物绿化及其他水土保持防护措施建设过程中的重视程度、标准选择、当地人文文化融合性以及交通便捷方面对当地社会经济作用的重要性。可将追加投资比例、文化传承以及交通通达性作为评价的辅助指标。

7.2.2.2　指标层

水土流失治理度(%):指工程水土流失防治责任范围内,水土流失治理达标面积与水土流失总面积的百分比。通过查阅工程水土保持设施验收报告获取。

林草覆盖率(%)：指工程建设征占地范围内乔木林、灌木林与草地等林草植被面积之和占征占地土地面积的百分比。通过查阅工程水土保持设施验收报告获取。

工程措施完好率(%)：指建成的水土保持工程设施中，能有效发挥水土保持功能的工程措施数量(包括表土保护、土地整治、截排水工程以及弃渣场拦挡工程等，线性工程按长度、点状工程按面积进行统计)占水土保持工程设施总数量的比例。通过现场调研，查阅相关统计资料，分析研究获取。

乡土树种比例(%)：指工程建设征占地范围内乡土树种的造林数量之和占所有造林树种数量的比例。通过现场调研，查阅相关统计资料，分析研究获取。

植物种保存率(%)：指现存活的植物种数量与实施造林时种植的植物种数量的百分比。通过现场调研分析研究获取。

美景度：指人类对自然景观及人造景观在主观意识上的喜恶程度。通过SBE法进行计算获取。

植物种配置方式：指植物种配置的方式，主要包括纯乔木林、纯灌木林、纯草本、乔木与灌木结合、乔木与草本结合、灌木与草本结合以及乔灌草相结合等。通过专家评分法进行获取。

景观多样性指数：指工程单元内景观类型的多样性指数，在一定程度上反映景观异质性以及生态稳定性的程度。通过用Simpson多样性指数(SHDI)计算获取。

景观破碎化程度：指工程单元内景观类型斑块被分割的破碎程度，在一定尺度上反映人类活动对景观的干扰程度。通过景观格局指数计算获取。

降低水污染能力：指植物绿化及水土保持措施合理有效地实施能减少水土流失、截留污染物进入水体、提高水环境质量等方面的情况。通过现场调研、专家打分法获取。

项目整体运行状况：指植物绿化及水土保持措施实施对项目整体稳定运行的时间、发挥的相关作用等方面影响情况，对发生安全事故的应单独分析。通过查阅相关统计资料、专家打分法获取。

追加投资比例(%)：指工程单元水土保持实施投资与水土保持方案批复投资之间差值占方案批复投资的百分比。通过查阅工程水土保持设施验收报告获取。

文化传承：指植物绿化景观设计或者防护工程设计和实施中，是否与运河文化以及沿岸历史文化、民俗文化及当地人文有较强的融合性。通过现场调研、专家打分法获取。

交通通达性：指工程单元外部交通及工程单元内交通是否便捷，园区开放程度以及交通通达性是否可以满足当地居民关于景观游憩宜居功能的需求。通过现场调研、专家打分法获取。评价指标含义及计算见表7-1。

表 7-1　评价指标一览表

评价指标	评分方法	指标含义	指标计算
水土流失治理度	查阅资料	防治责任范围内水土流失治理达标面积与水土流失总面积的百分比,指征水土保持总体防护效果	水土流失达标面积/水土流失总面积
林草覆盖率	查阅资料	防治责任范围内林草类植被面积占总面积的百分比,指征水土保持措施实施对涵养水源,改善小气候以及净化空气的效果	林草类植被面积/防治责任范围总面积
工程措施完好率	现场调研	水土保持工程措施(表土保护,土地整治,截排水及工程拦挡等)现存情况与实施防护效果具有指征作用	保存完好的工程措施数量/总工程措施数量
乡土植物种比例	现场调研+查阅资料	乡土植物种具有明显的适地适树原则,其比例可以表征植物绿化措施的可行性,并对避免病虫害,提高植物成活率具有促进作用	乡土植物种数量/总植物种数量
植物种保存率	现场调研	现存活的植物种数量与实施造林种植的植物种植物种数量的百分比,可以表征活的水土保持植物绿化以及养护措施的合理性	存活植物种数量/总植物种数量
美景度	SBE 评价法	美景度表征人类对自然景观及人造景观在主观意识上的喜恶程度,对景观美化的提升及设计具有指导意义	$MZ_i = \dfrac{1}{(m-1)}\sum_{k=2}^{m} f(CP_{ik})$ $SBE_i = (MZ_i - BMMZ) \times 100$
植物种配置方式	专家打分法	植物种配置方式为纯乔,纯灌或纯草,景观美化效果偏低,并有爆发病虫害的风险	1~2
		植物种配置方式为乔,乔草或灌草,立体空间感一般较弱,景观美化水平	3~4
		植物种配置方式为乔灌草结合配置,景观美化效果总体上较好,体现了景观的立体层次及空间错落感,增加景观可观赏性	5~6
景观多样性指数	航拍图像估算法	景观多样性指数体现了景观类型的空间异质性,对于景观格局及生态系统的稳定具有较好作用	$SHDI = -\sum_{k=1}^{n}[P_k \ln P_k]$
景观破碎化程度	航拍图像估算法	景观破碎化程度体现了人类活动对于环境的干扰程度,其数值越高,人类干扰越严重,生态系统越不稳定	$FN_1 = (N_p - 1)/N_c$ $FN_2 = MPS(N_f - 1)/N_c$

续表 7-1

评价指标	评分方法	指标含义	指标计算
降低水质污染能力	专家打分法	植物绿化及水土保持防护措施的实施能有效减少水土流失，截留污染物进入水体，对南水北调工程水质能起到积极的改善作用	7~8
		植物绿化及水土保持防护措施实施后产生的防护效果较好，基本控制水土流失现象发生，对南水北调工程水质状况只能起到较好的改善作用	5~6
		水土保持及其他防护措施实施后产生的防护效果一般，仍有水土流失发生或者植物出现断带等现象，降低水污染能力水平一般	3~4
		水土保持及其他防护措施实施产生的防护效果较差，如产生植物落果或者飞絮、弃渣流失等现象，对南水北调工程水质状况产生不利影响	1~2
项目整体运行状况	专家打分法	由于植物绿化及其他水土保持防护措施的实施，防护效果显著，项目整体运行状况良好，没有发生大的安全和安全事故	5~6
		由于植物绿化及其他水土保持防护措施的实施，防护效果一般，项目整体运行状况处于稳定状态，发生过一般设计变更，没有发生安全事故，但后期追加投资较高	3~4
		由于植物绿化及其他水土保持防护措施的设计缺陷，防护效果基本处于较差水平，项目整体运行状况不稳定，发生过安全事故或后期追加投资较高	1~2
追加投资比例	查阅资料	水土保持措施建设投资一定程度上可以表征其防护措施的标准以及项目投入的重要程度，影响其防护效果的显著性	追加投资/工程单元水土保持批复投资
文化传承	专家打分法	景观设计或者防护工程设计体现较高的运河文化以及沿岸历史文化、民俗文化，与当地人文具有较强的融合性	3~4
		景观设计或者防护工程设计未考虑运河文化或沿岸历史文化，民俗文化，与当地人文的融合性较弱	1~2
交通通达性	专家打分法	外部交通及工程单元内交通便捷，通达性强，植物绿化可以有好的游憩宜居功能	5~6
		外部交通及工程单元内交通便捷，通达性一般，植物绿化只可以体现一部分居民的游憩宜居功能	3~4
		外部交通及工程单元内交通不便，通达性较弱，人类基本较少到达	1~2

7.2.3　评价指标体系

参考指标选取原则,对指标体系进行调整、筛选、修改与完善,以最终确定评价指标体系。筛选指标时,既要做到综合考虑,又要区别对待,具体为一方面要综合考虑评价指标的完备性、独立性、可操作性等,不能仅靠某一原则就决定指标的取舍;另一方面因为各项原则均具特殊性,且限于当前认识的差距,对各项原则的衡量方法与精度不能强求一致。

本书在国内外有关研究、参考的基础上,通过咨询专家意见,全面深入分析水土保持措施防护效果的各个方面,综合考虑各项影响因素,建立了水土保持措施防护效果综合评价指标体系,对于其中某个具体指标,在实际操作中如有困难,可适当地增减或者调整指标,具体指标体系见表 7-2。

表 7-2　水土保持措施防护效果综合评价指标体系

目标层	准则层	指标层
南水北调东线一期工程水土保持措施防护效果(A)	水土保持(U_1)	水土流失治理度(C_1)
		林草覆盖率(C_2)
		工程措施完好率(C_3)
		乡土植物种比例(C_4)
		植物种保存率(C_5)
	景观美化(U_2)	美景度(C_6)
		植物种配置方式(C_7)
		景观多样性指数(C_8)
		景观破碎化程度(C_9)
	生态保护(U_3)	降低水污染能力(C_{10})
		项目整体运行状况(C_{11})
	社会经济(U_4)	追加投资比例(C_{12})
		文化传承(C_{13})
		交通通达性(C_{14})

7.3　构建判断矩阵

7.3.1　判断矩阵标度及含义

构建判断矩阵需要将同一层次评价因子两两进行重要性的相对性比较,判断矩阵是相对于上一级元素来说的,低层次因素的重要性比较。为了确定每个影响因素的重要性,引入评价因子标度概念(见表 7-3)。本书采用 1~9 标度法构建判断矩阵,每个标度都有不同的重要性判断,标度值越大越会对判断结果产生显著影响,导致结果出现误差,影响评价因子权重的确定。

表 7-3 判断矩阵标度及含义

评价标度	定义与说明
1	两个元素对某个属性具有同等重要性
3	两个元素比较,一个元素比另一个元素稍微重要
5	两个元素比较,一个元素比另一个元素明显重要
7	两个元素比较,一个元素比另一个元素强烈重要
9	两个元素比较,一个元素比另一个元素极端重要
2,4,6,8	介于上述两个相邻判断的中值
倒数	两个元素的反比较

7.3.2 各层次判断矩阵

通过专家咨询,应用评价标度以及式(7-1)对水土保持措施防护效果评价建立 4 层判断矩阵,由此对其防护效果进行评价。评价准则层判断矩阵中 U_1 表示水土保持防护效果,U_2 表示景观美化效果,U_3 表示生态保护防护效果,U_4 表示社会经济效果,并采用同样的方法分别对各个准则层(水土保持功能、景观美化功能、生态保护功能以及社会经济方面)与评价指标层之间建立判断矩阵。各个判断矩阵结果如表 7-4～表 7-8 所示。

表 7-4 评价准则层判断矩阵

A	U_1	U_2	U_3	U_4
U_1	1	4	5	4
U_2	1/4	1	2	3
U_3	1/5	1/2	1	2
U_4	1/4	1/3	1/2	1

表 7-5 水土保持评价指标层判断矩阵

U_1	C_1	C_2	C_3	C_4	C_5
C_1	1	2	3	3	3
C_2	1/2	1	2	2	2
C_3	1/3	1/2	1	2	2
C_4	1/3	1/2	1/2	1	3
C_5	1/3	1/2	1/2	1/3	1

表 7-6　景观美化评价指标层判断矩阵

U_2	C_6	C_7	C_8	C_9
C_6	1	2	2	3
C_7	1/2	1	3	2
C_8	1/2	1/3	1	3
C_9	1/3	1/2	1/3	1

表 7-7　生态保护评价指标层判断矩阵

U_3	C_{10}	C_{11}
C_{10}	1	1/2
C_{11}	2	1

表 7-8　社会经济评价指标层判断矩阵

U_4	C_{12}	C_{13}	C_{14}
C_{12}	1	1/2	3
C_{13}	2	1	3
C_{14}	1/3	1/3	1

7.3.3　指标权重计算及一致性检验

7.3.3.1　层次单排序计算及一致性检验

本书对水土保持措施防护效果评价采用正规化求和法［式(7-1)和式(7-2)］计算特征根 λ_m 和特征向量 W,确定各个层次单排序(权重),并对各个层次权重进行一致性检验,以验证权重的合理性。

一致性检验采用一致性指标 C_I 进行衡量,当判断矩阵阶数 $n \geq 3$ 时,引入一致性比率 C_R(一致性指标 C_I 和同阶的平均随机一致性指标 R_I 的比值)进行判断,当 $C_R < 0.10$ 时,说明权重满足一致性检验。各个层次单排序(权重)及一致性检验结果见表 7-9～表 7-13。判断矩阵的平均随机一致性指标 R_I 值见表 7-14。

表 7-9　准则层层次单排序及一致性检验表

A	层次单排序(权重)	C_{W_i}	C_{W_i}/W_i	一致性检验(C_R)
U_1	0.566	2.434	4.303	—
U_2	0.213	0.888	4.158	—
U_3	0.130	0.532	4.081	—
U_4	0.091	0.368	4.059	0.056

表 7-10　水土保持层次单排序及一致性检验表

U_1	层次单排序（权重）	C_{W_i}	C_{W_i}/W_i	一致性检验（C_R）
C_1	0.381	2.012	5.278	—
C_2	0.226	1.202	5.321	—
C_3	0.162	0.864	5.339	—
C_4	0.142	0.731	5.156	—
C_5	0.089	0.458	5.120	0.054

表 7-11　景观美化层次单排序及一致性检验表

U_2	层次单排序（权重）	C_{W_i}	C_{W_i}/W_i	一致性检验（C_R）
C_6	0.400	1.709	4.275	—
C_7	0.293	1.306	4.459	—
C_8	0.198	0.823	4.156	—
C_9	0.109	0.455	4.164	0.098

表 7-12　生态保护层次单排序及一致性检验表

U_3	层次单排序（权重）	C_{W_i}	C_{W_i}/W_i	一致性检验（C_R）
C_{10}	0.333	0.667	2.000	—
C_{11}	0.667	1.333	2.000	0

表 7-13　社会经济层次单排序及一致性检验表

U_4	层次单排序（权重）	C_{W_i}	C_{W_i}/W_i	一致性检验（C_R）
C_{12}	0.334	1.021	3.058	—
C_{13}	0.525	1.617	3.082	—
C_{14}	0.142	0.428	3.021	0.046

表 7-14　判断矩阵的平均随机一致性指标

n	1	2	3	4	5	6	7	8	9	10
R_I	0	0	0.58	0.9	1.12	1.24	1.32	1.41	1.46	1.49

7.3.3.2　层次总排序计算及一致性检验

当所有层次单排序计算完成并通过一致性检验后,可以通过准则层权重与指标层权重分别相乘获得最终指标权重,但最终权重也应该进行一致性检验,以便验证权重结果的合理性。

为了验证权重的一致性,本书引用与层次总排序对应的层次单排序一致性指标 $C_I = \sum U_i C_i$ 以及平均随机一致性指标 $R_I = \sum U_i R_i$,通过 $C_R = \dfrac{C_I}{R_I}$ 进行一致性检验,当 $C_R < 0.10$ 时,说明权重满足一致性检验。层次总排序及一致性检验见表 7-15。

表 7-15　层次总排序及一致性检验表

准则层	U 层权重	指标层	C 层权重	总排序（权重）	一致性检验（C_R）
水土保持（U_1）	0.566	水土流失治理度（C_1）	0.381	0.216	
		林草覆盖率（C_2）	0.226	0.128	
		工程措施完好率（C_3）	0.162	0.092	
		乡土植物种比例（C_4）	0.142	0.080	
		植物种保存率（C_5）	0.089	0.051	
景观美化（U_2）	0.213	美景度（C_6）	0.400	0.085	
		植物种配置方式（C_7）	0.293	0.062	
		景观多样性指数（C_8）	0.198	0.042	
		景观破碎化程度（C_9）	0.109	0.023	
生态保护（U_3）	0.130	降低水污染能力（C_{10}）	0.333	0.043	
		项目整体运行状况（C_{11}）	0.667	0.087	
社会经济（U_4）	0.091	追加投资比例（C_{12}）	0.334	0.030	
		文化传承（C_{13}）	0.525	0.048	
		交通通达性（C_{14}）	0.142	0.013	0.063

7.4　综合评价模型及权重分析

从水土保持防护效果、景观美化效果、生态保护效果以及社会经济效果考虑，运用AHP法计算各个层次的权重，最终构建南水北调东线一期工程植被绿化与弃渣场防护效果综合评价模型：

$$\begin{cases} A = 0.566U_1 + 0.213U_2 + 0.130U_3 + 0.091U_4 \\ U_1 = 0.381C_1 + 0.226C_2 + 0.162C_3 + 0.142C_4 + 0.089C_5 \\ U_2 = 0.400C_6 + 0.293C_7 + 0.198C_8 + 0.109C_9 \\ U_3 = 0.333C_{10} + 0.667C_{11} \\ U_4 = 0.334C_{12} + 0.525C_{13} + 0.142C_{14} \end{cases}$$

采用前文所述的层次分析法，计算各层次、各指标的权重见表 7-15。由表 7-15 可以看出，准则层指标权重由高到低依次为水土保持功能指标、景观美化功能指标、生态保护功能指标、社会经济指标。其中水土保持功能指标最为重要，权重为 0.566；景观美化功能指标其次，权重为 0.213；生态保护功能指标一般，权重为 0.130；社会经济指标重要性较弱，权重为 0.091。

在水土保持功能指标中，与水土保持防护效果联系紧密的水土流失总治理度、林草覆盖率权重较重，工程措施完好率以及乡土植物种比例权重分布均匀，植物种保存率重要性较弱;景观美化功能指标中美景度、植物种配置方式指标权重较重,其他指标权重均匀分布;生态保护功能指标中项目整体运行状况指标权重较重,降低水污染能力指标权重次之;社会经济功能指标中,文化传承指标权重最重,追加投资比例指标权重次之,交通通达性指标权重较弱。各评价指标权重雷达图如图7-1所示。

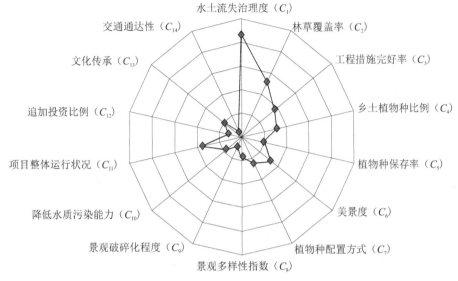

图 7-1 评价值指标权重雷达图

这样的权重分布体现了通过实施植被绿化与弃渣场防护措施,其防护效果确保项目区水土流失得到治理,同时考虑合理植物种配置、美化绿化项目区、改善区域小气候、增加人们绿色游憩空间、提供绿岗就业等目的,而且能够有效地维持项目整体稳定运行,降低水质污染风险。总体上也体现了南水北调东线一期工程实施中创新、协调、绿色、开放、共享的理念,注重以人为本、生态优先的原则和目标。

7.5 评价指标获取

7.5.1 典型样地

2020年8月,由南水北调东线总公司、中水淮河规划设计研究有限公司、中水北方勘测设计研究有限责任公司、江河水利水电咨询中心有限公司(原江河水利水电咨询中心)、江苏省水利勘测设计研究院有限公司及山东省水利勘测设计院组成调研组对南水北调东线一期工程水土保持措施防护效果进行调研。调研组一共30余人,职称组成包括教授级高工、高级工程师和工程师。

本次调研选择典型工程段7处,典型样地13处,其中江苏境内包括三阳河、潼河、宝应站工程段,典型样地为宝应泵站和潼河河道段;长江至骆马湖其他工程段,典型样地为金宝航道工程、金湖泵站、泗洪泵站以及徐洪河河道段;长江至骆马湖工程段,典型样地为淮安四站。山东境内包括南四湖至东平湖工程段,典型样地为二级坝泵站和长沟泵站;穿黄河工程段,典型样地为穿黄出湖闸河道段;济平干渠工程段,典型样地为刁山坡公路桥段;南水北调鲁北工程段,典型样地为鲁北城区段和大屯水库。

7.5.2　调研数据及分析过程

根据调研内容以及评价指标的特征,本次评价指标分为定量指标和定性指标两类,评价指标的获取主要有4种方式,其中水土流失治理度、林草覆盖率和追加投资比例等指标,主要采用查阅工程单元水土保持设施验收报告获得;工程措施完好率、乡土植物种比例、植物种保存率等指标,主要采用现场调查测量获得;美景度、景观多样性指数、景观破碎化程度等指标,采用幻灯片研究法以及无人机航拍拼接法,通过研究不同景观类型斑块,以及应用相关公式研究计算获得;植物种配置方式、降低水污染能力、项目整体运行状况、文化传承以及交通通达性等指标,采用专家现场评分法求平均值法进行研究分析,获得数据。下面就调研数据不同类型逐一对调研指标结果进行论述。

7.5.2.1　水土保持功能数据

水土保持功能指标主要从指标本身的涵盖性以及可持续性考虑,选取水土流失治理度、林草覆盖率、工程措施完好率、乡土树种比例以及植物种保存率5项作为评价指标。指标数据主要获得手段为查询工程水土保持设施验收评估报告以及现场测量调查。

1.资料查询

根据相关文件要求,南水北调东线一期建设单位委托江河水利水电咨询中心承担水土保持设施验收评估工作。2008—2016年评估单位多次深入现场进行详细查勘,并编制完成南水北调东线一期水土保持设施验收评估报告(工程段)。水利部已经通过验收并发布验收鉴定书。通过查询本次评估的13个典型样地的水土保持设施验收评估报告,得到各个典型样地水土流失治理度和林草覆盖率数据。

2.现场调查

工程措施完好率(%):现场对典型样地内表土保护面积、土地整治面积、截排水工程长度以及弃渣场拦挡工程长度等进行测量及统计,并按照线状工程措施完好率与点状工程措施完好率均值作为评价指标调研数据。经过现场测量和统计,大屯水库管理区范围线状工程措施完好率95.16%,点状工程措施完好率88.23%,其工程措施完好率均值91.70%;鲁北城区河道两侧工程范围内线状工程措施完好率98.00%,点状工程措施完好率84.24%,其工程措施完好率均值91.12%;穿黄工程管理区及河渠两侧范围内线状工程措施完好率98.25%,点状工程措施完好率85.85%,其工程措施完好率均值92.05%;济平干渠刁山坡公路桥段两侧范围内线状工程措施完好率95.24%,点状工程措施完好率80.65%,其工程措施完好率均值87.95%;长沟泵站管理区范围内线状工程措施完好率98.78%,点状工程措施完好率84.35%,其工程措施完好率均值91.57%;二级坝站管理区范围内线状工程措施完好率99.54%,点状工程措施完好率90.25%,其工程措施完好率均值94.90%;徐洪河道两侧工程范围内线状工程措施完好率85.64%,点状工程措施完好率90.24%,其工程措施完好率均值87.94%;潼河河道两侧工程范围内线状工程措施完好率

86.25%,点状工程措施完好率89.75%,其工程措施完好率均值88.00%;金宝航道两侧工程范围内线状工程措施完好率95.62%,点状工程措施完好率91.24%,其工程措施完好率均值93.43%;泗洪泵站管理区范围内线状工程措施完好率96.45%,点状工程措施完好率84.65%,其工程措施完好率均值90.55%;淮安四站管理区范围内线状工程措施完好率98.57%,点状工程措施完好率88.65%,其工程措施完好率均值93.61%;金湖泵站管理区范围内线状工程措施完好率97.36%,点状工程措施完好率85.75%,其工程措施完好率均值91.56%;宝应泵站管理区范围内线状工程措施完好率95.24%,点状工程措施完好率87.20%,其工程措施完好率均值91.22%。

乡土植物种比例(%):在每个典型样地分别随机布设乔木样方(10 m×10 m)3个,灌木样方(5 m×5 m)4个,草本样方(1 m×1 m)6个。参照《山东省植物志》以及《江苏省植物志》等文献,判读植物种是否为乡土植物种,计算工程建设征占地范围内乡土植物种数量之和占所有造林树种数量的比例获得调研数据。通过样方调查,大屯水库管理区范围内共有37种植物种,其中6种乔木,16种灌木,15种地被及草本,经过专家判断及查询文献,大屯水库乡土植物种共计33种,乡土植物种比例为89.19%;鲁北城区护渠林范围内共有6种植物种,其中3种乔木,2种灌木,1种地被及草本,经过专家判断及查询文献,均为乡土植物种,乡土植物种比例为100%;穿黄工程管理区及河渠两侧护渠林范围内共有22种植物种,其中9种乔木,8种灌木及藤本,5种地被及草本,经过专家判断及查询文献,其乡土植物种共计19种,乡土植物种比例为86.36%;济平干渠刁山坡公路桥段两侧护渠林范围内共有6种植物种,其中4种乔木,1种灌木及藤本,1种地被及草本,经过专家判断及查询文献,其乡土植物种共计5种,乡土植物种比例为83.33%;长沟泵站管理区范围内共有43种植物种,其中20种乔木,13种灌木及藤本,10种地被及草本,经过专家判断及查询文献,其乡土植物种共计37种,乡土植物种比例为86.05%;二级坝站管理区范围内共有23种植物种,其中11种乔木,9种灌木,3种地被及草本,经过专家判断及查询文献,其乡土植物种共计22种,乡土植物种比例为95.65%;徐洪河道两侧护渠林范围内共有3种植物种,其中1种乔木,1种灌木,1种地被及草本,经过专家判断及查询文献,均为乡土植物种,乡土植物种比例为100%;潼河河道两侧护渠林范围内共有6种植物种,其中3种乔木,1种灌木,2种地被及草本,经过专家判断及查询文献,均为乡土植物种,乡土植物种比例为100%;金宝航道两侧护渠林范围内共有11种植物种,其中5种乔木,3种灌木,3种地被及草本,经过专家判断及查询文献,其乡土植物种共计10种,乡土植物种比例为90.91%;泗洪泵站管理区范围内共有87种植物种,其中31种乔木,41种灌木,15种地被及草本,经过专家判断及查询文献,其乡土植物种共计81种,乡土植物种比例为93.10%;淮安四站管理区范围内共有41种植物种,其中20种乔木,12种灌木,9种地被及草本,经过专家判断及查询文献,其乡土植物种共计29种,乡土植物种比例为70.73%;金湖泵站管理区范围内共有48种植物种,其中22种乔木,14种灌木,12种地被及草本,经过专家判断及查询文献,其乡土植物种共计38种,乡土植物种比例为79.17%;宝应泵站管理区范围内共有40种植物种,其中16种乔木,7种灌木,17种地被及草本,经过专家判断及查询文献,其乡土植物种共计32种,乡土植物种比例为80.00%。

植物种保存率(%):通过样方调查以及现场座谈调研,计算现存活的植物种数量与实施造林时种植的植物种数量的百分比。通过统计,大屯水库管理区范围内植物种保存率为85%,鲁北城区护渠林范围内植物种保存率为98%,穿黄工程管理区及护渠林范围内植物种保存率为98%,济平干渠刁山坡公路桥段两侧护渠林范围内植物种保存率为99%,长沟泵站管理区范围内植物种保存率为90%,二级坝站管理区范围内植物种保存率为98%,徐洪河道护渠林范围内植物种保存率为98%,潼河河道护渠林范围内植物种保存率为99%,金宝航道护渠林范围内植物种保存率为90%,泗洪泵站管理区范围内植物种保存率为98%,淮安四站管理区范围内植物种保存率为95%,金湖泵站管理区范围内植物种保存率为95%,宝应泵站管理区范围内植物种保存率为96%。水土保持功能调研数据见表7-16,调研数据柱状图见图7-2。

7.5.2.2 景观美化功能数据

景观美化功能指标主要从工程典型样地景观格局特征以及景观美学角度考虑,选取美景度、植物种配置方式、景观多样性指数和景观破碎化程度4项作为评价指标。指标数据主要获得手段包括无人机航拍拼接、照片拍摄、应用相应的公式计算以及专家现场评分。

1.公式计算

美景度:景观美学评价兴起于20世纪60年代,其发展至今形成了专家学派、心理物理学派、认知或心理学派以及经验或现象学派等四大学派,尽管各个学派之间存在分歧,但是学者普遍接受景观质量由景观本身的特性和评判者的审美共同决定这一观点。SBE (Scenic Beauty Evaluation)景观评价方法是由 Daniel 和 Boster 于1976年提出的,主要用于自然风景、森林景观、旅游环境等方面的评价。但随着 SBE 美景度评价方法的发展,目前在公园、道路、石景、乡村景观等各类景观资源评价中均有应用。本书以长沟泵站管理区为例,计算其美景度,其余工程典型样地参照计算,并统计每个典型样地的美景度。美景度值计算公式如下:

$$MZ_i = \frac{1}{(m-1)} \sum_{k=2}^{m} f(CP_{ik}) \tag{7-12}$$

$$SBE_i = (MZ_i - BMMZ) \times 100 \tag{7-13}$$

式中　　MZ_i——受测物 i 的平均 z 值;

　　　　CP_{ik}——受测物 i 评分值≥k 的累计频率;

　　　　$f(CP_k)$——累积正态函数分布频率;

　　　　m——评值的等级数;

　　　　SBE_i——受测物 i 的 SBE 值;

　　　　BMMZ——基准景观平均 z 值。

由于累积过程,在最低等级值必定 $CP=1$,$z=\infty$,此时 z 不予考虑,若在其他等级值中出现 $CP=1$ 或 $CP=0$($z=\pm\infty$),将采用 $CP=1-\frac{1}{2N}$ 或 $CP=\frac{1}{2N}$ 计算 z 值,其中 N 为评判者人数。

表 7-16　水土保持功能调研数据汇总

%

调研指标	典型样地													
	大屯水库	鲁北城区	穿黄工程	济平干渠	长沟泵站	二级坝站	徐洪河道	潼河河道	金宝航道	泗洪泵站	淮安四站	金湖泵站	宝应泵站
水土流失治理度	99.37	98.87	99.02	99.60	98.89	98.79	98.99	97.03	99.00	98.91	99.00	99.58	98.93
林草覆盖率	47.38	37.77	35.83	51.00	39.62	34.30	27.86	24.56	50.78	28.65	65.00	7.65	29.78
工程措施完好率	91.70	91.12	92.05	87.95	91.57	94.90	87.94	88.00	93.43	90.55	93.61	91.56	91.22
乡土植物种比例	89.19	100.00	86.36	83.33	86.05	95.65	100.00	100.00	90.91	93.10	70.73	79.17	80.00
植物种保存率	85.00	98.00	98.00	99.00	90.00	98.00	98.00	99.00	90.00	98.00	95.00	95.00	96.00

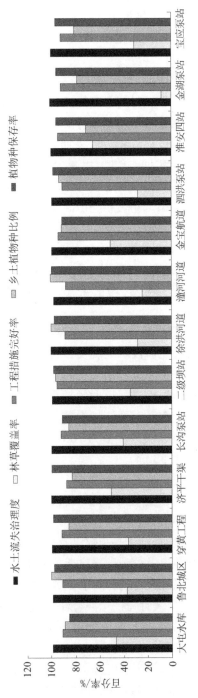

图7-2　水土保持功能调研数据柱状图

拍照取样：根据长沟泵站管理区功能分区划分景观类型区，选取河渠景观区、建筑物景观区、管理园景观区以及弃土场景观区进行拍照取样，按照不同的评价指标，每个样地至少拍摄 4 张照片，共拍摄 30 张照片。照片拍摄于 2020 年 8 月 19 日，相机采用尼康-D700，统一拍摄焦距 24 mm，拍摄高度与拍摄者人眼齐平，所有照片均由同一人于晴天上午 9：00—11：30 拍摄，拍摄过程保持一定的景深，确保照片拍摄过程中其他因素的相似度。

景观评判：本研究选择室内照片评价，评价者主要来自本次调研组人员，专业包括水利工程、风景园林、水土保持、农田水利、环境生态以及环境工程等。评价者人数为 25 人。景观评判等级采用 5 分制量表：很不美(-2)、不美(-1)、一般(0)、美(1)、很美(2)。

评判过程：第一步，将照片制作成幻灯片，用投影仪在室内放映，设定每张幻灯片 10 s，不可倒回去放映，以减少人为误差；第二步，评判人员现场根据照片对每一个样本的评价指标赋值并确定景观评判等级；第三步，随机选取基线景观(本书为样本 13——弃土场景观类型)，确定其 SBE＝0。当测算 SBE＞0 时，则说明景观美景度高于基线景观；当 SBE＜0 时，则反之。

评判结果：通过评判不同样本的景观等级，计算其累计频率，进而确定该景观类型的 z 值和美景度(SBE)值。计算结果表明，长沟泵站管理区范围内，美景度值最大为139.50，最小值为 144.75，均值 45.69。长沟泵站管理区美景度值及其统计分析表见表 7-17、表 7-18。

应用同样的方法计算各个典型样地的美景度值，大屯水库管理区美景度值为53.56，鲁北城区护渠林美景度值为 42.37，穿黄工程管理区及河道护渠林美景度值为48.89，济平干渠刁山坡公路桥段两侧护渠林美景度值为 20.45，二级坝站管理区美景度值为58.65，徐洪河道两侧护渠林美景度值为 36.45，潼河河道两侧护渠林美景度值为33.65，金宝航道两侧护渠林美景度值为 38.67，泗洪泵站管理区美景度值为 68.98，淮安四站管理区美景度值为 70.67，金湖泵站管理区美景度值为 60.65，宝应泵站管理区美景度值为 53.64。

景观格局是否合理可以在一定程度上表征当地生态系统的稳定和抗干扰能力。在对景观格局建立、分析与相互联系评价中，利用景观指数对空间格局进行定量化研究是基本方法。由于景观格局特征可以从 3 个层次分析，因此景观指数也可相应地分为斑块水平指数、斑块类型水平指数以及景观水平指数。本书以泗洪泵站工程单元为例，选择景观多样性指数以及景观破碎化指数为评价指标，通过无人机航拍拼接技术，形成栅格图像，对该区域景观类型进行辨别分类，进而对该典型样地景观格局进行评价。其他典型样地参照计算，并统计每一个典型样地的景观多样性指数和景观破碎化指数数据。

泗洪泵站工程单元范围内气候类型为暖温带季风性气候，多年平均气温 13.7～16 ℃，多年平均降水量 910.0～1 036.7 mm，地形地貌以低洼平原为主；土壤类型以水稻土、草甸土、潮土、砂姜黑土、棕壤土等为主，土地有机质含量较高，土壤肥沃。研究区占地面积为 100.60 hm²，共有耕地、林地、草地、水体、建设用地 5 种景观类型 10 种斑块类型。泗洪泵站工程单元基础数据见表 7-19。

表 7-17 长沟泵站不同景观类型 SBE 值一览表

样本号	SBE 值	景观类型
1	66.75	河渠景观
2	65.00	河渠景观
3	135.50	河渠景观
4	−34.00	河渠景观
5	30.00	河渠景观
6	17.50	建筑景观
7	86.00	建筑景观
8	37.75	建筑景观
9	130.50	建筑景观
10	46.50	建筑景观
11	−16.50	弃土场景观
12	58.25	弃土场景观
13	0	弃土场景观
14	19.50	弃土场景观
15	−12.50	弃土场景观
16	59.25	弃土场景观
17	69.25	弃土场景观
18	−44.75	园路景观
19	39.75	园路景观
20	99.75	园路景观
21	−7.75	园路景观
22	−10.00	园路景观
23	91.25	园路景观
24	105.75	园路景观
25	8.00	园路景观
26	99.50	园路景观
27	80.75	园路景观
28	139.50	园路景观
29	−29.50	园路景观
30	39.75	园路景观

表 7-18　长沟泵站 SBE 值统计

统计指标	观测数	求和	最大值	最小值	平均	标准差
SBE 值	30	1 370.75	139.50	−44.75	45.69	52.16

表 7-19　泗洪泵站工程单元景观基础数据

景观类型		斑块数	斑块周长/m	面积/m²
耕地		10	1 680	166 000
林地	有林地	35	430	6 100
	灌木林地	51	1 140	15 400
	苗圃	3	400	8 500
草地		60	2 240	32 300
水体	河渠	15	2 860	100 000
	坑塘	12	1 420	59 000
建设用地	管理区	8	560	16 200
	闸站及堤防	5	3 280	600 000
	农村居民点	2	210	2 500
合计		201	14 220	1 006 000

景观多样性指数:指工程单元内景观类型的多样性指数,在一定程度上反映景观异质性以及生态稳定性的程度。通过用 Simpson 多样性指数(SHDI)计算:

$$\mathrm{SHDI} = -\sum_{k=1}^{n} [P_k \ln P_k] \tag{7-14}$$

式中　P_k ——斑块类型 k 在景观中出现的概率;

　　　n ——景观中斑块类型总数。

通过计算,泗洪泵站工程单元景观多样性指数为 1.85。

景观破碎化程度:指工程单元内景观类型斑块被分割的破碎程度,在一定尺度上反映人类活动对景观的干扰程度。景观破碎化指数计算公式如下:

$$\mathrm{FN}_1 = (N_p - 1)/N_c \tag{7-15}$$

$$\mathrm{FN}_2 = \mathrm{MPS}(N_f - 1)/N_c \tag{7-16}$$

式中　FN_1 ——整个研究区景观破碎化指数;

　　　FN_2 ——某一类景观破碎化指数;

　　　N_p ——景观内各景观类型斑块总数;

　　　N_c ——栅格个数表示的研究区景观总面积;

　　　MPS ——景观内各类斑块的平均面积(以方格网的格子数为单位);

　　　N_f ——景观中某一景观类型的斑块数。

泗洪泵站工程单元每个格子面积为 400 m²,景观总面积格子数为 2 515 个,景观内各类斑块的平均面积格子数为 39 个。通过计算,泗洪泵站工程单元景观破碎化指数(FN₁)为 0.079 5,整体来说,研究区受人为干扰比较强,斑块破碎化程度比较高。通过比较斑块破碎化指数(FN₂)可以看出,草地、灌木林地以及有林地破碎化指数较高,耕地、农村居民点以及苗圃破碎化指数较低,其原因为泗洪泵站管理区内草地、灌木林地和有林地依据园林绿化标准布置,采用点线面相结合的方式,注重层次及结构的美化,因此其斑块破碎化程度比较高;河渠、坑塘、耕地、农村居民点以及苗圃布置较为集中,并和周围同类型斑块相融合,其破碎化程度较低。

应用同样方法计算各个典型样地的景观多样性指数以及景观破碎化指数。大屯水库管理区景观多样性指数为1.85,景观破碎化指数为0.07;鲁北城区护渠林景观多样性指数为1.74,景观破碎化指数为0.06;穿黄工程管理区及河道护渠林景观多样性指数为3.23,景观破碎化指数为0.11;济平干渠刁山坡公路桥段两侧护渠林景观多样性指数为1.02,景观破碎化指数为0.02;长沟泵站管理区景观多样性指数为1.35,景观破碎化指数为0.06;二级坝站管理区景观多样性指数为3.68,景观破碎化指数为0.12;徐洪河道两侧护渠林景观多样性指数为1.21,景观破碎化指数为0.05;潼河河道两侧护渠林景观多样性指数为3.46,景观破碎化指数为0.11;金宝航道两侧护渠林景观多样性指数为3.89,景观破碎化指数为0.13;淮安四站管理区景观多样性指数为4.35,景观破碎化指数为0.15;金湖泵站管理区景观多样性指数为3.98,景观破碎化指数为0.14;宝应泵站管理区景观多样性指数为3.16,景观破碎化指数为0.11。

2. 专家评分

植物配置方式:根据典型样地不同功能分区内植物配置,将其分为3个等级并设定不同分值。第一级植物配置方式主要包括纯乔木林、纯灌木林或纯草本,分值为1~2分;第二级植物配置方式主要包括乔木与灌木结合、乔木与草本结合或灌木与草本结合,分值为3~4分;第三级植物种配置方式为乔灌草相结合,分值为5~6分。通过专家现场评分法对典型样地植物种配置的方式进行打分,并计算其均值作为植物种配置的总评分。本书以淮安四站管理区为例,计算植物种配置评分,其余工程典型样地参照计算,并统计每个典型样地的植物种配置方式评分。

功能区类别:通过本次调研,淮安四站管理区范围内其功能分区主要包括管理站工程区、引河开挖工程区、新河东闸工程区和弃土区四部分。

植物种配置:管理站工程区植物绿化采取园林式景观绿化标准,植物较为多样。常绿乔木以雪松、香樟、广玉兰、紫玉兰、金桂、棕榈、高杆女贞、蜀桧、刚竹、慈孝竹等为主,落叶乔木以垂柳、合欢、栾树、花桃、樱花、红梅、海棠、红枫、红叶桃、红叶李等为主,小乔木和灌木以丁香、木槿、紫薇、紫荆、蜡梅、迎春、连翘、大叶黄杨、红叶石楠球等为主,地被以红花继木、金叶女贞、龙柏、金边黄杨、龟甲冬青、毛娟、月季、鸢尾、白三叶等为主,草本以百慕大为主,水生植物以荷花为主;引河开挖工程区绿化采取园林式景观绿化,植物品种以乡土树种、耐贫瘠的树种为主,上层乔木以垂柳、香樟等为主,中层灌木以桃树、紫薇、紫叶李、大叶黄杨球等为主,下层地被以观赏性较好的白三叶、金边黄杨、龟甲冬青等为主;新河东闸工程区空地种草绿化,闸身四个翼墙后平台分别组团绿化,以草坪为主,孤植雪松大乔木,点缀大叶黄杨球;弃土区以生产苗圃为主,种植香樟、高杆女贞、棕榈、紫叶李、紫荆、迎春、红叶石楠球等。

判别过程及结果:本次评判专家人数为25人,按照评分标准分别对每一个功能区域植物种配置方式进行打分,取其平均值作为本功能区植物种配置方式的分值,然后对所有的功能区分值再一次进行平均,所得的平均值作为本典型样地植物种配置方式的评分。淮安四站植物种配置方式评分见表7-20,景观美化功能调研数据见表7-21。

表 7-20 淮安四站植物种配置方式评分汇总

功能区域	配置方式	标准分值	分值	评分
管理站工程区	乔+灌+草	5~6	5.68	—
引河开挖工程区	乔+灌+草	5~6	5.42	—
新河东闸工程区	乔+草	3~4	3.89	—
弃土区	纯乔或纯灌	1~2	1.24	4.06

表 7-21 景观美化功能调研数据汇总

调研指标	典型样地												
	大屯水库	鲁北城区	穿黄工程	济平干渠	长沟泵站	二级坝站	徐洪河道	灌河河道	金宝航道	泗洪泵站	淮安四站	金湖泵站	宝应泵站
美景度	53.56	42.37	48.89	20.45	45.69	58.65	36.45	33.65	38.67	68.98	70.67	60.65	53.64
植物种配置方式	5.45	5.89	5.85	1.23	5.84	5.98	3.65	3.21	1.65	5.87	4.06	5.54	5.87
景观多样性指数	1.85	1.74	3.23	1.02	1.35	3.68	1.21	3.46	3.89	1.85	4.35	3.98	3.16
景观破碎化程度	0.07	0.06	0.11	0.02	0.06	0.12	0.05	0.11	0.13	0.08	0.15	0.14	0.11

7.5.2.3 生态保护功能数据

生态保护功能指标主要从水土保持措施防护对工程建设的目的、任务、安全以及由于设计原因造成重大措施设计变更或者追加大量投资等方面的影响程度考虑，选取降低水污染能力和项目整体运行状况两项作为评价指标。指标数据主要获得手段为专家现场评分。

降低水污染能力：考虑植物绿化及其他水土保持防护措施合理有效的实施对减少水土流失、截留污染物进入水体、提高水环境质量等方面的影响作用，将其分为4个等级并设定不同分值。

项目整体运行状况：考虑植物绿化及其他水土保持防护措施实施对项目整体稳定运行的时间长度，是否发生过安全事故，是否由于设计原因发生过重大变更或者追加大量投资等方面影响情况，对发生安全事故的应单独分析。将项目整体运行状况分为3个等级并设定不同分值。

评判方法：通过专家背靠背匿名打分方式，对典型工程样地降低水污染能力和项目整体运行状况进行打分，按照评分标准分别对每一个指标进行打分，取其每一个级别平均值作为该级别的分值，并对每一个指标所有级别分值进行再一次平均得到该指标的评分值。本书以鲁北城区段为例，计算其降低水污染能力和项目整体运行状况评分，其余工程典型样地参照计算，并统计每个典型样地的降低水污染能力和项目整体运行状况评分。

级别及分值：

(1)降低水污染能力。

第一级(Ⅰ)——植物绿化及其他水土保持防护措施合理有效的实施能减少水土流失，截留污染物进入水体，对南水北调工程水质能起到积极的改善作用，分值7~8分；第二级(Ⅱ)——植物绿化及其他水土保持防护措施实施后产生的防护效果较好，基本控制水土流失现象发生，对南水北调工程水质状况只能起到较好的改善作用，分值为5~6分；第三级(Ⅲ)——植物绿化及其他水土保持防护措施实施后产生的防护效果一般，仍有水土流失发生或者植物出现断带等现象，降低水污染能力水平一般，分值为3~4分；第四级(Ⅳ)——植物绿化及其他水土保持防护措施实施后产生的防护效果较差，如产生植物落果或者飞絮、弃渣流失等现象，对南水北调工程水质状况产生不利影响，分值为1~2分。

(2)项目整体运行状况。

第一级(Ⅰ)——由于植物绿化及其他水土保持防护措施的实施，防护效果显著，项目整体运行状况良好，没有发生过安全事故，没有发生重大设计变更和追加大量投资情况，分值为5~6分；第二级(Ⅱ)——由于植物绿化及其他水土保持防护措施的实施，防护效果一般，项目整体运行状况处于稳定状态，没有发生安全事故，发生过重大设计变更或后期追加投资较高情况，分值为3~4分；第三级(Ⅲ)——由于植物绿化及其他水土保持防护措施的设计缺陷，防护效果基本处于较差水平，项目整体运行状况不稳定，发生过安全事故，发生过重大设计变更或后期追加投资较高的情况，分值1~2分。

过程及结果：本次评判专家人数为25人，鲁北城区段典型样地生态保护指标评分见表7-22，生态保护功能调研数据见表7-23，生态保护功能调研数据折线图见图7-3。

表 7-22 鲁北城区段生态保护指标评分汇总

评价指标	评价等级	标准分值	分值	评分
降低水污染能力	I	7~8	7.24	—
	II	5~6	5.32	—
	III	3~4	3.48	—
	IV	1~2	1.84	4.47
项目整体运行状况	I	5~6	5.12	—
	II	3~4	3.32	—
	III	1~2	—	4.22

表 7-23 生态保护功能调研数据汇总

项目	调研指标	典型样地													
		大屯水库	鲁北城区	穿黄工程	济平干渠	长沟泵站	二级坝站	徐洪河道	潼河河道	金宝航道	泗洪泵站	淮安四站	金湖泵站	宝应泵站
生态保护	降低水污染能力	5.05	4.47	5.50	5.64	4.51	4.54	2.12	2.34	3.30	4.29	4.37	4.21	4.44
	项目整体运行状况	4.87	4.22	4.29	4.48	5.84	4.49	5.12	5.04	5.18	4.32	3.98	3.45	4.29

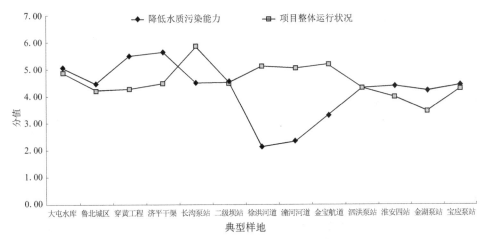

图 7-3　生态保护功能调研数据折线图

7.5.2.4　社会经济数据分析

社会经济指标主要从工程典型样地水土保持投资、人文文化传承以及工程交通的便捷程度角度考虑,选取水土保持追加投资比例、文化传承和交通通达性 3 项作为评价指标。指标数据主要获得手段包括查阅工程单元水土保持设施验收报告以及专家现场评分。

1.查阅资料

追加投资比例(%):通过查阅典型工程样地水土保持设施验收报告以及现场座谈,获取工程单元水土保持实施投资与水土保持方案批复投资之间差值占方案批复投资的百分比。水土保持措施建设投资一定程度上可以表征其防护措施的标准合理性、措施设计和施工质量的优劣以及项目业主在资金投入上的重视程度,从而影响其防护效果的好与坏。

2.专家评分

据不完全统计,目前世界上已有 20 多个国家和地区兴建了 140 多处跨流域调水工程。南水北调工程是构建"四横三纵、南北调配、东西互济"水资源配置总体格局的国家重大战略性工程,其规划和实施对缓解供水区水资源供需矛盾,保障经济社会发展具有十分重要的作用,而且长距离调水工程穿越的行政区域较多,对于我国这样一个多民族多民俗的国家来说,可以作为各地民俗文化、人文历史以及习俗风俗的文化载体,为传播中华民族优良传统做出贡献。本书以穿黄工程为例,计算其文化传承和交通通达性评分,其余工程典型样地参照计算,并统计每个典型样地的文化传承和交通通达性评分。

文化传承:根据典型样地内植物绿化、景观设计或者防护工程设计和实施中,是否与运河文化以及沿岸历史文化、民俗文化、风俗习俗等人文因素有较强的融合性,将其分为 2 个等级并设定不同分值。

交通通达性:根据典型样地外部交通及工程单元内交通是否便捷、园区开放程度以及交通通达性是否可以满足当地居民关于景观游憩宜居功能的需求,将其分为 3 个等级并设定不同的分值。

1)评判方法

通过专家背靠背匿名打分方式,对典型工程样地文化传承和交通通达性进行评价,按照评分标准分别对每一个指标不同级别进行打分,取其每一个级别平均值作为该级别的分值,并对每一个指标所有级别分值进行再一次平均得到该指标的评分值。

2)级别及分值

(1)文化传承。

第一级(Ⅰ)——植物绿化、景观设计或者防护工程设计体现较高的运河文化以及沿岸历史文化、风俗习俗、民俗文化,与当地人文具有较强的融合性,分值3~4分;第二级(Ⅱ)——景观设计或者防护工程设计未考虑运河文化或沿岸历史文化、民俗文化,与当地人文的融合性较弱,分值1~2分。

(2)交通通达性。

第一级(Ⅰ)——工程单元外部交通及内部交通便捷,通达性强,园区开放,植物绿化可以有较好的游憩宜居功能,分值5~6分;第二级(Ⅱ)——工程单元外部交通或内部交通便捷,通达性一般,园区开放,但是植物绿化只可以体现一部分居民的游憩宜居功能,分值3~4分;第三级(Ⅲ)——工程单元外部交通及内部交通不便,通达性较弱,园区封闭,人类基本较少到达,分值1~2分。

过程及结果:本次评判专家人数为25人,穿黄工程管理区及河道两侧护渠林典型样地文化传承及交通通达性指标评分见表7-24。通过现场实地调查以及室内计算,调研原始数据汇总见表7-25。

表7-24　穿黄工程文化传承及交通通达性指标评分

评价指标	评价等级	标准分值	分值	评分
文化传承	Ⅰ	3~4	3.68	
	Ⅱ	1~2	1.58	2.63
交通通达性	Ⅰ	5~6	5.98	
	Ⅱ	3~4	3.89	
	Ⅲ	1~2		4.94

7.6　评价指标标准值

本书对所选取的评价指标根据国家发布的规范标准、已经研究证明的学术理论和具体计算方法确定其标准值。

7.6.1　水土保持功能指标

水土流失治理度和林草覆盖率:南水北调东线一期工程范围内涉及多处国家级水土流失重点预防区和重点治理区,水土保持一级区划属于北方土石山区和南方红壤区。依据《生产建设项目水土流失防治标准》(GB/T 50434—2018)规定,本项目区水土流失防治标准应为北方土石山区一级标准(山东)和南方红壤区一级标准(江苏)。设计水平年水土流失治理度和林草覆盖率指标标准值北方土石山区为95%和25%,南方红壤区为98%和25%。

表 7-25 调研原始数据汇总

调研指标	大屯水库	鲁北城区	穿黄工程	济平干渠	长沟泵站	二级坝站	徐洪河道	潼河河道	金宝航道	涧洪泵站	淮安四站	金湖泵站	宝应泵站
水土流失治理度/%	99.37	98.87	99.02	99.60	98.89	98.79	98.99	97.03	99.00	98.91	99.00	99.58	98.93
林草覆盖率/%	47.38	37.77	35.83	51.00	39.62	34.30	27.86	24.56	50.78	28.65	65.00	7.65	29.78
工程措施完好率/%	91.70	91.12	92.05	87.95	91.57	94.90	87.94	88.00	93.43	90.55	93.61	91.56	91.22
乡土植物种比例/%	89.19	100.00	86.36	83.33	86.05	95.65	100.00	100.00	90.91	93.10	70.73	79.17	80.00
植物种保存率/%	85.00	98.00	98.00	99.00	90.00	98.00	98.00	99.00	90.00	98.00	95.00	95.00	96.00
美景度	53.56	42.37	48.89	20.45	45.69	58.65	36.45	33.65	38.67	68.98	70.67	60.65	53.64
植物种配置方式	5.45	5.89	5.85	1.23	5.84	5.98	3.65	3.21	1.65	5.87	4.06	5.54	5.87
景观多样性指数	1.85	1.74	3.23	1.02	1.35	3.68	1.21	3.46	3.89	1.85	4.35	3.98	3.16
景观破碎化程度	0.07	0.06	0.11	0.02	0.06	0.12	0.05	0.11	0.13	0.08	0.15	0.14	0.11
降低水污染能力	5.05	4.47	5.50	5.64	4.51	4.54	2.12	2.34	3.30	4.29	4.37	4.21	4.44
项目整体运行状况	4.87	4.22	4.29	4.48	5.84	4.49	5.12	5.04	5.18	4.32	3.98	3.45	4.29
追加投资比例/%	151.93	36.96	68.06	14.95	-27.16	162.08	-59.53	-7.12	-18.22	179.07	857.86	269.56	-21.46
文化传承	1.58	1.24	2.63	1.11	1.56	2.58	1.24	1.36	1.24	2.36	3.89	2.29	2.53
交通通达性	3.45	4.47	4.94	1.36	2.41	3.50	4.57	4.57	4.84	1.28	3.40	2.48	2.52

典型样地

工程措施完好率和植物保存率:南水北调东线一期工程为国家级大型引调水工程,其验收评价标准应为一级。参照《水土保持工程施工监理规范》(SL 523—2011)、《水土保持工程质量评定规程》(SL 336—2006)以及《水土保持综合治理验收规范》(GB/T 15773—2008)标准规定,一级验收评价标准为治理措施保存率以及植物种保存率都达到80%以上。

乡土植物种比例:乡土树种的选择一方面可以充分体现"适地适树"的原则,保证植物种的成活率;另一方面也可以体现当地特色,有利于与当地景观融合。通过有关学者研究,乡土植物种比例要达到70%以上才能充分体现城市特色,一般认为常绿、落叶树种比例为3:7较为合理。

7.6.2 景观美化功能指标

美景度:本书美景度(SBE)值采用的是景观美学质量评价法进行计算,评判人数为25人,通过正态分布分析,本次SBE值取值区间为[-224.50,224.50],其临界值为0,高于临界值越高,则说明景观美景度越优秀,越受到人们欢迎,越能体现更好的美学观感。

植物种配置方式:本次植物种配置方式评分是通过专家评分法进行获取的,其取值范围为[1,6]。

景观多样性指数:通过用Simpson多样性指数(SHDI)计算获取景观多样性指数,其取值范围为[0,+∞]。本书通过计算,山东地区典型样地景观多样性指数分布区间为[1.02,3.68],江苏地区典型样地景观多样性指数分布区间为[1.21,4.35]。

景观破碎化程度:通过景观格局指数计算获取典型样地景观破碎化指数,其取值区间为[0,1],临界值为0.5,高于临界值越高,则说明受到人类干扰程度越高,景观破碎化现象越明显。

7.6.3 生态保护功能指标

降低水污染能力和项目整体运行状况:本书通过专家评分法获取该两项指标的评分,其取值范围分别为[1,8]和[1,6]。

7.6.4 社会经济指标

追加投资比例:水土保持追加投资比例取值范围为[-100,+∞],下限代表水土保持投资完全没有使用的情况,其临界值为0,代表水土保持批复的投资全部使用。追加投资比例高于临界值越高,则说明一定程度上相对于水土保持方案来说,水土保持工程设计标准规模和标准越高,工作受项目建设方重视程度越高。通过查阅本次调研涉及典型样地的水土保持设施验收报告,山东地区典型样地水土保持追加投资比例分布区间为[-27.16,162.08],江苏地区典型样地水土保持追加投资比例分布区间为[-59.53,857.86]。

文化传承和交通通达性:本书通过专家评分法获取该两项指标的评分,其取值范围分别为[1,4]和[1,6]。

本次效果评价指标标准值见表7-26。

表7-26 防护效果评价指标标准值汇总

区域	项目	调研指标	下限	临界(K₁)	K₂	K₃	K₄	K₅	临界(K₆)	上限
南方红壤区	水土保持	水土流失治理度/%	98.00	98.00	98.40	98.80	99.20	99.60	100.00	100.00
		林草覆盖率/%	25.00	25.00	40.00	55.00	70.00	85.00	100.00	100.00
		工程措施完好率/%	80.00	80.00	84.00	88.00	92.00	96.00	100.00	100.00
		乡土植物种比例/%	70.00	70.00	76.00	82.00	88.00	94.00	100.00	100.00
		植物种保存率/%	80.00	80.00	84.00	88.00	92.00	96.00	100.00	100.00
	景观美化	美景度	−224.50	0	44.90	89.80	134.70	179.60	224.50	224.50
		植物种配置方式	1.00	1.00	2.00	3.00	4.00	5.00	6.00	6.00
		景观多样性指数	0	1.21	1.84	2.47	3.09	3.72	4.35	4.35
		景观破碎化程度	0	0	0.10	0.20	0.30	0.40	0.50	1.00
	生态保护	降低水污染能力	1.00	1.00	2.40	3.80	5.20	6.60	8.00	8.00
		项目整体运行状况	1.00	1.00	2.00	3.00	4.00	5.00	6.00	6.00
	社会经济	追加投资比例/%	−100	0	171.57	343.14	514.72	686.29	857.86	857.86
		文化传承	1.00	1.00	1.60	2.20	2.80	3.40	4.00	4.00
		交通通达性	1.00	1.00	2.00	3.00	4.00	5.00	6.00	6.00

续表 7-26

区域	项目	调研指标	下限	临界(K₁)	K₂	K₃	K₄	K₅	临界(K₆)	上限
北方土石山区	水土保持	水土流失治理度/%	95.00	95.00	96.00	97.00	98.00	99.00	100.00	100.00
		林草覆盖率/%	25.00	25.00	40.00	55.00	70.00	85.00	100.00	100.00
		工程措施完好率/%	80.00	80.00	84.00	88.00	92.00	96.00	100.00	100.00
		乡土植物种比例/%	70.00	70.00	76.00	82.00	88.00	94.00	100.00	100.00
		植物种保存率/%	80.00	80.00	84.00	88.00	92.00	96.00	100.00	100.00
	景观美化	美景度	−224.50	0	44.90	89.80	134.70	179.60	224.50	224.50
		植物种配置方式	1.00	1.00	2.00	3.00	4.00	5.00	6.00	6.00
		景观多样性指数	0	1.02	1.55	2.08	2.62	3.15	3.68	3.68
		景观破碎化程度	0	0	0.10	0.20	0.30	0.40	0.50	1.00
	生态保护	降低水污染能力	1.00	1.00	2.40	3.80	5.20	6.60	8.00	8.00
		项目整体运行状况	1.00	1.00	2.00	3.00	4.00	5.00	6.00	6.00
	社会经济	追加投资比例/%	−100.00	0	10.69	48.54	86.38	124.23	162.08	162.08
		文化传承	1.00	1.00	1.60	2.20	2.80	3.40	4.00	4.00
		交通通达性	1.00	1.00	2.00	3.00	4.00	5.00	6.00	6.00

7.7　结论与建议

7.7.1　单因素模糊评价

通过 AHP 法构建的权重模型,以及隶属度公式计算的每个指标的隶属度,在采用式(1-10)计算每个样地准则层的模数评价矩阵,进而对每个样地单个因素进行分析评价。

7.7.1.1　水土保持功能评价

建立水土保持功能防护效果模糊评价隶属度矩阵(见表 7-27),通过表 7-27 可以看出,总体来说,南水北调东线一期工程 13 个典型样地水土保持功能防护效果全部合格以上,其中 6 个典型样地水土保持功能防护效果为最佳,占比为 46.15%;2 个典型样地水土保持功能防护效果为优秀,占比为 15.33%;4 个典型样地水土保持功能防护效果为良好,占比为 30.77%。

按照水土保持区划分区结果进行评价的话,北方土石山区水土保持功能防护效果要优于南方红壤区。南方红壤区的潼河河道样地水土保持功能防护效果属于整体合格,局部处于最佳和良好程度;徐洪河河道样地水土保持功能防护效果属于整体良好,局部处于最佳和优秀程度;金宝航道样地水土保持功能防护效果属于整体优秀,局部处于良好和最佳程度;泗洪泵站样地水土保持功能防护效果属于整体良好,局部处于优秀和最佳程度;淮安四站样地水土保持功能防护效果属于整体优秀,局部处于良好和最佳程度;金湖泵站样地水土保持功能防护效果属于整体最佳,局部处于合格和优秀程度;宝应泵站样地水土保持功能防护效果属于整体良好,局部处于优秀和较好程度。北方土石山区的大屯水库样地水土保持功能防护效果属于整体最佳,局部处于优秀和较好程度;鲁北城区段样地水土保持功能防护效果属于整体最佳,局部处于较好和合格程度;穿黄工程样地水土保持功能防护效果属于整体最佳,局部处于优秀和较好程度;济平干渠样地水土保持功能防护效果属于整体良好,局部处于最佳和较好程度;长沟泵站样地水土保持功能防护效果属于整体最佳,局部处于优秀和较好程度;二级坝泵站样地水土保持功能防护效果属于整体最佳,局部处于合格和较好程度。

7.7.1.2　景观美化功能评价

建立景观美化功能防护效果模糊评价隶属度矩阵(见表 7-28),通过表 7-28 可以看出,总体来说,南水北调东线一期工程 13 个典型样地景观美化功能防护效果全部为较好以上,其中 1 个典型样地景观美化功能防护效果为优秀,占比为 7.69%;1 个典型样地景观美化功能防护效果为良好,占比为 7.69%;11 个典型样地景观美化功能防护效果为较好,占比为 84.62%。

以黄河为界进行评价的话,黄河以北区域(山东省境内)景观美化功能防护效果要弱于黄河以南区域(江苏省境内)。黄河以南区域的潼河河道样地景观美化功能防护效果属于整体较好,局部处于合格和良好程度;徐洪河河道样地景观美化功能防护效果属于整体较好,局部处于合格和优秀程度;金宝航道样地景观美化功能防护效果属于整体较好,局部

表 7-27　水土保持功能模糊评价汇总

样地	项目	调研指标	权重	各级隶属度				
				合格 (V_1)	较好 (V_2)	良好 (V_3)	优秀 (V_4)	最佳 (V_5)
徐洪河道	水土保持	水土流失治理度	0.381			0.525	0.475	
		林草覆盖率	0.226	0.191	0.191			
		工程措施完好率	0.162		0.015	0.985		
		乡土植物种比例	0.142					1.000
		植物种保存率	0.089					0.500
	水土保持评价			0.043	0.046	0.359	0.181	0.186
潼河河道	水土保持	水土流失治理度	0.38	1.000				
		林草覆盖率	0.23	1.000				
		工程措施完好率	0.16			1.000		
		乡土植物种比例	0.14					1.000
		植物种保存率	0.09					0.250
	水土保持评价			0.607		0.162		0.164
金宝航道	水土保持	水土流失治理度	0.38			0.500	0.500	
		林草覆盖率	0.23		0.281	0.719		
		工程措施完好率	0.16				0.642	0.358
		乡土植物种比例	0.14				0.515	0.485
		植物种保存率	0.09			0.500	0.500	
	水土保持评价				0.064	0.398	0.412	0.127

续表 7-27

样地	项目	调研指标	权重	合格(V_1)	较好(V_2)	良好(V_3)	优秀(V_4)	最佳(V_5)
						各级隶属度		
泗洪泵站	水土保持	水土流失治理度	0.38			0.725	0.275	
		林草覆盖率	0.23	0.243	0.243			
		工程措施完好率	0.16			0.362	0.638	
		乡土植物种比例	0.14				0.150	0.850
		植物种保存率	0.09					0.500
	水土保持评价			0.055	0.055	0.335	0.229	0.165
淮安四站	水土保持	水土流失治理度	0.38			0.500	0.500	
		林草覆盖率	0.23			0.333	0.667	
		工程措施完好率	0.16				0.598	0.403
		乡土植物种比例	0.14	0.122	0.122			
		植物种保存率	0.09				0.250	0.750
	水土保持评价			0.017	0.017	0.266	0.460	0.132
金湖泵站	水土保持	水土流失治理度	0.38	1.000				
		林草覆盖率	0.23				0.050	0.950
		工程措施完好率	0.16			0.111	0.889	
		乡土植物种比例	0.14		0.472	0.528		
		植物种保存率	0.09				0.250	0.750
	水土保持评价			0.226	0.067	0.093	0.185	0.429

续表 7-27

样地	项目	调研指标	权重	各级隶属度				
				合格(V_1)	较好(V_2)	良好(V_3)	优秀(V_4)	最佳(V_5)
宝应泵站	水土保持	水土流失治理度	0.38			0.675	0.325	
		林草覆盖率	0.23	0.319	0.319			
		工程措施完好率	0.16			0.195	0.805	
		乡土植物种比例	0.14		0.333	0.667		
		植物种保存率	0.09					1.000
		水土保持评价		0.072	0.119	0.383	0.254	0.089
大屯水库	水土保持	水土流失治理度	0.38		0.508	0.492		
		林草覆盖率	0.23			0.075	0.925	
		工程措施完好率	0.16				0.802	0.198
		乡土植物种比例	0.14		0.750	0.250		
		植物种保存率	0.09					0.630
		水土保持评价			0.182	0.146	0.263	0.268
鲁北城区	水土保持	水土流失治理度	0.38				0.130	0.870
		林草覆盖率	0.23	0.851				
		工程措施完好率	0.16			0.220	0.780	
		乡土植物种比例	0.14					1.000
		植物种保存率	0.09					0.500
		水土保持评价		0.192		0.036	0.176	0.518

续表 7-27

样地	项目	调研指标	权重	合格(V_1)	较好(V_2)	良好(V_3)	优秀(V_4)	最佳(V_5)
穿黄工程	水土保持	水土流失治理度	0.38					0.980
		林草覆盖率	0.23	0.722	0.722			
		工程措施完好率	0.16				0.988	0.012
		乡土植物种比例	0.14			0.273	0.727	
		植物种保存率	0.09					0.500
		水土保持评价		0.163	0.163	0.039	0.263	0.420
济平干渠	水土保持	水土流失治理度	0.38					0.400
		林草覆盖率	0.23		0.267	0.733		
		工程措施完好率	0.16		0.014	0.986		
		乡土植物种比例	0.14			0.778	0.222	
		植物种保存率	0.09					0.250
		水土保持评价			0.062	0.436	0.031	0.175
长沟泵站	水土保持	水土流失治理度	0.38				0.110	0.890
		林草覆盖率	0.23	0.975	0.975			
		工程措施完好率	0.16			0.109	0.891	
		乡土植物种比例	0.14			0.325	0.675	
		植物种保存率	0.09			0.500	0.500	
		水土保持评价		0.220	0.220	0.108	0.326	0.339

续表 7-27

样地	项目	调研指标	权重	各级隶属度				
				合格(V_1)	较好(V_2)	良好(V_3)	优秀(V_4)	最佳(V_5)
二级坝站	水土保持	水土流失治理度	0.38				0.210	0.790
		林草覆盖率	0.23	0.620	0.620			
		工程措施完好率	0.16				0.276	0.724
		乡土植物种比例	0.14					0.725
		植物种保存率	0.09					0.500
		水土保持评价		0.140	0.140		0.125	0.566

表 7-28 景观美化功能模糊评价汇总

样地	项目	调研指标	权重	各级隶属度				
				合格(V_1)	较好(V_2)	良好(V_3)	优秀(V_4)	最佳(V_5)
徐洪河道	景观美化	美景度	0.400	0.812	0.812			
		植物种配置方式	0.293			0.350	0.650	
		景观多样性指数	0.198		0.609	0.391		
		景观破碎化程度	0.109				0.500	0.500
		景观美化评价		0.325	0.445	0.180	0.245	0.055
潼河河道	景观美化	美景度	0.400	0.749	0.749			
		植物种配置方式	0.293			0.790	0.210	
		景观多样性指数	0.198				0.023	0.977
		景观破碎化程度	0.109			0.100	0.900	
		景观美化评价		0.300	0.300	0.242	0.164	0.194

续表 7-28

样地	项目	调研指标	权重	合格(V_1)	较好(V_2)	良好(V_3)	优秀(V_4)	最佳(V_5)
金宝航道	景观美化	美景度	0.400	0.861	0.861			
		植物种配置方式	0.293	0.650	0.650			
		景观多样性指数	0.198					0.529
		景观破碎化程度	0.109			0.300	0.700	0.105
		景观美化评价		0.535	0.535	0.033	0.076	0.105
洞洪泵站	景观美化	美景度	0.400		0.464	0.536		
		植物种配置方式	0.293					0.130
		景观多样性指数	0.198			0.874	0.126	
		景观破碎化程度	0.109				0.800	0.800
		景观美化评价			0.185	0.388	0.112	0.125
淮安四站	景观美化	美景度	0.400		0.426	0.574		
		植物种配置方式	0.293				0.943	0.058
		景观多样性指数	0.198					1.000
		景观破碎化程度	0.109			0.500	0.500	
		景观美化评价			0.170	0.284	0.331	0.215
金湖泵站	景观美化	美景度	0.400		0.649	0.351		
		植物种配置方式	0.293					0.460
		景观多样性指数	0.198			0.400	0.600	0.425
		景观破碎化程度	0.109					
		景观美化评价			0.260	0.184	0.066	0.219

续表 7-28

样地	项目	调研指标	权重	各级隶属度				
				合格(V_1)	较好(V_2)	良好(V_3)	优秀(V_4)	最佳(V_5)
宝应泵站	景观美化	美景度	0.400		0.805	0.195		
		植物种配置方式	0.293				0.368	0.130
		景观多样性指数	0.198				0.900	0.632
		景观破碎化程度	0.109			0.100		
		景观美化评价			0.322	0.089	0.171	0.163
大屯水库	景观美化	美景度	0.400		0.807	0.193		
		植物种配置方式	0.293				0.514	0.550
		景观多样性指数	0.198				0.700	0.700
		景观破碎化程度	0.109			0.486		
		景观美化评价			0.323	0.173	0.178	0.238
鲁北城区	景观美化	美景度	0.400	0.944				
		植物种配置方式	0.293			0.636	0.364	0.110
		景观多样性指数	0.198				0.600	0.600
		景观破碎化程度	0.109			0.126	0.138	0.098
		景观美化评价		0.377	0.911	0.089		
穿黄工程	景观美化	美景度	0.400		0.364			
		植物种配置方式	0.293				0.900	0.150
		景观多样性指数	0.198					0.611
		景观破碎化程度	0.109			0.100		
		景观美化评价				0.046	0.098	0.165

续表 7-28

样地	项目	调研指标	权重	各级隶属度				
				合格(V_1)	较好(V_2)	良好(V_3)	优秀(V_4)	最佳(V_5)
济平干渠	景观美化	美景度	0.400	0.455	0.455			
		植物种配置方式	0.293	0.230	0.230			
		景观多样性指数	0.198		0.614	0.386		
		景观破碎化程度	0.109				0.200	0.200
	景观美化评价			0.249	0.371	0.076	0.022	0.022
长沟泵站	景观美化	美景度	0.400		0.982	0.018		
		植物种配置方式	0.293					0.160
		景观多样性指数	0.198		0.166	0.834		
		景观破碎化程度	0.109				0.600	0.600
	景观美化评价				0.426	0.172	0.066	0.112
二级坝站	景观美化	美景度	0.400		0.694	0.306		
		植物种配置方式	0.293				0.800	0.020
		景观多样性指数	0.198					1.000
		景观破碎化程度	0.109			0.200	0.200	
	景观美化评价				0.277	0.144	0.087	0.204

处于合格和最佳程度;泗洪泵站样地景观美化功能防护效果属于整体良好,局部处于较好和最佳程度;淮安四站样地景观美化功能防护效果属于整体优秀,局部处于良好和最佳程度;金湖泵站样地景观美化功能防护效果属于整体较好,局部处于良好和最佳程度;宝应泵站样地景观美化功能防护效果属于整体较好,局部处于优秀和最佳程度。黄河以北区域的大屯水库样地景观美化功能防护效果属于整体较好,局部处于优秀和最佳程度;鲁北城区段样地景观美化功能防护效果属于整体较好,局部处于优秀和合格程度;穿黄工程样地景观美化功能防护效果属于整体较好,局部处于优秀和最佳程度;济平干渠样地景观美化功能防护效果属于整体较好,局部处于合格和良好程度;长沟泵站样地景观美化功能防护效果属于整体较好,局部处于良好和最佳程度;二级坝泵站样地景观美化功能防护效果属于整体较好,局部处于最佳和良好程度。

7.7.1.3　生态保护功能评价

生态保护功能防护效果模糊评价隶属度矩阵(见表7-29),通过表7-29可以看出,总体来说,南水北调东线一期工程13个典型样地生态保护功能防护效果全部为良好以上,其中4个典型样地生态保护功能防护效果为最佳,占比为30.77%;8个典型样地生态保护功能防护效果为优秀,占比为61.54%;1个典型样地生态保护功能防护效果为良好,占比7.69%。

按照黄河为界进行评价的话,黄河以北区域(山东省境内)生态保护功能防护效果要优于黄河以南区域(江苏省境内)。黄河以南区域的潼河河道样地生态保护功能防护效果属于整体最佳,局部处于合格和较好程度;徐洪河河道样地生态保护功能防护效果属于整体最佳,局部处于合格和较好程度;金宝航道样地生态保护功能防护效果属于整体最佳,局部处于较好和良好程度;泗洪泵站样地生态保护功能防护效果属于整体优秀,局部处于良好和最佳程度;淮安四站样地生态保护功能防护效果属于整体优秀,局部处于良好程度;金湖泵站样地生态保护功能防护效果属于整体良好,局部处于优秀程度;宝应泵站样地生态保护功能防护效果属于整体优秀,局部处于良好和最佳程度。黄河以北区域的大屯水库样地生态保护功能防护效果属于整体最佳,局部处于优秀和良好程度;鲁北城区段样地生态保护功能防护效果属于整体优秀,局部处于最佳和良好程度;穿黄工程样地生态保护功能防护效果属于整体优秀,局部处于最佳程度;济平干渠样地生态保护功能防护效果属于整体优秀,局部处于最佳程度;长沟泵站样地生态保护功能防护效果属于整体优秀,局部处于良好和最佳程度;二级坝泵站样地生态保护功能防护效果属于整体优秀,局部处于最佳和良好程度。

7.7.1.4　社会经济评价

建立社会经济防护效果模糊评价隶属度矩阵(见表7-30),通过表7-30可以看出,总体来说,南水北调东线一期工程13个典型样地社会经济防护效果全部为合格以上,其中1个典型样地社会经济防护效果为最佳,占比为7.69%;1个典型样地社会经济防护效果为优秀,占比为7.69%;3个典型样地社会经济防护效果为良好,占比23.08%;3个典型样地社会经济防护效果为较好,占比23.08%;5个典型样地社会经济防护效果为合格,占比38.46%。

表 7-29　景观美化功能模糊评价汇总

样地	项目	调研指标	权重	各级隶属度 合格(V₁)	较好(V₂)	良好(V₃)	优秀(V₄)	最佳(V₅)
徐洪河道	生态保护	降低水污染能力	0.333	0.800	0.800			0.880
		项目整体运行状况	0.667					0.587
		生态保护评价		0.267	0.267			
瞳河河道	生态保护	降低水污染能力	0.333	0.957	0.957			0.960
		项目整体运行状况	0.667					0.640
		生态保护评价		0.319	0.319			
金宝航道	生态保护	降低水污染能力	0.333		0.355	0.645		0.820
		项目整体运行状况	0.667		0.118	0.215		0.547
		生态保护评价				0.650	0.350	
洞洪泵站	生态保护	降低水污染能力	0.333				0.685	0.315
		项目整体运行状况	0.667			0.217	0.573	0.210
		生态保护评价				0.593	0.407	
淮安四站	生态保护	降低水污染能力	0.333			0.020	0.980	
		项目整体运行状况	0.667			0.211	0.789	
		生态保护评价				0.707	0.293	
金湖泵站	生态保护	降低水污染能力	0.333			0.550	0.450	
		项目整体运行状况	0.667			0.602	0.398	
		生态保护评价				0.545	0.455	
宝应泵站	生态保护	降低水污染能力	0.333				0.715	0.285
		项目整体运行状况	0.667					

续表 7-29

样地	项目	调研指标	权重	各级隶属度				
				合格(V₁)	较好(V₂)	良好(V₃)	优秀(V₄)	最佳(V₅)
大屯水库	生态保护	生态保护评价				0.165	0.168	0.160
		降低水污染能力	0.333			0.495	0.505	0.107
		项目整体运行状况	0.667			0.182	0.628	0.190
鲁北城区	生态保护	生态保护评价				0.036	0.384	0.580
		降低水污染能力	0.333			0.107	0.893	
		项目整体运行状况	0.667				0.130	0.870
穿黄工程	生态保护	生态保护评价				0.174	0.680	0.147
		降低水污染能力	0.333			0.521	0.479	
		项目整体运行状况	0.667				0.780	0.220
济平干渠	生态保护	生态保护评价					0.735	0.265
		降低水污染能力	0.333				0.786	0.214
		项目整体运行状况	0.667				0.710	0.290
长沟泵站	生态保护	生态保护评价					0.576	0.424
		降低水污染能力	0.333				0.688	0.312
		项目整体运行状况	0.667				0.520	0.480
二级坝站	生态保护	生态保护评价				0.157	0.516	0.327
		降低水污染能力	0.333			0.471	0.529	0.490
		项目整体运行状况	0.667				0.510	

表 7-30 社会经济模糊评价汇总表

样地	项目	调研指标	权重	各级隶属度				
				合格(V_1)	较好(V_2)	良好(V_3)	优秀(V_4)	最佳(V_5)
徐洪河道	社会经济	追加投资比例	0.334	1.000				
		文化传承	0.525	0.400	0.400			
		交通通达性	0.142				0.430	0.570
		社会经济评价		0.544	0.210		0.061	0.081
潼河河道	社会经济	追加投资比例	0.334	1.000				
		文化传承	0.525	0.600	0.600			
		交通通达性	0.142				0.430	0.570
		社会经济评价		0.649	0.315		0.061	0.081
金宝航道	社会经济	追加投资比例	0.334	1.000				
		文化传承	0.525	0.400	0.400			
		交通通达性	0.142				0.160	0.840
		社会经济评价		0.544	0.210		0.023	0.119
泗洪泵站	社会经济	追加投资比例	0.334		0.956	0.044		
		文化传承	0.525			0.742	0.258	
		交通通达性	0.142	0.040	0.359	0.404		
		社会经济评价					0.136	
淮安四站	社会经济	追加投资比例	0.334					1.000
		文化传承	0.525	0.280	0.280			
		交通通达性	0.142			0.600	0.400	
		社会经济评价						0.183

续表 7-30

样地	项目	调研指标	权重	各级隶属度				
				合格(V_1)	较好(V_2)	良好(V_3)	优秀(V_4)	最佳(V_5)
金湖泵站	社会经济	社会经济评价			0.217	0.571	0.074	
		追加投资比例	0.334		0.429	0.085	0.057	0.430
		文化传承	0.525			0.858	0.142	
		交通通达性	0.142		0.520	0.480		
宝应泵站	社会经济	社会经济评价		0.334	0.068	0.310	0.289	
		追加投资比例	0.334	1.000				
		文化传承	0.525			0.450	0.550	
		交通通达性	0.142		0.480	0.520		
大屯水库	社会经济	社会经济评价		0.400	0.507	0.078		
		追加投资比例	0.334	0.967				
		文化传承	0.525		0.967			
		交通通达性	0.142	0.507		0.550		
鲁北城区	社会经济	社会经济评价		0.210	0.497	0.047	0.075	0.067
		追加投资比例	0.334		0.400	0.709	0.064	0.313
		文化传承	0.525		0.860	0.140	0.530	0.470
		交通通达性	0.142				0.450	0.105

续表 7-30

样地	项目	调研指标	权重	各级隶属度				
				合格（V_1）	较好（V_2）	良好（V_3）	优秀（V_4）	最佳（V_5）
穿黄工程	社会经济	追加投资比例	0.334			0.900	0.100	
		文化传承	0.525			0.283	0.717	0.935
		交通通达性	0.142				0.065	0.935
	社会经济评价					0.449	0.418	0.132
济平干渠	社会经济	追加投资比例	0.334	0.461	0.461			
		文化传承	0.525	0.183	0.183			
		交通通达性	0.142	0.360	0.360			
	社会经济评价			0.301	0.301			
长沟泵站	社会经济	追加投资比例	0.334	1.000				
		文化传承	0.525	0.933	0.933			
		交通通达性	0.142		0.595	0.405		
	社会经济评价			0.823	0.574	0.057		
二级坝站	社会经济	追加投资比例	0.334					1.000
		文化传承	0.525			0.375	0.625	
		交通通达性	0.142			0.500	0.500	
	社会经济评价					0.268	0.399	0.334

　　按照黄河为界进行评价的话,黄河以北区域(山东省境内)社会经济防护效果要优于黄河以南区域(江苏省境内)。黄河以南区域的潼河河道样地社会经济防护效果属于整体合格,局部处于最佳和较好程度;徐洪河河道样地社会经济防护效果属于整体合格,局部处于最佳和较好程度;金宝航道样地社会经济防护效果属于整体合格,局部处于较好和最佳程度;泗洪泵站样地社会经济防护效果属于整体良好,局部处于较好和优秀程度;淮安四站样地社会经济防护效果属于整体最佳,局部处于良好和优秀程度;金湖泵站样地社会经济防护效果属于整体良好,局部处于较好和优秀程度;宝应泵站样地社会经济防护效果属于整体合格,局部处于良好和优秀程度。黄河以北区域的大屯水库样地社会经济防护效果属于整体较好,局部处于合格和最佳程度;鲁北城区段样地社会经济防护效果属于整体较好,局部处于合格和优秀程度;穿黄工程样地社会经济防护效果属于整体良好,局部处于优秀和最佳程度;济平干渠样地社会经济防护效果属于整体合格,局部处于较好程度;长沟泵站样地社会经济防护效果属于整体合格,局部处于良好和较好程度;二级坝泵站样地社会经济防护效果属于整体优秀,局部处于最佳和良好程度。

7.7.2　多指标综合评价与模式分析研究

　　根据南水北调东线一期不同典型工程样地的工程特点,本书将典型样地分为河道工程以及泵站(蓄水)工程两类,通过应用多指标综合评价模型对典型工程样地进行模糊评价,分析各个样地在水土保持、景观美化、生态保护及社会经济等方面的差异及优劣,进而为不同区域不同防护模式的分析与研究提供参考。

7.7.2.1　指标综合评价

1.河道工程综合评价

　　通过应用多指标综合模糊评价模型对河道类典型样地隶属度进行计算(见表 7-31~表 7-36),可以看出,以黄河为界,黄河以南区域(江苏境内),徐洪河河道植物绿化及其他水土保持防护效果整体属于良好,其最大隶属度值为 0.242;潼河河道防护效果整体属于合格,其最大隶属度值为 0.508;金宝航道防护效果整体属于良好,其最大隶属度值为 0.260。黄河以北区域(山东境内),鲁北城区段河道植物绿化及其他水土保持防护效果整体属于最佳,其最大隶属度值为 0.339;穿黄工程段防护效果整体属于最佳,其最大隶属度值为 0.319。济平干渠段防护效果整体属于良好,其最大隶属度值为 0.263。总体来说,河道类工程植物绿化及其他水土保持防护效果黄河以南段要弱于黄河以北段。

2.泵站(蓄水)工程综合评价

　　通过应用多指标综合模糊评价模型对泵站(蓄水)工程类典型样地隶属度进行计算(见表 7-37~表 7-43),可以看出,以黄河为界,黄河以南区域(江苏境内),泗洪泵站植物绿化及其他水土保持防护效果整体属于良好,其最大隶属度值为 0.337;淮安四站防护效果整体属于优秀,其最大隶属度值为 0.439;金湖泵站防护效果整体属于最佳,其最大隶属度值为 0.289;宝应泵站防护效果整体属于优秀,其最大隶属度值为 0.288。黄河以北区域(山东境内),大屯水库植物绿化及其他水土保持防护效果整体属于最佳,其最大隶属度值为 0.287;长沟泵站防护效果整体属于较好,其最大隶属度值为 0.267;二级坝站防护效果整体属于最佳,其最大隶属度值为 0.436。总体来说,泵站(蓄水)工程植物绿化及其他水土保持防护效果黄河以南段要优于黄河以北段。

表 7-31　徐洪河河道综合模糊评价汇总

样地	项目	调研指标	权重	各级隶属度				
				合格(V_1)	较好(V_2)	良好(V_3)	优秀(V_4)	最佳(V_5)
徐洪河河道	水土保持	水土流失治理度	0.216			0.525	0.475	
		林草覆盖率	0.128	0.191	0.191			
		工程措施完好率	0.092		0.015	0.985		
		乡土植物种比例	0.080					1.000
		植物种保存率	0.051					0.500
	景观美化	美景度	0.085	0.812	0.812			
		植物种配置方式	0.062			0.350	0.650	
		景观多样性指数	0.042		0.609	0.391		
		景观破碎化程度	0.023				0.500	0.500
	生态保护	降低水污染能力	0.043	0.800	0.800			
		项目整体运行状况	0.087					0.880
	社会经济	追加投资比例	0.030	1.000				
		文化传承	0.048	0.400	0.400		0.430	
		交通通达性	0.013					0.570
综合评价				0.178	0.175	0.242	0.160	0.201

表 7-32 潼河河道综合模糊评价汇总

样地	项目	调研指标	权重	各级隶属度				
				合格(V_1)	较好(V_2)	良好(V_3)	优秀(V_4)	最佳(V_5)
潼河河道	水土保持	水土流失治理度	0.216	1.000				
		林草覆盖率	0.128	1.000				
		工程措施完好率	0.092			1.000		
		乡土植物种比例	0.080					1.000
		植物种保存率	0.051					0.250
	景观美化	美景度	0.085	0.749	0.749			
		植物种配置方式	0.062			0.790	0.210	
		景观多样性指数	0.042				0.023	0.977
		景观破碎化程度	0.023			0.100	0.900	
	生态保护	降低水污染能力	0.043	0.957	0.957			
		项目整体运行状况	0.087					0.960
	社会经济	追加投资比例	0.030	1.000				
		文化传承	0.048	0.600	0.600			
		交通通达性	0.013				0.430	0.570
		综合评价		0.508	0.134	0.143	0.041	0.225

表 7-33 金宝航道综合模糊评价汇总

样地	项目	调研指标	权重	合格(V_1)	较好(V_2)	良好(V_3)	优秀(V_4)	最佳(V_5)
金宝航道	水土保持	水土流失治理度	0.216			0.500	0.500	
		林草覆盖率	0.128		0.281	0.719		
		工程措施完好率	0.092				0.642	0.358
		乡土植物种比例	0.080				0.515	0.485
		植物种保存率	0.051			0.500	0.500	
	景观美化	美景度	0.085	0.861	0.861			
		植物种配置方式	0.062	0.650	0.650			
		景观多样性指数	0.042					0.529
		景观破碎化程度	0.023			0.300	0.700	
	生态保护	降低水污染能力	0.043		0.355	0.645		
		项目整体运行状况	0.087					0.820
	社会经济	追加投资比例	0.030	1.000				
		文化传承	0.048	0.400	0.400		0.160	0.840
		交通通达性	0.013				0.252	0.176
综合评价				0.163	0.185	0.260	0.252	0.176

表7-34　鲁北城区综合模糊评价汇总

样地	项目	调研指标	权重	各级隶属度				
				合格(V_1)	较好(V_2)	良好(V_3)	优秀(V_4)	最佳(V_5)
鲁北城区	水土保持	水土流失治理度	0.216				0.130	0.870
		林草覆盖率	0.128	0.851	0.851			
		工程措施完好率	0.092			0.220	0.780	
		乡土植物种比例	0.080					1.000
		植物种保存率	0.051					0.500
	景观美化	美景度	0.085	0.944	0.944			
		植物种配置方式	0.062					0.110
		景观多样性指数	0.042			0.636	0.364	
		景观破碎化程度	0.023				0.600	0.600
	生态保护	降低水污染能力	0.043			0.521	0.479	
		项目整体运行状况	0.087				0.780	0.220
	社会经济	追加投资比例	0.030		0.860	0.140		
		文化传承	0.048	0.400	0.400			
		交通通达性	0.013				0.530	0.470
		综合评价		0.208	0.234	0.074	0.224	0.339

表7-35　穿黄工程综合模糊评价汇总

样地	项目	调研指标	权重	各级隶属度				
				合格(V_1)	较好(V_2)	良好(V_3)	优秀(V_4)	最佳(V_5)
穿黄工程	水土保持	水土流失治理度	0.216					0.980
		林草覆盖率	0.128	0.722	0.722			
		工程措施完好率	0.092				0.988	0.012
		乡土植物种比例	0.080			0.273	0.727	
		植物种保存率	0.051					0.500
	景观美化	美景度	0.085		0.911	0.089		
		植物种配置方式	0.062					0.150
		景观多样性指数	0.042					0.611
		景观破碎化程度	0.023			0.100	0.900	
	生态保护	降低水污染能力	0.043				0.786	0.214
		项目整体运行状况	0.087				0.710	0.290
	社会经济	追加投资比例	0.030			0.900	0.100	
		文化传承	0.048			0.283	0.717	
		交通通达性	0.013				0.065	0.935
综合评价				0.092	0.170	0.073	0.303	0.319

表 7-36 济平干渠综合模糊评价汇总

样地	项目	调研指标	权重	各级隶属度				
				合格(V_1)	较好(V_2)	良好(V_3)	优秀(V_4)	最佳(V_5)
济平干渠	水土保持	水土流失治理度	0.216					0.400
		林草覆盖率	0.128		0.267	0.733		
		工程措施完好率	0.092		0.014	0.986		
		乡土植物种比例	0.080			0.778	0.222	
		植物种保存率	0.051					0.250
	景观美化	美景度	0.085	0.455	0.455			
		植物种配置方式	0.062	0.230	0.230			
		景观多样性指数	0.042		0.614	0.386		
		景观破碎化程度	0.023				0.200	0.200
	生态保护	降低水污染能力	0.043				0.688	0.312
		项目整体运行状况	0.087				0.520	0.480
	社会经济	追加投资比例	0.030	0.461	0.461			
		文化传承	0.048	0.183	0.183			
		交通通达性	0.013	0.360	0.360			
		综合评价		0.081	0.142	0.263	0.097	0.159

表 7-37 泗洪泵站综合模糊评价汇总

样地	项目	调研指标	权重	各级隶属度				
				合格(V_1)	较好(V_2)	良好(V_3)	优秀(V_4)	最佳(V_5)
泗洪泵站	水土保持	水土流失治理度	0.216			0.725	0.275	
		林草覆盖率	0.128	0.243	0.243			
		工程措施完好率	0.092			0.362	0.638	
		乡土植物种比例	0.080				0.150	0.850
		植物种保存率	0.051					0.500
	景观美化	美景度	0.085		0.464	0.536		
		植物种配置方式	0.062					0.130
		景观多样性指数	0.042			0.874	0.126	
		景观破碎化程度	0.023				0.800	0.800
	生态保护	降低水污染能力	0.043			0.650	0.350	
		项目整体运行状况	0.087				0.685	0.315
	社会经济	追加投资比例	0.030		0.956	0.044		
		文化传承	0.048			0.742	0.258	
		交通通达性	0.013	0.280	0.280			
		综合评价		0.035	0.103	0.337	0.241	0.148

表 7-38　淮安四站综合模糊评价汇总

样地	项目	调研指标	权重	各级隶属度				
				合格(V_1)	较好(V_2)	良好(V_3)	优秀(V_4)	最佳(V_5)
淮安四站	水土保持	水土流失治理度	0.216			0.500	0.500	
		林草覆盖率	0.128			0.333	0.667	
		工程措施完好率	0.092				0.598	0.403
		乡土植物种比例	0.080	0.122	0.122			
		植物种保存率	0.051				0.250	0.750
	景观美化	美景度	0.085		0.426	0.574		
		植物种配置方式	0.062				0.943	0.058
		景观多样性指数	0.042					1.000
		景观破碎化程度	0.023			0.500	0.500	
	生态保护	降低水污染能力	0.043			0.593	0.407	
		项目整体运行状况	0.087			0.020	0.980	
	社会经济	追加投资比例	0.030					1.000
		文化传承	0.048			0.600	0.400	0.183
		交通达达性	0.013					
	综合评价			0.010	0.046	0.246	0.439	0.160

表 7-39 金湖泵站综合模糊评价汇总

样地	项目	调研指标	权重	各级隶属度				
				合格(V_1)	较好(V_2)	良好(V_3)	优秀(V_4)	最佳(V_5)
金湖泵站	水土保持	水土流失治理度	0.216				0.050	0.950
		林草覆盖率	0.128	1.000				
		工程措施完好率	0.092			0.111	0.889	
		乡土植物种比例	0.080		0.472	0.528		
		植物种保存率	0.051				0.250	0.750
	景观美化	美景度	0.085		0.649	0.351		
		植物种配置方式	0.062					0.460
		景观多样性指数	0.042					0.425
		景观破碎化程度	0.023			0.400	0.600	
	生态保护	降低水污染能力	0.043			0.707	0.293	
		项目整体运行状况	0.087			0.550	0.450	
	社会经济	追加投资比例	0.030		0.429	0.571		
		文化传承	0.048			0.858	0.142	
		交通通达性	0.013		0.520	0.480		
		综合评价		0.128	0.113	0.235	0.177	0.289

表 7-40　宝应泵站综合模糊评价汇总

样地	项目	调研指标	权重	各级隶属度				
				合格(V_1)	较好(V_2)	良好(V_3)	优秀(V_4)	最佳(V_5)
宝应泵站	水土保持	水土流失治理度	0.216			0.675	0.325	
		林草覆盖率	0.128	0.319	0.319			
		工程措施完好率	0.092			0.195	0.805	
		乡土植物种比例	0.080		0.333	0.667		
		植物种保存率	0.051					1.000
	景观美化	美景度	0.085		0.805	0.195		
		植物种配置方式	0.062					0.130
		景观多样性指数	0.042				0.368	0.632
		景观破碎化程度	0.023			0.100	0.900	
	生态保护	降低水污染能力	0.043			0.545	0.455	
		项目整体运行状况	0.087				0.715	0.285
	社会经济	追加投资比例	0.030	1.000				
		文化传承	0.048			0.450	0.550	
		交通通达性	0.013		0.480	0.520		
综合评价				0.071	0.142	0.287	0.288	0.110

表 7-41 大屯水库综合模糊评价汇总

样地	项目	调研指标	权重	各级隶属度				
				合格(V_1)	较好(V_2)	良好(V_3)	优秀(V_4)	最佳(V_5)
大屯水库	水土保持	水土流失治理度	0.216					0.630
		林草覆盖率	0.128		0.508	0.492		
		工程措施完好率	0.092			0.075	0.925	
		乡土植物种比例	0.080				0.802	0.198
		植物种保存率	0.051		0.750	0.250		
		美景度	0.085		0.807	0.193		
	景观美化	植物种配置方式	0.062					0.550
		景观多样性指数	0.042			0.486	0.514	
		景观破碎化程度	0.023				0.700	0.700
		降低水污染能力	0.043			0.107	0.893	
	生态保护	项目整体运行状况	0.087				0.130	0.870
		追加投资比例	0.030					0.313
	社会经济	文化传承	0.048	0.967	0.967	0.550	0.450	
		交通通达性	0.013					
		综合评价		0.046	0.218	0.131	0.243	0.287

表 7-42　长沟泵站综合模糊评价汇总

样地	项目	调研指标	权重	各级隶属度				
				合格(V1)	较好(V2)	良好(V3)	优秀(V4)	最佳(V5)
长沟泵站	水土保持	水土流失治理度	0.216				0.110	0.890
		林草覆盖率	0.128	0.975	0.975			
		工程措施完好率	0.092			0.109	0.891	
		乡土植物种比例	0.080			0.325	0.675	
		植物种保存率	0.051			0.500	0.500	
	景观美化	美景度	0.085		0.982	0.018		
		植物种配置方式	0.062				0.600	0.160
		景观多样性指数	0.042		0.166	0.834		
		景观破碎化程度	0.023					0.600
	生态保护	降低水污染能力	0.043			0.495	0.505	
		项目整体运行状况	0.087	1.000				0.160
	社会经济	追加投资比例	0.030	0.933				
		文化传承	0.048		0.933			
		交通通达性	0.013		0.595	0.405		
		综合评价		0.199	0.267	0.125	0.221	0.230

表 7-43　二级坝站综合模糊评价汇总

样地	项目	调研指标	权重	各级隶属度				
				合格(V_1)	较好(V_2)	良好(V_3)	优秀(V_4)	最佳(V_5)
二级坝站	水土保持	水土流失治理度	0.216				0.210	0.790
		林草覆盖率	0.128	0.620	0.620			
		工程措施完好率	0.092				0.276	0.724
		乡土植物种比例	0.080				0.725	
		植物种保存率	0.051					0.500
	景观美化	美景度	0.085		0.694	0.306		
		植物种配置方式	0.062					0.020
		景观多样性指数	0.042					1.000
		景观破碎化程度	0.023			0.200	0.800	
	生态保护	降低水污染能力	0.043			0.471	0.529	
		项目整体运行状况	0.087				0.510	0.490
		追加投资比例	0.030					1.000
	社会经济	文化传承	0.048			0.375	0.625	
		交通通达性	0.013			0.500	0.500	
	综合评价			0.079	0.138	0.076	0.193	0.436

7.7.2.2 模式分析研究

通过对南水北调东线一期工程典型工程段内典型工程样地的综合模糊评价可以看出,不同的区域、不同的工程类型以及不同的指标因素,其产生的防护效果不同。为了达到更好的防护效果,本书将基于调研的典型工程样地工程本身的特点,从各个因素层(准则层)考虑,对其防护模式进行分析和研究,综合各个典型样地防护模式的优点,取长补短,以期对引调水工程工程设计工作起到借鉴和指导作用。

1.河道工程防护模式研究

通过单因素模糊评价,对本次研究的各个河道工程典型工程样地单因素隶属度进行汇总,并以黄河为界,对不同河道典型工程样地单因素隶属度建立防护模式雷达图,进而分析不同河道典型工程样地防护模式的优劣性。本次研究各个河道典型工程样地隶属度值见表 7-44。黄河以南河道类工程防护模式雷达图如图 7-4 所示,黄河以北河道类工程防护模式雷达图如图 7-5 所示。

表 7-44 河道工程单因素隶属度值汇总

项目	调研指标	隶属度值					
		徐洪河道	潼河河道	金宝航道	鲁北城区	穿黄工程	济平干渠
水土保持	合格	0.043	0.607		0.192	0.163	
	较好	0.046		0.064	0.192	0.163	0.062
	良好	0.359	0.162	0.398	0.036	0.039	0.436
	优秀	0.181		0.412	0.176	0.263	0.031
	最佳	0.186	0.164	0.127	0.518	0.420	0.175
景观美化	合格	0.325	0.300	0.535	0.377		0.249
	较好	0.445	0.300	0.535	0.377	0.364	0.371
	良好	0.180	0.242	0.033	0.126	0.046	0.076
	优秀	0.245	0.164	0.076	0.138	0.098	0.022
	最佳	0.055	0.194	0.105	0.098	0.165	0.022
生态保护	合格	0.267	0.319				
	较好	0.267	0.319	0.118			
	良好			0.215	0.174		
	优秀				0.680	0.735	0.576
	最佳	0.587	0.640	0.547	0.147	0.265	0.424
社会经济	合格	0.544	0.649	0.544	0.210		0.301
	较好	0.210	0.315	0.210	0.497		0.301
	良好				0.047	0.449	
	优秀	0.061	0.061	0.023	0.075	0.418	
	最佳	0.081	0.081	0.119	0.067	0.132	

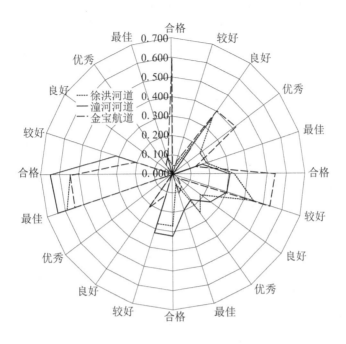

图 7-4 黄河以南河道类工程防护模式雷达图

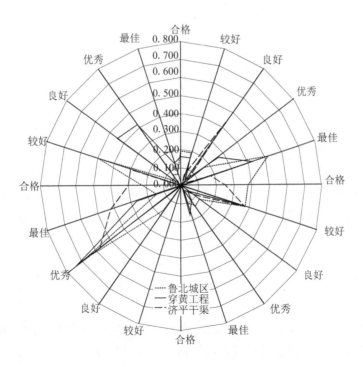

图 7-5 黄河以北河道类工程防护模式雷达图

由图7-4及表7-44可以看出,黄河以南段河道类工程中在水土保持功能防护效果上,金宝航道具有明显优势,虽然在最佳的程度上低于徐洪河河道,但整体上处于良好和优秀的水平;在景观美化功能防护效果上,潼河河道与徐洪河河道整体上相差不多,但是潼河河道比其他河道要具有一定优势,基本处于最佳和优秀水平;在生态保护功能防护效果上,潼河河道与其他河道相比,也处于最佳水平,比较有优势;在社会经济方面,徐洪河河道、潼河河道以及金宝航道基本差不多,都处于一个较低水平,但是相比较而言,金宝航道与其他两条河道相比,略胜一筹。由此可见,在以后黄河以南区域引调水工程的设计及实施过程中,在水土保持功能指标上可以参照金宝航道防护模式,在景观美化及生态保护功能指标上可以参照潼河河道防护模式,在社会经济方面可以参照金宝航道防护模式,但应提高社会经济方面的建设和投入。

由图7-5及表7-44可以看出,黄河以北段河道类工程中在水土保持功能防护效果上,鲁北城区段具有明显优势,虽然在优秀的程度上低于穿黄工程河道,但整体上处于最佳的水平;在景观美化功能防护效果上,鲁北城区段、穿黄工程以及济平干渠整体上相差不大,都处于较好水平,但是穿黄工程相比较其他两条河道而言,要略胜一筹;在生态保护功能防护效果上,鲁北城区段、穿黄工程以及济平干渠整体上处于优秀水平,但是济平干渠工程比其他两条河道更有一些优势;在社会经济方面,穿黄工程有比较明显的优势,整体水平处于良好和优秀程度。由此可见,在以后黄河以北引调水工程的设计及实施过程中,在水土保持功能指标上可以参照鲁北城区段防护模式,在景观美化功能指标上可以参照穿黄工程防护模式,但应提高景观绿化的设计水平以及建设投入;在生态保护功能指标上可以参照济平干渠防护模式,在社会经济方面可以参照穿黄工程防护模式。

2.泵站(蓄水)工程防护模式研究

通过单因素模糊评价,对本次研究的各个泵站(蓄水)工程典型工程样地单因素隶属度进行汇总,并以黄河为界,对不同泵站(蓄水)典型工程样地单因素隶属度建立防护模式雷达图,进而分析不同泵站(蓄水)典型工程样地防护模式的优劣性。本次研究各个泵站(蓄水)典型工程样地隶属度值见表7-45。黄河以南泵站(蓄水)类工程防护模式雷达图见图7-6,黄河以北泵站(蓄水)类工程防护模式雷达图见图7-7。

由图7-6及表7-45可以看出,黄河以南段泵站(蓄水)类工程中在水土保持功能防护效果上,金湖泵站具有明显优势,虽然在良好和优秀的程度上低于淮安四站,但整体上处于最佳的水平;在景观美化功能防护效果上,淮安四站整体上优势明显,处于优秀水平,但是在最佳程度上淮安四站与金湖泵站整体上相差不大;在生态保护功能防护效果上,泗洪泵站、怀安四站以及宝应泵站都处于优秀水平,但是淮安四站比较有优势;在社会经济方面,淮安四站优势明显,处于最佳水平。由此可见,在以后黄河以南区域引调水工程的设计及实施过程中,在水土保持功能指标上可以参照金湖泵站防护模式,在景观美化功能指标、生态保护功能指标和社会经济方面可以参照淮安四站防护模式。

由图7-7及表7-45可以看出,黄河以北段泵站(蓄水)类工程中,在水土保持功能防护

表 7-45 泵站(蓄水)工程单因素隶属度值汇总表

项目	调研指标	隶属度值						
		泗洪泵站	淮安四站	金湖泵站	宝应泵站	大屯水库	长沟泵站	二级坝站
水土保持	合格	0.055	0.017	0.226	0.072		0.220	0.140
	较好	0.055	0.017	0.067	0.119	0.182	0.220	0.140
	良好	0.335	0.266	0.093	0.383	0.146	0.108	
	优秀	0.229	0.460	0.185	0.254	0.263	0.326	0.125
	最佳	0.165	0.132	0.429	0.089	0.268	0.339	0.566
景观美化	较好	0.185	0.170	0.260	0.322	0.323	0.426	0.277
	良好	0.388	0.284	0.184	0.089	0.173	0.172	0.144
	优秀	0.112	0.331	0.066	0.171	0.178	0.066	0.087
	最佳	0.125	0.215	0.219	0.163	0.238	0.112	0.204
生态保护	良好	0.217	0.211	0.602	0.182	0.036	0.165	0.157
	优秀	0.573	0.789	0.398	0.628	0.384	0.168	0.516
	最佳	0.210			0.190	0.580	0.107	0.327
社会经济	合格	0.040			0.334	0.507	0.823	
	较好	0.359		0.217	0.068	0.507	0.574	
	良好	0.404	0.085	0.709	0.310	0.078	0.057	0.268
	优秀	0.136	0.057	0.074	0.289	0.064		0.399
	最佳		0.430			0.105		0.334

效果上,大屯水库、长沟泵站以及二级坝站都处于最佳水平,但相比较而言,二级坝站比其他两个工程在水土保持功能上具有明显优势;在景观美化功能防护效果上,大屯水库、长沟泵站以及二级坝整体上都处于较好水平,但是大屯水库比其他两个工程要有一定的优势,其在最佳和优秀的程度上要略胜一筹;在生态保护功能防护效果上,大屯水库优势明显,整体处于最佳水平;在社会经济方面,二级坝具有明显优势,整体处于优秀水平。由此可见,在以后黄河以北区域引调水工程的设计及实施过程中,在水土保持功能指标上可以参照二级坝站防护模式,在景观美化功能指标上可以参照大屯水库防护模式,但应整体提高设计水平实际投入,提高景观美化功能,在生态保护功能指标上可以参照大屯水库防护模式,在社会经济方面可以参照二级坝站防护模式。

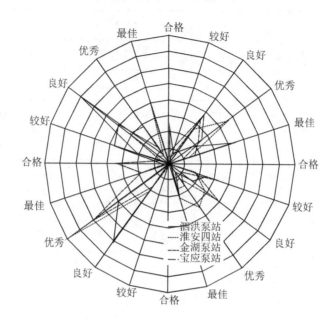

图 7-6 黄河以南泵站(蓄水)类工程防护模式雷达图

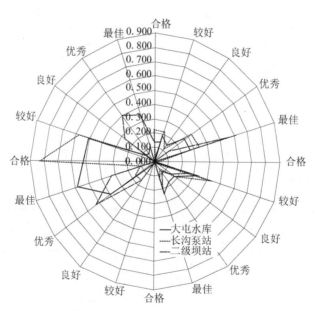

图 7-7 黄河以北泵站(蓄水)类工程防护模式雷达图

8　南水北调东线一期工程植物资源

南水北调东线第一期工程是一项"点"多、"线"长、"面"广的系统工程,项目区黄河以南位于黄淮冲积平原微丘风沙区,山东半岛位于鲁中南中低山丘陵水蚀区,黄河以北位于黄泛冲积平原风沙区。工程区内的植物资源主要源于水土保持工程设计和实施。

根据南水北调东线一期工程主体工程施工总体布置方案和施工特点,结合各影响区域的地形、地质、地貌类型、土壤条件以及工程涉及地区的水土保持生态建设规划,在对主体工程中具有水土保持功能措施全面评价的基础上制定水土保持措施的总体布局。

在专设的弃土(渣)场、排泥场、取土场、水库主坝及管理区、泵站主体工程区、闸站主体工程区等"点"状位置,以工程措施(拦挡工程、护坡工程、排水工程、围堰工程)为先导,土地整治措施和植物措施相结合。水库主坝及管理区、泵站和闸站区域植物措施主要以园林工程绿化标准进行设计,弃土(渣)场、排泥场和取土场等区域植物措施主要以生态公益林绿化标准进行设计。

在河道堤防区、沿堤防背水坡堆放的弃土区、施工道路建设区、穿黄工程的输水涵洞施工区等"线"状位置,结合主体工程的施工特点进行分段防护,根据各个工程段的不同情况布设工程和植物防护措施,如河道堤防在城区时按城区防洪标准和园林工程标准来布设措施;施工道路如永临结合的,对路面和两侧排水设施及绿化措施比临时道路标准适当提高,绿化措施按照园林工程标准设计;沿堤防背水坡堆放的弃土区、穿黄工程的输水涵洞由于在黄河滩地上,主要注重将弃土(渣)在地表摊平、碾压,不阻碍滩地行洪和产生水土流失,其裸露地表采用的植物措施执行生态公益林标准进行设计。

在整个工程施工区的"面"上,工程措施、土地整治和植物措施相互配合,其采用的植物措施执行生态公益林标准进行设计。按照系统工程原则,合理利用土地资源,处理好局部与整体、单项与综合、眼前与长远的关系,提高水土流失的防治效果,减少工程投资,改善生态环境。

8.1　自然概况

南水北调东线一期工程从长江下游干流取水,基本沿京杭运河提水北送,连通洪泽湖、骆马湖、南四湖、东平湖作为调蓄水库,主要向黄淮海平原东部和山东半岛供水。供水范围大体分为黄河以南、山东半岛和黄河以北三片。

8.1.1　地形

供水范围主要在黄河、海河和淮河冲积而成的平原,整个供水区以黄河为脊背,分别向南、北倾斜。调水起点附近地面高程为 2~4 m;穿黄河滩地地面高程约 40 m,调水末端德州市地面高程为 22~25 m;向胶东输水干线与引黄济青干渠连接段地面高程 10~30 m。

黄河以南的淮北平原,受到历史上黄河泛滥改道和夺淮的影响,自兰考经徐州至滨海的废黄河,高于两侧地面,形成淮河与沂沭泗水系的分界。山东境内为平原上沂蒙山区延伸的丘陵,江苏淮安、徐州、连云港及安徽宿州、淮北也有丘陵分布,在山麓冲积平原与黄河冲积平原之间的低洼地带形成带状湖群,其中最大的是南四湖。南四湖以东及南部为中、低山丘陵。徐州附近地面高程 30 m 左右,向东南逐渐降低,坡降为 1/6 000 ~ 1/10 000,沿运河两侧洼地,最大的为骆马湖。苏北灌溉总渠以南为江淮冲积平原。里运河以东,苏北灌溉总渠、新通扬运河之间,称为里下河地区,是一块碟形平原,中心地面高程不到 2 m,四周地面高程 4~5 m,湖荡众多,河网密布。里运河以西为白马湖、高宝湖、邵伯湖的滨湖平原,地势渐高。

黄河以北地势南高北低,地面坡度在 1/10 000 左右。历史上受黄河多次改道的影响,坡、洼相间分布,较大的碟形洼地有恩县洼。小运河、卫运河流向自南向北,徒骇河、马颊河流向自西南向东北。

山东半岛西、南、东三面均为中、低山丘陵,由于受长期侵蚀,大部分地区高程在 400 m 以下,呈广谷低丘形态,鲁中南中山、低山丘陵与胶东低山丘陵之间为胶莱平原,主要由潍河、白浪河、胶莱河等河流冲积而成,大部分高程在 50 m 以下。

8.1.2　河流水系

南水北调东线一期工程跨长江、淮河、黄河和海河四大流域,京杭运河将其连通。

8.1.2.1　京杭运河

京杭运河从扬州到北京全长 1 280 km。自元代开挖会通河后,经明、清两代的整治完善而形成。京杭运河现在是一条综合利用河道,有的河段承担排洪排涝任务,有的还兼有灌溉输水和向北调水的作用。受水区内自南向北各段简况如下:

江都至淮安杨庄称里运河,里运河与苏北灌溉总渠平交。杨庄到苏鲁省界称中运河。新中国建立以后扩大的徐州到中运河的不牢河也成为京杭运河的一支。里运河、大王庙以南的中运河和不牢河,已达 2 级航道标准,并承担向北调水任务。

苏鲁省界到南四湖下级湖称韩庄运河,为 3 级航道标准,现设有台儿庄、万年闸、韩庄 3 个梯级。韩庄运河和皂河以北段中运河又是南四湖的排洪通道。南四湖区的老运河已残缺不全。

大王庙至济宁航道分东、西两线。东线航道由大王庙向北经韩庄运河及老运河入下级湖;西线航道不牢河在蔺家坝入下级湖,沿湖西大堤东侧航道至 2 级坝,与东线航道汇合,经船闸进入上级湖至济宁。目前该段东线及上级湖内已建成 3 级航道(船闸为 2 级),西线航道建设了入下级湖的蔺家坝船闸,湖内航道尚待扩挖。2 级坝复线船闸即将建设。

济宁至黄河边,1958 年开挖了梁济运河,成为京杭运河的一段,老运河多处已平毁。梁济运河上设置了郭楼和通向黄河的国那里两级船闸,国那里船闸现已拆除,梁济运河亦因水源枯竭而停航。梁济运河是本区域排洪、排涝、引黄输水的骨干河道,同时用作东平湖滞洪后退水入南四湖的河道。

黄河北岸至临清的小运河已不是一条完整的河道。1958 年以后新开的位临运河现用作位山引黄三干渠,没有通航条件。

临清到德州的卫运河 20 世纪 60 年代还能通航,以后随着上游用水的增加而断航。

8.1.2.2　淮河

淮河流域以废黄河为界,分淮河和沂沭泗两个水系,流域面积分别约为 19 万 km² 和

8万 km²,京杭大运河、分淮入沂水道和徐洪河贯通其间,沟通两大水系。

淮河干流发源于河南省桐柏山,流经豫、皖、苏三省,主流在三江营入长江,全长 1 000 km,总落差 200 m。

淮河干流洪河口以上为上游,洪河口至洪泽湖出口中渡为中游,中渡以上流域面积 15.8 万 km²。洪泽湖是一座总库容达 164.5 亿 m³ 的巨型平原水库,承泄淮河上中游的来水。淮河洪水经洪泽湖调节后,分别由入江水道、入海水道、苏北灌溉总渠及分淮入沂水道入江、入海。

沂沭泗水系主要由沂河、沭河及泗河组成。沂河南流经临沂至江苏境内入骆马湖;沭河一股南流入新沂河,一股东流经新沭河入黄海;泗河水系属泗运河水系,汇集南四湖湖东、湖西地区来水,经韩庄运河(遇超标准洪水时蔺家坝闸泄洪入不牢河)、中运河入骆马湖滞蓄后,经新沂河入海。

淮河流域水资源分布不均,淮河水系相对较丰,沂沭泗水系相对较少。两水系枯水年遭遇的机会约为21%,连续两年及以上遭遇的机会约为10%。

8.1.2.3　山东半岛诸河

本地区河流多为源短流急的山溪性独流入海小河,主要河流有小清河、潍河、弥河、大沽河、南胶莱河、北胶莱河等。最大的是小清河,其次为潍河,流域面积分别为 10 500 km² 和 6 490 km²。

8.1.2.4　黄河

黄河从供水区中部穿过,山东境内的大汶河经东平湖汇入黄河。东平湖目前仅作为滞洪区运用。东平湖位于山东省东平县和梁山县境内,大汶河下游入黄河口处是黄河下游南岸的滞洪区。

8.1.2.5　海河

海河流域南部有徒骇河、马颊河、漳卫河、子牙河水系,徒骇河与马颊河位于海河流域的最南部,为单独入海的平原河道。南水北调东线第一期工程鲁北输水渠道穿徒骇河、马颊河等水系。

8.1.3　气象

供水范围跨北亚热带和南暖温带,大致以淮河为界,淮河以南属北亚热带湿润气候区;淮河以北属南暖温带亚湿润气候区,具有明显的季风气候特征。

8.1.3.1　长江—骆马湖段

该区处于亚热带向暖温带过渡的气候区,大致以淮河、苏北灌溉总渠为界,南部属湿润的亚热带气候区,北部属半湿润的暖温带气候区,具有明显的季风环流特征,四季分明,夏季炎热多雨,冬季寒冷干燥,东部沿海地带具有一定的海洋气候特点。该区光、热、水资源丰富,年平均气温在 15 ℃ 左右,夏季最高达 40 ℃ 以上,冬季最低气温可达-20 ℃。

该区常年主导风向,冬季多东北风,夏季多东南风。年内降雨多集中在夏、秋两季,在6、7月间,冷暖气团遭遇,常产生锋面低压和静止锋,形成阴雨连绵的梅雨期,7、8月受台风影响,常伴有来势凶猛的特大暴雨,历年平均降雨量987~1 030 mm。该灌区全年无霜期由北端216 d渐变到南部的224 d,无霜期较长,初霜期在10月下旬至11月中旬,终霜期在3月中旬至4月中旬。0 ℃以上作物活动积温为4 900~5 600 ℃;全年日照时数达

2 100~2 350 h。最大冻土深度北端为 24 cm,南端为 6 cm。

本区多年平均降水量 900~1 000 mm,多年平均最大 24 h 暴雨 115 mm,由东南向西北递减,南部多年平均降水量 1 000 mm,向北逐渐减少至 900 mm 左右。由于受季风气候的影响,年降水量的季节变化较大,汛期(6—9 月)降水量占全年降水量的 60%~70%,且雨量由东向西逐步递减,东部沿海地区汛期多年平均降水量达 650 mm,向西递减为 600~550 mm。本区汛期雨量多集中在几场暴雨,而暴雨主要发生在梅雨期和台风期间。6 月中旬至 7 月上中旬通常为梅雨期,多年平均面雨量约 220 mm;7—9 月多受台风影响,当台风与其他天气系统遭遇时常造成来势迅猛的特大暴雨。因此,本区降水量年际变化较大,多年平均面雨量丰水年可达 1 595 mm,枯水年仅 477 mm。

本区多年平均水面蒸发量为 1 000~1 100 mm,其趋势是由南向北递减。淮安一带及其以南地区年蒸发量为 1 000 mm 左右,连云港地区为 1 100 mm。水面蒸发年内连续最大 4 个月蒸发量一般发生在 5—8 月,占年蒸发量的 50% 左右。最大蒸发在 7 月或 8 月,占年蒸发量的 12%~18%;最小月蒸发量发生在 1 月或 2 月,占年蒸发量的 2%~4%。本区陆地蒸发量多年平均在 600~750 mm,由东南向西北递减。

8.1.3.2　骆马湖—南四湖段

该区域属暖温带半湿润季风气候区,具有黄河和淮河流域的过渡性气候特点,四季分明。夏季受亚热带季风的影响。本区域多年平均降水量自北向南为 820~920 mm,多年平均最大 24 h 暴雨 115 mm,降水主要发生年内的 6—9 月,多年平均 6—9 月降水量占年降水量的 70% 左右,冬季降水量仅占年降水量的 10% 左右。实测资料中最大年降水量为 1 254.4 mm,发生于 1963 年;最小年降水量为 475 mm,发生在 1988 年。年降水量的变化幅度较大,丰枯比达 2.64。根据宿迁闸资料统计分析,多年平均水面蒸发量为 946.3 mm。

工程区域多年平均气温为 14 ℃,月平均最高气温在 7 月,为 28~31.2 ℃,月平均最低气温在 1 月,为 3.5~6.8 ℃,极端最高气温为 39.8~40.3 ℃,极端最低气温为 -19.2~-23 ℃。年平均地温为 16.9 ℃。

年平均无霜期 200 d 左右。结冰一般出现在 11 月至翌年 3 月,最大冻土深度为 26~28 cm,最大岸冰厚度为 20 cm,积雪厚度为 15 cm 左右。年平均相对湿度为 60%~75%,最大相对湿度在 7—8 月。

因受季风影响,春季多东南风,夏季多南风,秋季多西风,冬季多东北风,风力最大 8 级,最大风速 14.9~24 m/s,多年平均风速 3.1 m/s。

8.1.3.3　南四湖—东平湖

本区属暖温带季风型大陆性气候,气候四季分明,冬季寒冷、雨雪稀少,夏季高温、雨量集中。本区多年平均气温为 13~14 ℃。7 月气温最高,月平均气温 27 ℃,极值 41 ℃。1 月气温最低,月平均气温 -2 ℃,极值 -18 ℃。土壤冻结时间为 1 月初到 2 月中旬,历时 44 d,平均冻土深度 21 cm,最大冻土深度 35 cm。

本区多年平均降水量为 700 mm,多年平均最大 24 h 暴雨 100 mm,多年平均蒸发量为 1 000 mm,属于半湿润、半干旱地区。降水随时空变化较大,主要表现为:一是年内降水分配不均,主要集中于汛期 6—9 月,为全年降水量的 60%~80%;二是降水年际间变化较大;三是降水具有连丰连枯交替出现的特点;四是降水在地域上分布不均,总的趋势是自南向北逐渐减少。

根据梁济运河入湖口后营站 1980—2000 年水文资料分析,梁济运河入湖口多年平均水位 33.69 m(85 黄海基面),多年平均流量为 6.74 m³/s,多年平均最大月平均流量出现在 8 月,为 29.21 m³/s。

8.1.3.4 胶东输水干线

胶东输水干线位于华北暖温带季风大陆性气候区,夏热多雨,冬寒少雪,春旱多风,秋旱少雨,季节性干旱特别严重。多年平均气温 12.6 ℃,极端最高气温 42 ℃,最低气温-17 ℃,全年无霜期 200~220 d,多年平均降水量 674.9 mm,最大 24 h 暴雨 100 mm,降水量随时空变化较大,主要表现为:一是降水量年内分配不均,主要集中在汛期 7—9 月,占全年降水量的 60%~80%,汛期降水又多集中在几场暴雨之内;二是降水量年际间变化较大,最大降水量(1964 年)1 327.8 mm,最小降水量(1988 年)455.2 mm,丰枯比 2.92;三是降水具有连丰、连枯交替出现的特点;四是降水在地域上分布不均,南部山区降水多于北部平原,东部降水多于西部。多年平均蒸发量 1 000~1 200 mm,平均日照 2 552 h,平均风速 2.9 m/s,最大风速 24.5 m/s。

8.1.3.5 鲁北输水干线

鲁北输水干线位于暖温带季风气候区,大陆性气候显著,季风变化明显,春夏秋冬四季分明,冬寒少雪,春旱多风,秋旱少雨,季节性干旱特别严重,属于半干旱、半湿润地区。干旱指数为 2~3。

年平均气温 11~14 ℃,由南向北逐渐递减;年内 1 月气温最低,多年平均-2.0~-4.0 ℃;7 月气温最高,多年平均 26.0~27.0 ℃。无霜期 190~201 d,年日照时数 2 200~2 800 h。

多年平均降水量由黄河一带 600 mm 降至德州最低 570 mm,多年平均最大 24 h 暴雨 90 mm,降水随时空变化较大,主要表现为:年内降水分配不均,全年降水量的 60%~80% 集中于汛期 7—9 月,且多集中于几场暴雨之内,每年 12 月至翌年 2 月降水量不到全年的 3%,每年 3—5 月仅占 10%,春旱频繁发生;降水年际间变化较大,如武城县 1953 年平均最大降水量 1 211.4 mm,1968 年平均最小降水量仅 272.4 mm,丰枯比达 4.45,降水具有连丰、连枯交替出现的特点;降水在地域上分布不均,自南向北逐渐减少。

多年平均水面蒸发量为 1 250~1 350 mm。受温度与湿度变化的影响,5—6 月蒸发量最大,占全年的 1/3 左右;每年 12 月至翌年 1 月蒸发量最小,仅占全年的 5% 左右;陆面蒸发量为 500 mm 左右。

8.1.4 土壤与植被

8.1.4.1 土壤

长江—南四湖段工程地处黄淮冲积平原区,项目区大部分为平原坡地,河滩内为耕地和林地,护堤地、堤防边坡为人工种植或自然生长林草植被,植被覆盖度较高。区内土壤类型有棕壤土、褐土、砂礓黑土、潮土和水稻土 5 类土壤。

南四湖—东平湖段工程区及周边共分布有 3 种土壤类型:潮土、水稻土、褐土。潮土分布面积最大,以潮土、湿潮土亚类为主,潮土类土种有砂质潮土、壤质潮土、黏质潮土 3 个土属,以壤质潮土分布面积最大;湿潮土以黏质、壤质湖积湿潮土为主,水稻土以砂姜黑土型淹育水稻土分布面积最大;褐土类只有少量分布,主要土属为冲积潮褐土。

山东半岛西部山区为土层浅薄的粗骨性褐土(石渣土),山间盆地及山麓坡地为土层较厚的褐土,山前平原广泛分布着褐土和潮褐土,胶东低山丘区为粗骨性褐土和粗骨性棕壤。

　　黄河以北输水河道沿线地区土壤分布为:徒骇河以南主要为砂黏互层的亚砂土,局部为粉细砂。徒骇河与西新河之间主要为亚砂土。马颊河以北地区以黏土、亚黏土为主,局部为细砂土,主要分布于高坡地带。

8.1.4.2　植被

　　工程区周围耕种历史悠久,大面积自然土壤和原生自然植被不复存在。残存的自然植被多系草本植物。受人类自然活动的影响,在沟边、地头可见少量杂草、野菜等天然植被。

　　天然植被的组成及类型分布具有明显的地带性特点。中部低山丘陵区一般为落叶阔叶-常绿阔叶混交林;平原地区除苹果、梨、桃等果树林外,主要为刺槐、泡桐、白杨等树木;滨海沼泽地有芦苇、蒲草等植物。

　　栽培作物的地带性更为明显,淮河下游水网地区以稻、麦(油菜)两熟为主;淮河以北以旱作为主,沿河两岸有少量水稻;山东半岛作物以小麦、玉米和大豆为主。鲁北主要粮食有小麦、玉米、高粱等,经济作物有棉花、花生、芝麻等,蔬菜主要有白菜、黄瓜、大蒜、辣椒等。

8.2　植物资源

8.2.1　江苏境内工程区植物资源

　　江苏境内工程区范围内立地条件适宜,南水北调东线一期工程项目区内植物资源主要包括33个科56种植物,其中乔木有黑松、雪松、刺柏、棕榈、香樟、高杆女贞、意杨、水杉、落羽杉、池杉、合欢、桑树、广玉兰、鸡爪槭、榉树、小叶朴、垂柳、重阳木、乌桕、紫叶李、垂丝海棠、樱花、桂花和柿树等;主要灌木有紫薇、紫荆、山茶、木槿、栀子花、红枫、木芙蓉、迎春、连翘、八仙花、石榴、黄馨、雀舌黄杨、大叶黄杨、红花檵木、金森女贞、紫叶小檗、小叶女贞、红叶石楠、海桐球、月季、龙柏、八角金盘、杜鹃、火棘和洒金珊瑚等;地被植物主要为沿阶草、葱兰、红花酢浆草、麦冬、白三叶、狗牙根和马尼拉草等。南水北调东线一期项目工程区内主要植物资源(江苏境内)见表8-1。

8.2.2　山东境内工程区植物资源

　　山东境内工程区范围内立地条件略有差异,特别是部分工程区范围内土壤呈盐渍化土壤,南水北调东线一期工程项目区内植物资源主要包括26个科67种植物,其中乔木种类有黑松、雪松、白皮松、侧柏、刺柏、杨树、旱柳、馒头柳、垂柳、绒毛白蜡、国槐、银杏、马褂木、七叶树、朴树、刺槐、栾树、五角枫、千头椿、银杏、合欢、法桐、日本晚樱和白玉兰等;灌木主要有紫薇、黄刺玫、珍珠梅、木槿、紫叶李、西府海棠、紫丁香、红枫、榆叶梅、西府海棠、红王子锦带、连翘、石榴、金银忍冬、棣棠、龙柏、大叶黄杨、金叶女贞、紫叶小檗、红叶石楠、水蜡、迎春、月季、玫瑰、扶芳藤、爬山虎、葡萄和胶州卫矛等;地被植物主要有马蔺、白三叶、麦冬、鸢尾、沙地柏、凤尾兰、大花美人蕉、日本绣线菊、苜蓿、狗牙根、马尼拉、高羊茅和中华结缕草等。南水北调东线一期项目工程区内主要植物资源(山东境内)见表8-2。

表 8-1　南水北调东线一期项目工程区内主要植物资源（江苏境内）

序号	植物	拉丁名	种类	科属	生态习性	观赏特性及林草用途
				一　乔木植物		
1	黑松	Pinus thunbergiana Franco – P. thunbergii Parl. non Thunb.	常绿乔木	松科	强阳性，耐寒，要求海岸气候	庭荫树，行道树，防雾林，风景林
2	雪松	Cedrus deodara (Roxb.) G. Don	常绿乔木	松科	弱阳性，耐寒性较强，抗污染力弱	树冠圆锥形，姿态优美，园景树，风景林
3	刺柏	Juniperus formosana Hayata	常绿乔木	柏科	中性，喜温暖多雨气候及钙土	树冠狭圆锥形，小枝下垂；列植，丛植
4	棕榈	Trachycarpus fortunei (Hook.) H. Wendl.	常绿乔木	棕榈科	中性，喜温暖气候，耐阴，耐寒，抗有毒气体	工厂绿化，行道树，对植，丛植，盆栽
5	香樟	Cinnamomum camphora (L.) Presl	常绿乔木	樟科	喜光树种，喜温暖湿润，稍耐阴，不耐寒，能抗风	庭荫树，行道树，风景树树种
6	高杆女贞	Ligustrum lucidum Aiton	落叶乔木	木樨科	高杆女贞适生能力强，喜光，喜温暖湿润气候，稍耐阴，背风，向阳的地方种植根系发达，须根健壮，萌蘖与萌芽力强，生长速度快，不宜种植在瘠薄的土质	常被栽于工厂，矿区，也可以作为观赏树，行道树，园路树以及绿化荒山等用途
7	意杨	Populus euramevicana cv. 'I-214'	落叶乔木	杨柳科	生长快速，树干挺直。阳性树种。喜温暖环境和湿润，肥沃，深厚型的沙质土，对杨树褐斑病和硫化物具有很强的抗性	意杨树干耸立，枝条开展，叶大荫浓，宜作防风林，用作绿荫树和行道树。江苏泗阳为著名的意杨之乡，在泗阳及其周边地区，杨树能够在10年左右成材

续表 8-1

序号	植物	拉丁名	种类	科属	生态习性	观赏特性及林草用途
8	水杉	Metasequoia glyptostroboides Hu et Cheng	落叶乔木	杉科	阳性,喜温暖,较耐寒,耐盐碱,适应性强	树冠圆锥形,列植,丛植,风景林
9	落羽杉	Taxodium distichum (L.) Rich.	落叶乔木	杉科	喜温暖湿润气候,喜光,不耐庇荫,特耐水湿	树冠狭锥形,秋色叶;护岸树,风景林
10	池杉	Taxodium distichum var. Imbricarium (Nutt.) Croom	落叶乔木	杉科	喜光树种,耐水湿,抗风力强	树冠狭圆锥形,秋色叶;水滨湿地绿化
11	合欢	Albizia julibrissin Durazz.	落叶乔木	豆科	阳性,稍耐阴,耐寒,耐干旱瘠薄	花粉红色,6—7月;庭荫树,行道树
12	桑	Morus alba L.	落叶乔木	桑科	喜光,喜温暖湿润气候,耐寒,耐干旱,畏积水	绿化及经济树种
13	广玉兰	Magnolia grandiflora L.	常绿乔木	木兰科	喜光而幼年耐阴,喜温暖湿润气候。适合酸性,中性土	花大,白色6—7月;庭荫树,行道树
14	鸡爪槭	Acer palmatum Thunb.	落叶小乔木或灌木	槭树科	中性,喜温暖气候,不耐寒	叶形秀丽,秋叶红色;庭园观赏,盆栽
15	榉树	Zelkova schneideriana	落叶乔木	榆科	弱阳性,喜温暖,耐烟尘	树形优美,庭荫树,行道树,盆景
16	小叶朴	Celtis bungeana Bl.	落叶乔木	榆科	中性,耐寒,耐干旱,抗有毒气体	庭荫树,绿化造林,盆景

续表 8-1

序号	植物	拉丁名	种类	科属	生态习性	观赏特性及林草用途
17	垂柳	Salix babylonica L.	落叶乔木	杨柳科	阳性，喜温暖及水湿，耐旱，速生	枝细长下垂；庭荫树，观赏树，护岸树
18	重阳木	Bischofia polycarpa (Levl.) Airy-Shaw	落叶乔木	大戟科	阳性，喜温暖气候，耐水湿，抗风，不耐寒	行道树，庭荫树，堤岸树
19	乌桕	Sapium sebiferum (L.) Roxb.	落叶乔木	大戟科	阳性，喜温暖湿润，耐水湿，抗风，不耐寒	秋叶红艳；庭荫树，堤岸树
20	紫叶李	Prunus cerasifera Ehrh. cv. Atropurpurea	落叶小乔木或灌木	蔷薇科	弱阳性，喜温暖气候，较耐寒	叶紫红色，花淡粉红，3—4月；庭园点缀
21	垂丝海棠	Malus halliana (Voss) Koehne	落叶小乔木或灌木	蔷薇科	阳性，不耐阴，喜温暖湿润，耐寒性不强，忌水涝	花鲜玫瑰红色，4—5月；庭园观赏，丛植
22	樱花	Cerasus serrulata (Lindl.) G. Don ex Loudon –Prunus serrulata Lindl.	落叶小乔木或灌木	蔷薇科	阳性，较耐寒，不耐烟尘和毒气	花粉白，4月；庭园观赏，丛植，行道树
23	桂花	Osmanthus fragrans Lour	常绿灌木或小乔木	木犀科	阳性，喜温暖湿润气候。耐半阴，不耐严寒和干旱	花黄白色，浓香，9月；庭园观赏，盆栽
24	柿	Diospyros kaki Thunb.	落叶乔木	柿科	阳性树，略耐阴	叶大荫浓，果型大，赤橙色，观果树种

续表 8-1

序号	植物	拉丁名	种类	科属	生态习性	观赏特性及林草用途
				二、灌木植物		
1	紫薇	Lagerstroemia indica L.	落叶小乔木或灌木	千屈菜科	喜光,稍耐阴,耐旱,忌湿涝	花紫、红,7—9 月;庭园观赏;园路树
2	紫荆	Cercis chinensis Bunge	落叶小乔木或灌木	豆科	阳性,耐干旱瘠薄,不耐涝	花紫红,3—4 月叶前开放;庭园观赏;丛植
3	山茶	Camellia japonica L.	常绿灌木或小乔木	山茶科	喜肥沃湿润,排水良好的微酸性土壤,不耐碱性土;对海潮风有一定抗性	花大,有红色淡红白色,花期 4 月,观赏花木
4	木槿	Hibiscus syriacus L.	落叶小乔木或灌木	锦葵科	阳性,喜水湿土壤,较耐寒,耐旱,耐修剪,抗污染	花淡紫、白、粉红,7—9 月;丛植花篱
5	栀子花	Gardenia jasminoides Ellis	常绿小乔木或灌木	茜草科	中性,喜温暖气候及酸性土壤	花白色,浓香,6—8 月;庭园观赏、花篱
6	红枫	Acer palmatum cv. Atropurpureum	落叶小乔木或灌木	槭树科	中性,喜温暖气候,不耐水涝,较耐干旱	叶常年紫红色;庭园观赏、盆栽
7	木芙蓉	Hibiscus mutabilis L.	落叶小乔木或灌木	锦葵科	中性偏阴,喜温湿气候及酸性土,不耐寒,耐水湿	花粉红色,9—10 月;庭园观赏、丛植、列植
8	迎春	Jasminum nudiflorum Lindl.	落叶小乔木或灌木	木樨科	性喜光,稍耐阴,较耐寒,喜温湿	花黄色,早春叶前开放;庭园观赏、丛植
9	连翘	Forsythia suspensa (thunb.) Vahl	落叶小乔木或灌木	木樨科	阳性,耐寒,耐干旱,怕涝	花黄色,3—4 月叶前开放;庭园观赏、丛植

续表 8-1

序号	植物	拉丁名	种类	科属	生态习性	观赏特性及林草用途
10	八仙花	Hydrangea macrophylla (Thunb.) Ser.	落叶灌木	虎耳草科	喜荫湿，不耐寒，喜排水好的微酸土壤	叶鲜绿色，花边绿白色，水红色或紫蓝色，观赏花
11	石榴	Punica granatum L.	落叶小乔木或灌木	石榴科	喜温暖，湿润，畏风，寒，好光，耐旱	花红色，5~6月，果红色；庭园观赏，果树
12	黄馨	Jasminum mesnyi Hance	常绿灌木	木樨科	喜光，能耐阴，不耐寒，喜温暖避风	春季黄花绿叶相衬，艳丽可爱，植于水边驳岸
13	雀舌黄杨	Buxus bodinieri Levl.	常绿灌木	黄杨科	中性，喜温暖，不耐寒，生长慢	枝叶细密；庭园观赏，丛植，绿篱，盆栽
14	大叶黄杨	Euonymus japonicus Thunb.	常绿灌木	卫矛科	中性，喜温湿气候，抗有毒气体，较耐寒，耐修剪	观叶；绿篱，基础种植，丛植，盆栽
15	红花檵木	Loropetalum chinense var rubrum Yieh	常绿灌木	金缕梅科	喜光，稍耐阴，喜湿润肥沃的微酸性土壤。适应性强，耐寒，耐旱	叶、花均为紫红色，花期4~5月，林缘，山坡路旁栽种
16	金森女贞	Ligustrum japonicum 'Howardii'	常绿灌木	木樨科	喜光，稍耐阴，耐旱，耐寒，对土壤要求不严，生长迅速	长势强健，萌发力强，常作为绿篱使用
17	紫叶小檗	Berberis thumbergii f. atropurpurea Rehd.	落叶灌木	小檗科	喜光，稍耐阴，耐寒，对土壤要求不严，而以在肥沃而排水良好的沙质壤土上生长最好	叶深紫色，春季开小黄花，盆栽观赏
18	小叶女贞	Ligustrum quihoui Carr.	落叶小乔木及灌木	木樨科	中性，喜温暖气候，较耐寒	花小，白色，5~7月；庭园观赏，绿篱

续表 8-1

序号	植物	拉丁名	种类	科属	生态习性	观赏特性及林草用途
19	红叶石楠	Photinia serrulata Lindl.	常绿小乔木或灌木	蔷薇科	弱阳性,喜温暖,耐干旱瘠薄	嫩叶红色,秋冬红果;庭园观赏,丛植
20	海桐球	Pittosporum tobira (Thunb.) Ait.	常绿灌木	海桐花科	中性,喜温湿,不耐寒,抗海潮风	白花芳香,5月;基础种植,绿篱,盆栽
21	月季	Rosa chinensis Jacq.	落叶灌木	蔷薇科	喜光,好湿润,肥沃土壤,较耐寒,忌荫蔽	花红、紫,5—10月;庭园观赏,丛植,盆栽
22	龙柏	Sabina chinesis cv. Kaizuca	常绿乔木	柏科	喜光树种,耐低温及干燥地	枝密,翠绿色,球果蓝黑,绿篱
23	八角金盘	Fasia japonica (Thunb.) Decne.et Planch.	常绿灌木	五加科	强阴树种,喜温暖,畏酷热	叶大有光泽,花白,观叶树种
24	杜鹃	Rhododendron simsii Planch.	落叶小乔木或灌木	杜鹃花科	中性,喜温湿气候及酸性土	花深红色,4—6月;庭园观赏,盆栽
25	火棘	Pyracantha fortuneana(Maxim.) Li	落叶小乔木或灌木	蔷薇科	阳性,喜温暖湿润气候,不耐寒	春白花,秋冬红果;基础种植,岩石园
26	洒金珊瑚	Aucuba japonica cv. Variegata	常绿小乔木或灌木	山茱萸科	阴性,喜温暖湿润,不耐寒,对烟尘和大气污染抗性强	叶有黄斑点,果红色;庭园观赏,盆栽

续表 8-1

三、地被植物

序号	植物	拉丁名	种类	科属	生态习性	观赏特性及林草用途
1	沿阶草	Ophiopogon jaburum	常绿地被	百合科	耐阴,耐热,耐寒,耐湿,耐旱	长势强健,耐阴性好,栽于风景区的阴湿空地和水边湖畔作地被植物
2	葱兰	Zephyranthes candida	二年生花卉	百合科	喜肥沃土壤,喜阳光充足,耐半阴与低湿,宜肥沃,带有黏性而排水好的土壤。较耐寒,在长江流域可保持常绿	适用于林下,边缘或半阴处作园林地被植物,也可作花坛,花径的镶边材料,在草坪中成丛散植,可组成缀花草坪
3	红花酢浆草	Oxalis rubra St.-Hil.	宿根花卉	酢浆草科	喜荫蔽,湿润环境,盛夏季节生长缓慢。耐寒性不强	花伞形,淡红和深桃红,花期4—11月,地被用,花坛
4	麦冬	Liriope spicata	宿根花卉	百合科	喜半阴地,怕阳光直射,较喜肥,也耐寒	叶丛生花白色果碧绿色,5—8月,地被植物
5	白三叶	Trifolium repens L.	多年生草本	豆科	长日照植物,不耐阴蔽,喜温暖湿润气候,不耐干旱和长期积水	作为开花地被使用
6	马尼拉草	Zoysia matrella(L.)Merr.	草坪植物	禾本科	喜温暖,湿润环境,草层茂密,分蘖力强,覆盖度大,抗干旱,耐瘠薄,适宜在深厚肥沃,排水良好的土壤上生长	因葡匐生长特性,较强竞争能力及适度耐践踏性,可广泛用于铺建庭院绿地,公共绿地及固土护坡场合

表 8-2 南水北调东线一期项目工程区内主要植物资源（山东境内）

序号	植物	拉丁名	种类	科	生态习性	观赏特性及林草用途
				一、乔木植物		
1	黑松	*Pinus thunbergiana* Franco – *P. thunbergii* Parl. non Thunb.	常绿乔木	松科	强阳性，耐寒，要求海岸气候	庭荫树，行道树，防潮林，风景林
2	雪松	*Cedrus deodara*(Roxb.) G. Don	常绿乔木	松科	弱阳性，耐寒性较强，抗污染力弱	树冠圆锥形，姿态优美；园景树，风景林
3	白皮松	*Pinus bungeana* Zucc. ex Endl	常绿乔木	松科	阳性，适应干冷气候，抗污染	树皮白色雅净；庭荫树，行道树，园景树
4	侧柏	*Platycladus orientalis* (L.) Franco – *Biota orientalis* (L.) Endl.	常绿乔木	柏科	阳性，耐寒，耐干旱瘠薄，抗污染	庭荫树，行道树，风景林，绿篱
5	刺柏	*Juniperus formosana* Hayata	常绿乔木	柏科	中性，喜温暖多雨气候及钙土	树冠狭圆锥形，小枝下垂；列植，丛植
6	杨树	*Populus alba*	落叶乔木	杨柳科	喜光，抗干旱烟尘，较耐盐碱	为优良的绿化和防护林树种
7	旱柳	*Salix matsudana* Koidz.	落叶乔木	杨柳科	阳性，耐寒湿，耐干旱，速生	庭荫树，行道树，护岸树
8	馒头柳	*Salix matsudana* cv. Umbraculifera	落叶乔木	杨柳科	阳性，耐寒，耐湿，耐旱	树冠半球形；庭荫树，行道树，护岸树
9	垂柳	*Salix babylonica* L.	落叶乔木	杨柳科	阳性，喜温暖及水湿，耐旱	枝细长下垂；庭荫树，观赏树，护岸树

续表 8-2

序号	植物	拉丁名	种类	科	生态习性	观赏特性及林草用途
10	绒毛白蜡	Fraxinus velutina Torr.	落叶乔木	木樨科	阳性、耐盐碱、抗污染	庭荫树、行道树、工厂绿化
11	国槐	Sophora japonica L.	落叶乔木	豆科	喜光、耐寒、耐旱、不耐阴湿	树冠伞形、枝屈曲;庭阴树、行道树
12	银杏	Ginkgo biloba L.	落叶乔木	银杏科	阳性、耐寒、耐旱、抗有毒气体	秋叶黄色、庭荫树、行道树、孤植、对植
13	马褂木	liriodendron chinense（Hemsl.）Sarg.	落叶乔木	木兰科	喜温暖潮湿、耐寒、忌高温	叶形似马褂、花黄绿色;庭荫树和林荫树
14	七叶树	Aesculus chinensis	落叶乔木	七叶树科	弱阳性、喜温湿、不耐严寒	花白色、5—6月;庭荫树、行道树
15	朴树	Celtis tetrandra Roxb. subsp. sinensis（Pers.）Y.C. Tang —C.sinensis Pers.	落叶乔木	榆科	阳性、适应性强、抗污染、耐水湿	庭荫树、盆景
16	刺槐	Robinia pseudoacacia L.	落叶乔木	豆科	阳性、怕荫蔽和水湿、浅根性	花白色、5月;行道树、庭荫树、防护林
17	栾树	Koelreuteria paniculata Laxm.	落叶乔木	无患子科	阳性、较耐寒、耐干旱	花金黄、6—7月;庭荫树、行道树、观赏树
18	五角枫	Acer mono Maxim.	落叶乔木	槭树科	弱阳性、稍耐阴、喜温凉湿润气候、在中性、酸性土上均能生长	树形优美、叶果秀丽;庭荫树、行道树和防护林

续表 8-2

序号	植物名	拉丁名	种类	科	生态习性	观赏特性及林草用途
19	千头椿	Toona sinensis	落叶乔木	楝科	喜光，耐寒差。喜湿润肥沃的土壤，耐轻度盐渍土，耐水湿	叶大，花白色芳香，花期 5—6 月，行道树，庭荫树
20	银杏	Ginkgo biloba L.	落叶乔木	银杏科	阳性，耐寒干旱，抗有毒气体	秋叶黄色；庭荫树，行道树，对植
21	合欢	Albizia julibrissin Durazz.	落叶乔木	豆科	阳性，稍耐阴，耐寒，耐旱，耐瘠薄	花粉红色，6—7 月；庭荫树，行道树
22	法桐	Platanus orientalis Linn.	落叶乔木	悬铃木科	喜光，喜湿润温暖气候，较耐寒。对土壤要求不严，但适生于微酸性或中性、排水良好的土壤，微碱性土壤虽能生长，但易发生黄化。根系分布较浅	叶大荫浓，干皮光滑，适应性强，各地广为栽培，是世界著名的优良庭荫树和行道树
23	日本晚樱	Cerasus serrulata var. Lannesiana (Carr.) Mak.	落叶乔木	蔷薇科	喜光，较耐寒，喜深厚肥沃土壤	花大，淡红色，有香气，花期 4—5 月；庭荫树
24	白玉兰	Magnolia denudata Desr.	落叶乔木	木兰科	阳性树种，略耐阴，较耐寒，喜湿润，怕水涝	叶阔卵形，花先叶开放，色白芳香，花期 3 月

续表 8-2

二、灌木植物

序号	植物	拉丁名	种类	科	生态习性	观赏特性及林草用途
1	紫薇	Lagerstroemia indica L.	落叶小乔木或灌木	千屈菜科	喜光，稍耐阴，耐旱，忌湿涝	花紫、红色，7—9月；庭园观赏，园路树
2	黄刺玫	Rosa xanthina Lindl.	落叶小乔木或灌木	蔷薇科	性强健，喜光，耐寒，耐旱，耐贫瘠，少病虫害	花黄色，4—5月；庭园观赏，丛植，花篱
3	珍珠梅	Sorbaria kirilowii (Regel) Maxim.	落叶小乔木或灌木	蔷薇科	耐阴，耐寒，对土壤要求不严	花小白色，6—8月；庭园观赏，丛植，花篱
4	木槿	Hibiscus syriacus L.	落叶小乔木或灌木	锦葵科	阳性，喜水湿土壤，较耐寒，耐修剪，抗污染	花淡紫、白、粉红，7—9月；花篱
5	紫叶李	Prunus cerasifera Ehrh. cv. Atropurpurea	落叶小乔木或灌木	蔷薇科	弱阳性，喜温暖气候，较耐寒	叶紫红色，花淡粉红，3—4月；庭园点缀
6	西府海棠	Malus X micromalus Mak.	常绿灌木或小乔木	蔷薇科	喜光，不耐阴，喜温暖湿润气候，不耐寒，忌水涝	小枝紫色，花色如胭脂渐淡，花期4，观赏花木
7	紫丁香	Syringa oblata Lindl.	落叶灌木	木樨科	喜光而耐半阴，喜湿润而排水良好的沙质壤土和石灰质土壤。耐旱，怕涝，抗寒性强，但不耐高温、湿热	花紫色，芳香，观赏花木
8	红枫	Acer palmatum cv. Atropurpureum	落叶小乔木或灌木	槭树科	中性，喜温暖气候，不耐水涝，较耐干旱	叶常年紫红色；庭园观赏，盆栽
9	榆叶梅	Amygdalus triloba (Lindl.) Ricker-Prunus triloba Lindl.	落叶小乔木或灌木	蔷薇科	弱阳性，耐寒，耐干旱	花粉、红、紫色，4月；庭园观赏，丛植，列植

续表 8-2

序号	植物	拉丁名	种类	科	生态习性	观赏特性及林草用途
10	西府海棠	*Malus X micromalus* Mak.	常绿灌木或小乔木	蔷薇科	喜光,不耐阴,喜温暖湿润气候,不耐寒,忌水涝	小枝紫色,花色如胭脂渐浓,花期4月,观赏花木
11	红王子锦带	*Weigela florida* (Bunge) A. DC.	落叶小乔木或灌木	忍冬科	阳性,耐寒,耐旱,怕涝	花玫瑰红色,4—5月;庭园观赏,草坪丛植
12	连翘	*Forsythia suspensa* (thunb.) Vahl	落叶小乔木或灌木	木樨科	阳性,耐寒,耐干旱,怕涝	花黄色,3—4月叶前开放;庭园观赏,丛植
13	石榴	*Punica granatum* L.	落叶小乔木或灌木	石榴科	喜温暖,湿润,畏风,寒,好光,耐旱	花红色,5—6月,果红色;庭园观赏,果树
14	金银忍冬	*Lonicera maackii* (Rupr.) Maxim.	落叶灌木	忍冬科	好光,稍耐阴,适应性强。耐寒,耐瘠薄干燥	花冠唇形,白色变金黄色芳香,5—6月;观赏,盆栽
15	棣棠	*Kerria japonica* (L.) DC.	落叶灌木	蔷薇科	喜温暖,耐阴,耐湿,耐寒性较差	花金黄,4—5月,枝干绿色;丛植,花篱
16	龙柏	*Sabina chinesis* cv. Kaizuca	常绿乔木或灌木	柏科	喜光树种,耐低温及干燥地	枝密,翠绿色,球果蓝黑色;绿篱
17	大叶黄杨	*Euonymus japonicus* Thunb.	常绿灌木	卫矛科	中性,喜温湿气候,抗有毒气体,较耐寒,耐修剪	观叶;绿篱,基础种植,丛植,盆栽
18	金叶女贞	*Ligustrum quihoui* Carr.	落叶灌木	木樨科	喜光;稍耐阴,较耐寒,抗有毒气体	绿篱,庭园栽植观赏,宅院

续表 8-2

序号	植物	拉丁名	种类	科	生态习性	观赏特性及林草用途
19	紫叶小檗	Berberis thunbergii f. atropurpurea Rehd.	落叶灌木	小檗科	喜光,稍耐阴,耐寒,对土壤要求不严,而以在肥沃而排水良好的沙质壤土上生长最好	叶深紫色,春季开小黄花,盆栽观赏
20	红叶石楠	Photinia serrulata Lindl.	常绿小乔木或灌木	蔷薇科	弱阳性,喜温暖,耐干旱,耐瘠薄	嫩叶红色,秋冬红果;庭园观赏,丛植
21	水蜡	Ligustrum obtusifolium Sieb. et Zucc.	常绿灌木	木樨科	喜光,稍耐阴,较耐寒。对土壤要求不严,但喜肥沃,湿润土壤	是行道树,园林树及盆景的优良选择树种,又是优良的绿篱和塑性树种,其抗性较强,吸收有害气体,是中国北方地区园林绿化优良树种,广泛栽植观赏
22	迎春	Jasminum nudiflorum Lindl.	落叶灌木	木樨科	性喜光,稍耐阴,较耐寒,喜温湿	花黄色,早春叶前开放;庭园观赏,丛植
23	月季	Rosa chinesis Jacp.	常绿灌木	蔷薇科	矮灌木,花期5—10月,花红至白色	花色艳丽,花坛,花镜,庭园,假山
24	玫瑰	Rosa rugosa Thunb.	落叶灌木	蔷薇科	阳性,耐寒,耐干旱,不耐积水	花紫红色,5月;庭园观赏,丛植,花篱
25	扶芳藤	Euonymus fortunei (Turcz.) Hand.-Mazz.	常绿灌木	卫矛科	耐阴,不甚畏光,不甚耐寒,旱	绿叶紫果;攀附花格,墙面,山石,老树干
26	爬山虎	Parthenocissus tricuspidata (Sieb. et Zucc.) Planch.	落叶藤木	葡萄科	耐阴,耐寒,适应性强,落叶	秋叶红,橙色;攀缘墙面,山石,树干等
27	葡萄	Vitis vinifera L.	落叶藤木	葡萄科	阳性,耐干旱,怕涝	果紫红或黄白,8—9月;攀缘棚架,栅篱等
28	胶州卫矛	Euonymus Kiautschovicus Loes.	半常绿灌木	卫矛科	喜阴湿环境,较耐寒,适合微酸性壤土,中性土	适宜名树旁,岩石边配置,盆栽

续表 8-2

三、地被植物

序号	植物	拉丁名	种类	科	生态习性	观赏特性及林草常用用途
1	马蔺	Iris lactea Pall. var. chinensis (Fisch.) Koidz.	多年生草本	鸢尾科	耐盐碱,耐践踏,根系发达,可用于水土保持	是一种适应性极强的地被花卉
2	白三叶	Trifolium repens L	多年生草本	豆科	长日照植物,不耐阴蔽,喜温湿,不耐干旱和长期淹水	作为开花地被使用
3	麦冬	Liriope spicata	宿根花卉	百合科	喜半阴地,怕阳光直射,较喜肥,也耐寒	叶丛生,花白色,果碧绿色,5-8月;地被植物
4	鸢尾	Iris tectorum Maxim.	宿根花卉	鸢尾科	耐寒,喜向阳,忌积涝	花被雪青色或蓝紫色,4-6月;丛植或花境
5	沙地柏	Sabina vulgalis Ant.	常绿地被	柏科	阴性,耐寒,耐干旱性强	匍匐状,枝斜上;地被,保土,绿篱
6	凤尾兰	Yucca gloriosa L.	常绿灌木	龙舌兰科	喜阳光,耐寒旱,耐土壤瘠薄	花自下而上次第开放,乳白色
7	大花美人蕉	Canna generalis L.H.Bailey	多肉多浆植物	美人蕉科	喜阳光,不耐霜冻	叶阔椭圆形,花大,有乳白、淡黄、金黄、橘红、粉红等色
8	日本绣线菊	Spiraea Prunifolia	落叶灌木	蔷薇科	喜光,稍耐阴,较耐干旱瘠薄,忌湿涝。对土壤要求不严	叶菱状,花白色集成,花期4月;观赏花木,花篱

续表 8-2

序号	植物	拉丁名	种类	科	生态习性	观赏特性及林草用途
			四、竹			
1	淡竹	Phyllostachys glauca McClure		禾本科	怕强风，怕严寒，喜光，耐微酸、微碱性土壤	淡竹通直，材质柔软，是竹编的很好用材，其竹编制品美观耐用
			五、草坪			
1	结缕草	Zoysia japonica Steud.	草坪植物	禾本科	暖地型草种，喜光，不耐阴。抗高温，耐寒，抗旱	园林及运动场草坪，护堤植物
2	狗牙根	Cynodon dactylon (L.) Pers.	宿根花卉	禾本科	暖地性草种，喜光，亦耐半阴，耐寒，也耐湿	匍匐茎，土壤抓力强
3	草地早熟禾	Poa pratensis L.	草坪植物	禾本科	冷地型草种。喜温暖湿润气候，耐寒，冬季生长繁茂，耐修剪	观赏性草坪草种
4	黑麦草	Lolium perenne L.	草坪植物	禾本科	喜温凉湿润气候，耐寒、耐热性均差，不耐阴	观赏性草坪草种
5	高羊茅	Festuca elata Keng ex E. Alexeev	草坪植物	禾本科	不耐高温；喜光，耐半阴，抗逆性强，抗病性强	观赏性草坪草种
6	马尼拉草	Zoysia matrella (L.) Merr.	草坪植物	禾本科	喜温暖、湿润环境，抗干旱，耐瘠薄	因匍匐生长特性，较强竞争能力及适度耐践踏性，可广泛用于铺建庭院绿地、公共绿地及固土护坡场合